U0167453

湖南省

绿色建筑发展

研究

徐峰 主编

中国建筑工业出版社

图书在版编目（CIP）数据

湖南省绿色建筑发展研究 / 徐峰主编 . —北京：
中国建筑工业出版社，2020.4
ISBN 978-7-112-24895-7

Ⅰ.①湖… Ⅱ.①徐… Ⅲ.①生态建筑—研究—湖南
Ⅳ.①TU-023

中国版本图书馆 CIP 数据核字（2020）第 033712 号

责任编辑：费海玲
责任校对：焦　乐

湖南省绿色建筑发展研究

徐峰　主编

*

中国建筑工业出版社出版、发行（北京海淀三里河路 9 号）
各地新华书店、建筑书店经销
逸品书装设计制版
北京建筑工业印刷厂印刷

*

开本：787 毫米 × 1092 毫米　1/16　印张：17½　字数：295 千字
2021 年 5 月第一版　　2021 年 5 月第一次印刷
定价：**68.00** 元
ISBN 978-7-112-24895-7
（35639）

编 委 会

主　　编　徐　峰

编委会成员　殷昆仑　王柏俊　彭琳娜　杜　丽　丁佳伟
　　　　　　黄　洁　焦　胜　周　晋　刘宏成　朱旭峰
　　　　　　曹　峰　李宇森　刘朝红　谢　娜　王　伟
　　　　　　赵　琰　刘莉红　闫艳红　吴邦本　何　弯

主 编 单 位　湖南大学

参 编 单 位　湖南省建设科技与建筑节能协会
　　　　　　绿色建筑专业委员会
　　　　　　湖南省建筑设计院有限公司
　　　　　　湖南绿碳建筑科技有限公司
　　　　　　湖南建工集团有限公司
　　　　　　湖南天景名园置业有限责任公司

前　言

　　绿色建筑由理念到实践，在发达国家逐步完善，渐成体系，成为世界建筑发展的方向、建筑领域的国际潮流。国外绿色建筑有较系统的研究，中国绿色建筑研究起步较晚，目前江苏、浙江、上海、深圳、北京等地绿色建筑的整体发展水平较高，其他地区近年来也发展较快，湖南省编制绿色建筑评价标准，以及开展相关研究是国内较早的，但目前绿色建筑项目相对来说开展不多，下一步应在理论与实践相结合的层面上推进湖南省绿色建筑的发展。另外，中国地域辽阔，各地气候、地理环境、自然资源、城乡发展与经济发展、生活水平与社会习俗有着巨大差异。这决定了湖南省绿色建筑的发展既要参考学习其他发达地区的经验，同时又要在考虑湖南省省情的基础上探索有湖南特色的绿色建筑发展之路。

　　为更好地推动绿色建筑的发展，目前全国各省已相继展开绿色建筑发展动态研究，因此对湖南省绿色建筑发展动态进行研究迫在眉睫。这将为湖南省绿色建筑发展指明方向，同时将对湖南省以后的绿色建筑各项评价指标，以及适宜技术的推广与应用起重要指导作用，并为湖南省绿色建筑的适宜技术提供理论基础的相关支撑。

　　本书从湖南省本土地域气候特征出发，系统地介绍了湖南省绿色建筑发展概况、绿色建筑管理、绿色建筑标准体系、绿色建筑相关技术、绿色建筑相关领域，以及绿色建筑教育、宣传及培训6个方面的发展现状（统计期2009年1月—2017年12月）；在系统分析国外绿色建筑发展较快国家，以及国内与湖南省气候相似且发展较快地区发展动态的基础上，借鉴国内外优秀的经验，分析湖南省绿色建筑发展的优势与存在的问题；最终系统地提出湖南省绿色建筑的发展目标和发展战略及其实施措施建议。本研究的创新之处在于在对湖南省绿色建筑的发展现状，以及国内外比较分析的基础上，遵循因时因地制宜、经济社会环境可持续发展的原则，系统地提出了湖南省绿色建筑的发展思路和发展策略。

"湖南省绿色建筑发展研究"课题是在湖南省住房和城乡建设厅的领导与关怀下，由湖南大学徐峰主编，湖南省建设科技与建筑节能协会绿色建筑专业委员会、湖南省建筑设计院有限公司、湖南绿碳建筑科技有限公司、湖南建工集团有限公司、湖南天景名园置业有限责任公司共同参与编制。在此，谨向所有为本研究成果做出贡献的领导、专家、学者致以诚挚的谢意和衷心的感谢！

限于编者水平，报告中有不足之处在所难免，尚希读者批评指正。

《湖南省绿色建筑发展研究》编委会

2019 年 1 月

目 录

第三篇 发展篇

第一篇

现状篇

第1章 绿色建筑发展概况

1.1 湖南省绿色建筑发展历程

中国自 2008 年正式启动绿色建筑评价工作，至今经过 10 年的发展，各项工作均取得了较大的进展。湖南省也全面开展绿色建筑工作，2010 年 12 月湖南省住房和城乡建设厅发布了《湖南省绿色建筑评价标准》DBJ 43/T 004—2010，并于 2011 年 1 月 1 日起在全省范围内执行。随着新修订的国家《绿色建筑评价标准》GB/T 50378—2014 出台，湖南省也启动了地方标准的修订工作，并于 2015 年 11 月发布了《湖南省绿色建筑评价标准》DBJ 43/T 314—2015，自 2015 年 12 月 10 日起在全省范围内执行。

1.1.1 绿色建筑标识项目情况

湖南省绿色建筑发展起步较晚，初期行业发展迅速，2011 年实现了绿色建筑标识项目零的突破；随后两年获住房和城乡建设部设计评价标识项目较少，因建设要求高，建筑周期长的特点，绿色建筑发展放缓。其后，随着政府重视和推动力度的加大，绿色理念逐渐为大众所知，开发商也在谋求绿色转型，湖南省绿色建筑发展步入快车道（如图 1-1 所示）。截至 2017 年 12 月 31 日，湖南省已有 349 个项目获得绿色建筑评价标识，其中 343 个设计标识，6 个运营标识，累计面积约 3811.36 万 m^2，居住建筑项目 132 个，面积约 2163.06 万 m^2；公共建筑项目 215 个，面积约 1534.58 万 m^2；工业建筑项目 2 个，面积约 113.70 万 m^2。一星级项目 266 个，二星级项目 63 个，三星级项目 20 个（如表 1-1 及图 1-2 所示）。

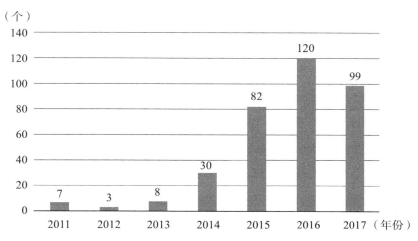

图 1-1　2011—2017 年湖南省绿色建筑标识项目数量变化情况

2011—2017 年湖南省绿色建筑标识项目数量　　　　　　　表 1-1

项目数量	一星级	二星级	三星级	总计
居住建筑	114	14	4	132
公共建筑	152	49	14	215
工业建筑	0	0	2	2
总计	266	63	20	349

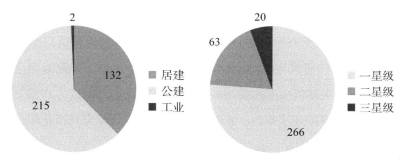

图 1-2　2011—2017 年湖南省绿色建筑评价标识建筑类型及星级比例

1.1.2 绿色建筑示范工程情况

根据湖南省规定,凡拟申报一、二、三星级绿色建筑评价标识的项目,均应列入绿色建筑创建计划,截至 2017 年 12 月 28 日,列入湖南省建设科技计划项目(绿色建筑创建计划)的项目共计 371 个(如图 1-3 所示),共 4144.52hm²(其中居住建筑 143 个,建筑面积 2619.24hm²;公建 228 个,建筑面积 1525.28hm²)。

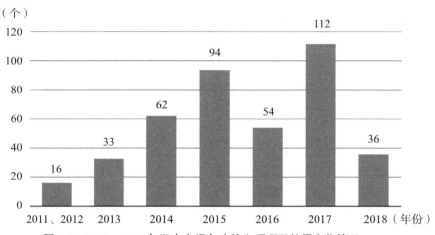

（个）

图 1-3　2011—2017 年湖南省绿色建筑立项项目数量变化情况

根据对正在进行绿色建筑设计但还未列入绿色建筑创建计划项目的调研分析，项目主要集中在生态新区，如梅溪湖国际新城、洋湖生态新城以及株洲云龙示范区。因此，绿色建筑正在由点向面发展（从单个绿色建筑向绿色片区发展）。同时，生态城的建设也大大推进了绿色建筑的发展。

1.1.3　绿色生态城区创建情况

湖南省积极组织绿色建筑片区的创建工作。2012 年 11 月，梅溪湖国际新城获批全国首批绿色生态示范城区。示范区范围内绿色建筑执行率达 100%，二星及三星以上绿色建筑比例达 30% 以上。2015 年 4 月，国家级湖南湘江新区（原长沙大河西先导区）正式获国务院批复同意设立，定位为高端制造研发转化基地和创新创意产业集聚区、产城融合城乡一体的新型城镇化示范区、全国"两型"社会建设引领区、长江经济带内陆开放高地。

湖南省结合自身特点，开展了省级绿色建筑集中示范区创建工作，引导各城市新区按绿色指标体系、绿色规划进行建设。目前，湖南省长沙、株洲、湘潭、常德、岳阳等市积极制定了绿色指标体系及专项规划，启动了绿色建筑集中连片推广工作。湘江新区梅溪湖片区、洋湖垸片区、滨江新城片区、长沙市武广新城核心片区、株洲市云龙示范区、常德市北部新城 6 个片区开展了绿色建筑集中示范区创建有关工作。

▇ 1.2 各地区绿色建筑发展自然禀赋条件

1.2.1 地形地貌

湖南省地势属于云贵高原向江南丘陵和南岭山地向江汉平原的过渡地带，宏观地势表现为三面环山，向中部、北部逐渐过渡为丘陵和平地，基本形成朝北开口的马蹄形地势，如表 1-2 所示。

湖南省坡度分级表　　　　　　　　　　　　　　表 1-2

类别	坡度	地区
平原/微斜坡	2° 及以下	常德市、岳阳市西部、益阳市东北部
斜陡坡	2°～6°	长沙市西部、衡阳市、湘潭市、娄底市东南部、邵阳市东部、永州市北部
斜坡	6°～15°	株洲市北部中部、怀化市西南部、岳阳市东部、长沙市东部、邵阳市西部、郴州市西部
陡缓	15°～25°	怀化市、娄底市西北部、郴州市东部、株洲市南部、邵阳市东部、永州市中部南部
峭缓	25° 以上	湘西土家族自治州、张家界市、怀化市东北部、益阳市西南部

湖南省地貌类型复杂多样，但以山地、丘陵为主，其中山地面积占总面积的 51.2%，丘陵面积占总面积的 15.4%。全省可划分为 6 个地貌区：湘西北山原山地区、湘西山地区、湘南丘山区、湘东山丘区、湘中丘陵区、湘北平原区。

1.2.2 气候条件

湖南省属于亚热带气候区，在中国建筑气候区的分类中属于夏热冬冷地区。因其处于东亚季风气候区的西侧，加之地形特点和离海洋较远，因此湖南气候为具有大陆性特点的亚热带季风湿润气候，既有大陆性气候光温丰富的特点，又有海洋性气候雨水充沛、空气湿润的特征。

湖南省气候的季风特征主要表现在冬夏盛行风向相反，多雨期与夏季风的进退密切相关，雨热基本同期，降雨量的年际变化大。可以用 4 句话来概括湖南的气候特征：气候温暖，四季分明；热量充足，降水集中；春温多变，夏秋多旱；严寒期短，暑热期长。

1. 气候温暖，四季分明

据气象站资料统计表明，湖南各地平均气温一般为 16～18℃，冬季最冷月（1 月）平均温度在 4℃以上，日平均气温在 0℃以下的天数平均每年不到 10 天。春秋两季平均气温大多在 16～18℃之间，秋温略高于春温。夏季平均气温大多在 26～29℃之间，衡阳一带可高达 30℃左右。据此，湖南可划分出明显的四季，且各季之间气候差异较大。

2. 热量充足，降水集中

湖南省年日照时数为 1300～1800h，从季节上来说，夏秋日照率大于春冬，7、8 月日照时数在 200h 以上，2 月大部分地区不足 80h。全省太阳辐射量 86～109kcal/cm²·a，是同纬度地区中光能比较丰富的省份，年均辐射总量以洞庭湖区最大，其次为湘南和湘中，湘西最小。湖南省的热量条件在国内仅次于海南、广东、广西、福建，与江西接近，比其他诸省都好。

湖南省雨水充沛，年降雨量在 1200～1700mm 之间，但时空分布很不均匀，一年中降雨量明显集中于一段时间，一般只有 3 个月，却集中了全年降雨量的 50%～60%。

3. 春温多变，夏秋多旱

湖南省春季乍寒乍暖，天气变化剧烈，春季气温虽逐渐回暖，但北方南下的冷空气穿过江汉平原经常入侵湖南，使气温骤降。

湖南省夏秋季少雨，干旱几乎年年都有，只是影响范围和严重程度不同而已。7—9 月各地总降雨量多为 300mm 左右，不足雨季降雨量的一半，加之南风高温，蒸发量大，常常发生干旱。

4. 严寒期短，暑热期长

气候学上常以连续 5 天（或 5 天以上）日平均气温不高于 0℃作为严寒期的标准。据此标准湖南各地大多数年份无严寒期，只有少数年份有 5～10 天严寒期，且多出现在 1 月中下旬，即"三九"期间。

湖南地区夏夏炎热时间较长，尤其是 7、8 月份常连续出现 35℃以上的高温天气。

1.2.3　资源概况

1. 常规能源

湖南是一个能源相对贫乏的中部内陆省份。从能源供应的分类来看，以传统能源煤炭为主。从能源生产产品结构上看，由于地理位置等原因，湖南省缺电少煤、无油无气，经济发展的两大"血液"天然气和石油几乎为零，属于能源输入省份，各种能源生产占全国的比重较低。

2. 可再生能源

可再生能源是指风能、太阳能、水能、生物质能、地热能、海洋能等非化石能源。从自然条件、地质条件而言，湖南是可再生能源资源比较丰富的省份，目前有 7 市 16 县 1 镇获批全国可再生能源示范城市，是入选国家可再生能源建筑应用示范城市（县）较多的省份之一。完成可再生能源建筑应用示范面积 2200 万 m^2，推进常德、岳阳、永州、张家界农村 2000 户太阳能光热建筑应用试点。

以下主要结合湖南省情及建筑领域应用较多的太阳能、地热能及风能等可再生能源进行论述。

1）太阳能

中国根据太阳年辐射量的大小，分为 4 个太阳能资源区，湖南省属于太阳能可利用区，全年日照时数约为 1300 ～ 1800h，年均辐射总量约为 4034MJ/m^2，相当于 140 ～ 170kg 标准煤，为太阳能丰富区到贫乏区的过渡带。气象特点是 3—10 月阳光充足，11—2 月常有连续阴雨天。依据资源状况和气候条件，湖南省是实施太阳能光热利用的有利场所。

湖南省太阳能资源可划分为较丰富、一般、较贫乏和贫乏区 4 个资源带，如表 1-3 所示，具体情况详见表 1-4。

湖南省太阳能资源分布简表　　　　　　　　表 1-3

类别	区域	市/州	年太阳能总量/（MJ/m^2）
丰富带	湖南东北部、东南部	岳阳市、娄底市	4400 以上
较丰富带	湖南北部、东部及南部	长沙市、湘潭市、株洲市、常德市、益阳市、邵阳市、衡阳市	4200 ～ 4400

类别	区域	市 / 州	年太阳能总量 /（MJ/m²）
较贫乏带	湖南中部、怀化北部地区	张家界市、怀化市、郴州市、永州市	4000 ～ 4200
贫乏带	湖南西部	湘西土家族自治州	4000 以下

湖南省太阳能资源分布简表   表 1-4

类别	区域	年太阳能总量 /（MJ/m²）
较丰富带	湖南东北部、东南部	4400 以上
一般带	湖南北部、东部及南部	4200 ～ 4400
较贫乏带	湖南中部、怀化北部地区	4000 ～ 4200
贫乏带	湘西自治州	4000 以下

太阳能的利用方式主要有：光伏发电系统、太阳能热水系统、太阳能取暖和制冷、被动式太阳房等，太阳能热水系统是目前湖南省利用太阳能的主要方式。截至 2017 年底，推进常德、岳阳、永州、张家界农村约 2000 户太阳能光热建筑应用试点。而截至 2015 年底，湖南省太阳能光伏发电项目投产 48 个，并网发电装机容量为 38.34 万 kW，占湖南省电源总装机容量的比重约 1%。需要注意的是，湖南省太阳能资源有限，除湘东北部、湘东南部外，其余地区并不推荐大量使用太阳能利用技术。

2）地热能

湖南省可利用的浅层地热能资源主要包括地表水、地下水、土壤和污水等，地表水资源情况主要是指适用于地表水源热泵的地表水，包括江河湖泊等的水量、平均径流量、流域面积等；地下水资源情况主要考虑地下水的分布和水质；土壤资源情况主要是考虑地埋管、地下水钻井的难度；而污水资源主要考虑城市污水处理量。

（1）地表水水资源概况

湖南省河流众多，河网密布，湖南主要河流详见表 1-5。湘、资、沅、澧四水连接大小支流，5km 以上的河流有 5341 条，分属长江和珠江两大流域，以长江流域的洞庭湖水系为主，流域面积占全省面积的 96.7%，只有 3.3% 的面积分属珠江流域和长江流域的赣江水系。湖南年平均降水量为1200 ～ 1700mm，多年平均降水量为 1447.4mm，折合水量 3022 亿 m³，省境多年平均自产水量 1630 亿 m^3，加上流入湖南省可利用的客水 455 亿 m^3，可利用的水资源总量 2085 亿 m^3，列全国第六位，人均水资源量 2625m^3，居全国第十一位。

湖南主要河流统计 表 1-5

水系	河名		流域面积 /km^2		河长 /km	坡降 /%	多年平均径流量 /m^3
			全流域	省境内			
洞庭湖	湘江	干流	94660	85383	856	0.134	759
		潇水	12099		354	0.76	106.6
		舂陵水	6623		223	0.76	47.59
		耒水	11783		453	0.77	97.56
		洣水	10305		296	1.01	81.03
		渌水	5675		166	0.49	44.61
		涟水	7155		224	0.46	39.1
		浏阳河	4665		222	0.573	36
	资水	干流	28142	26738	653		239
		夫夷水	4554		248	0.82	37.66
		赧水	7149		188	0.96	55.77
	沅江	干流	89163	51066	1033	0.594	667
		清水江	17834		491	1.17	120
		渠水	6772		285	0.919	41.9
		舞水	10334		444	0.966	58.1
		辰水	7536		145	0.555	56.9
		西水	18530		477	1.05	162
	澧水	干流	18496	15505	388	0.788	165
		娄水	5048		250	2.11	53.11
洞庭湖	澧水	溇水	3201		165	1.48	31.77
		汨罗江	5548		233	0.46	51.17
北江	武水			4289	3793	147	1.49	33

湖南省河流大多数流经山区和丘陵地区，具有较大的水流落差，加之雨量充沛，水能资源较为丰富，理论蕴藏量为 1569.5 万 kW，在长江流域 13 省中居第六位，居全国第九。全省可开发利用的水资源蕴藏量为 1323 万 kW，约占全省水力蕴藏量的 70.7%，占全国开发利用总量的 2.88%。按地区分布，水

能资源理论蕴藏量主要分布在湘南、湘西，其中怀化市 3.45×10^3MW，湘西自治州 1.87×10^3MW，郴州市 1.53×10^3MW，永州市 1.33×10^3MW，邵阳市 0.98×10^3MW。

到 2017 年底，湖南省水力发电总装机容量为 16.21×10^3MW，占全省发电总装机的 39.36% 以上，其中小水电装机 6.35×10^2MW，全省小水电站共有 4512 处，年发电量为 194.57×10^5MW/h。已开发的小水电（单站总装机 50MW 以下）点多面广，主要分布区为湘西、湘南、湘东山丘，与湖南省武陵山区、罗霄山区两个全国集中连片特困地区地理位置天然融合。据统计，两个集中连片特困地区的农村水能资源技术可开发量为 4.71×10^3MW，占全省的 58.8%，其中技术可开发量大于 100MW 的县有 19 个。

湖南城镇绝大多数依江傍河，特别是县城以上主要城市基本上不存在水资源缺乏的问题。河流水系在各市州分布情况详见表 1-6。

湖南省各水系流经地情况表　　　　　　　　　　　　表 1-6

水系名称	面积 /km²	地级行政市（州）名称
湘江	85383	长沙、株洲、湘潭、衡阳、娄底、郴州、永州、邵阳
资水	26738	娄底、益阳、邵阳
沅江	51066	常德、怀化、湘西自治州、邵阳
澧水	15506	常德、张家界
洞庭湖及其他河流	27269	岳阳、益阳、常德
鄱阳湖	683	郴州
珠江	5185	郴州、永州、邵阳、怀化

结合湖南省气候及各地市水文资料的评估，以及地表水地源热泵的应用特点和重要条件，湖南省是适合设计地表水地源热泵的地区。几乎包括湖南省"3+5"城市群、地级市、县城、乡镇，凡是靠近地表水流域的建筑，都适宜选用水源热泵系统作为给建筑供冷、供热、供生活热水的三联供中央空调系统。

（2）地下水资源概况

湖南省境内地层发育较齐全，同一时代的地层岩性相变大，地域性特征明显，因此，含水层的类型变化较大，其富水性受岩性组合、构造、孔隙、裂隙、岩溶化程度、地貌条件等诸多因素控制。根据区域水文地质资料，湖南省境内主要分布有下列地下水类型：松散岩类孔隙水、基岩裂隙水、碳酸盐岩岩溶水。

湖南省地下热水资源比较丰富，截至 2016 年 1 月，全省已发现 23℃ 以上的温泉、热水钻孔、热水矿坑 165 处，其中温泉 138 处，热水钻孔 24 处，热水矿坑 3 处。初步查明，全省地下热水资源总量 14510.93m³/h（详见表 1-7），省内地下热水以中低温水居多，其中低温热水点数（处）占总数的约 76.97%，可开采资源量也占总量的 76.56%，中温热水点数（处）占总数的约 21.21%，可开采资源量占总量的 19.76%。主要原因是省内地下热水主要赋存于岩溶裂隙含水层及花岗岩构造破碎带中，中、低温热水主要分布于石灰岩地区，补给水源丰富，水量较大而水温较低；花岗岩构造破碎带中热水水量相对较小，而温度稍高，如宁乡灰汤和汝城热水圩，水温达 90℃ 以上。

湖南省地下热水可采资源　　　　　　　　　表 1-7

地下热水类型	点数/处	占总点数/处百分比/%	水温/℃	可采资源		占总量百分比/%
				L/s	m³/h	
高温	2	1.21	81～100	144.401	519.84	3.85
中高温	1	0.61	61～80	7.60	27.36	0.19
中温	35	21.21	41～60	792.722	2853.8	19.76
低温	127	76.97	23～40	3086.092	11109.03	76.56
合计	165	100	23～100	4030.81	14510.93	100

（3）土壤资源概况

湖南省是丘陵地带，虽然不如北京、上海的冲积层黏土、亚黏土易钻，但是大多在表层土壤以下为侏罗系或白垩系及第三系粉砂岩、钙质混岩与砂砾岩等，钻孔较难，但成孔条件好，孔壁稳定且其热物性比北京、上海好，热响应效率高 20% 左右，而且地埋管对地质环境和周边建筑物影响小，虽一次成本较高，但地埋管性能稳定，常年的维护费用少，其寿命周期成本并不高，地埋管正逐渐被接受，因此，在近期的发展中地埋管项目日益增多。

3）风能

湖南省位于长江中游南岸，大部分地区属于亚热带东部湿润季风气候区，冬季盛吹偏北风，夏季盛行偏南风，具有明显的季风环流特点，年均风速有两个明显的高值中心：一个在湘西雪峰山，年均风速为 4.5m/s；另一个在衡阳南岳，年均风速为 5.8m/s。整体上，湖南年均风速东部大于西部。全省风能可开发资源主要分布在湘北洞庭湖区、湘南郴州仰天湖等地。

据对湖南省现有 97 个常规气象台站 1971—2000 年的观测资料统计，境内 10m 高度处风能资源总储量约为 5.720×10^4MW，技术可开发量为 0.95×10^3MW，主要分布在洞庭湖区、湘江河谷地带和湘南（江华、江永、道县）以及湘西南（城步、雪峰山）的高山和峡谷。"十二五"期间湖南省风电 1.65×10^3MW。"十三五"期间目标：按照"科学规划，有序开发，严格环评，规范管理"的思路，坚持以资源定规划、以规划定项目，重点加强湘南、湘西南等资源富集区风能开发，推进湘东及洞庭湖地区风电建设，加快发展分散式风电。积极推动风能扶贫，继续推行投资奖励政策，优先加快贫困地区风电开发；全面规范项目管理，切实加强环境保护，杜绝违规圈占倒卖风资源；加强低风速、大容量、高参数、抗冰冻风机技术研发，做大风电装备制造和零部件开发产业，提升风电机组核心设计和制造技术竞争力，培育壮大风机产业链。"十三五"新增装机 3×10^3MW。发展节省自然资源、无环境污染的风电项目是湖南省培养新能源产业的一项重大战略。风电场的开发建设，对增加湖南省能源供给量及调整能源结构将发挥积极作用。

风能资源在建筑上的运用主要有风能发电路灯、无动力风帽等，应注意与建筑一体化设计。在风能特别丰富的地区可建设风力发电厂[1]。

发展新能源和可再生能源。大力发展分布式能源，推进光伏扶贫工程，到 2020 年，湖南省光伏发电装机容量达到 200 万 kW；加快在长株潭、岳阳、常德等地优先利用浅层地热能，湖南省新增地热供暖（制冷）面积 40hm²，新增地热发电装机容量 1000kW；科学发展风电、生物质能，投运规模达分别达到 700 万 kW 和 80 万 kW；继续挖掘水电，适度发展抽水蓄能电站。

3. 经济和人口

改革开放以来，湖南省的经济建设获得了高速发展，湖南省历年 GDP 统计如表 1-8 所示。2016 年全省生产总值达到 31551.37 亿元，三产业结构比为 1∶3.74∶4.11。按常住人口计算，全省人均生产总值 46382 元。

2016 年末全省总人口 7318.81 万人，比上年增加 76.79 万人。其中，城镇人口 2187.82 万人，乡村人口 5130.99 万人，人口出生率 13.57‰，死亡率 7.01‰，人口自然增长率 6.56‰[2]。

湖南省历年 GDP 统计 / 亿元　　　　　　　　　　表 1-8

年份	地区生产总值	第一产业	第二产业			第三产业					人均地区生产总值 / 元
			总计	工业	建筑业	总计	交通运输仓储和邮政业	批发和零售业	金融业	房地产业	
2001	3831.90	825.73	1412.82	1180.43	232.39	1593.35	303.88	377.18	91.71	138.41	6120
2002	4151.54	847.25	1523.50	1265.72	257.78	1780.79	333.51	416.15	92.43	165.29	6734
2003	4659.99	886.47	1777.74	1484.98	292.76	1995.78	373.27	458.07	99.35	186.49	7589
2004	5664.37	1041.10	2204.45	1837.65	366.80	2418.82	333.92	495.72	118.64	191.50	9202
2005	6623.45	1100.65	2630.09	2212.45	64	2892.71	387.33	587.21	162.37	215.63	10606
2006	7722.32	1272.20	3208.74	2728.90	479.84	3241.38	441.32	634.69	204.72	254.81	12192
2007	9485.99	1626.48	4010.68	3430.22	580.46	3848.83	518.04	771.73	260.14	301.80	14942
2008	11627.61	1892.40	5084.61	4365.34	719.27	4650.60	625.08	975.46	334.32	340.07	18261
2009	13156.27	1969.69	5759.09	4888.37	870.72	5247.49	707.20	1221.20	402.57	400.11	20579
2010	16153.25	2325.50	7433.22	6392.17	1041.05	6394.53	834.66	1434.68	463.16	464.21	24897
2011	19816.55	2768.03	9479015	8237.32	1241.83	7569.37	950.80	1662.34	501.09	518.04	30103
2012	22338.33	3004.21	10655.60	9285.11	1370.49	8678.52	1079.67	1849.04	579.76	5680522	33758
2013	24834.65	2990.31	11732.70	10177.10	1567.56	10111.64	1174.29	2031.81	758.90	642.19	37263
2014	27281.77	3148.75	12690.72	10955.87	1747.53	11442.30	1259.55	2211.82	950.04	673.38	40635
2015	29172.17	3331.62	13043.68	11178.67	1877.70	12796.87	1292.83	2323.67	1153.26	751.81	43153
2016	31551.37	3578.37	13341.17	11337.28	2016.59	14631.83	1356.56	2487.80	1272.71	879.62	46382

4. 建筑概况

　　湖南省建设量逐年扩大，历年房屋建筑面积详见表 1-9。2016 年湖南省全年建筑面积 50329.04hm^2，各市州建筑面积及规划建筑面积见表 1-10。在建筑节能方面，2017 年湖南省各城区新建建筑节能强制性标注执行率在设计阶段和施工阶段均达到 100%。此外，湖南省的可再生能源建筑应用工程示范已列入国家应用示范的技术类型，包括地源和水源热泵供热制冷技术、太阳能光电和光热转换技术等，截至 2016 年 11 月，长沙市共启动建设可再生能源建筑应用示范项目 213 个，折合可再生能源建筑应用面积 493.54hm^2，其中 162 个项目已完工，折合面积 387.79hm^2。截至 2017 年底，湖南省示范推广任务已完工项目折合面积 2034.7 万 m^2，占总任务面积的 93.45%，已开工在建项目折合面积 276 万 m^2，占总任务面积的 12.68%。

年份	房屋建筑面积		其中国有经济		其中集体经济	
	施工面积	竣工面积	施工面积	竣工面积	施工面积	竣工面积
1998	5067.56	2382.33	1397.64	530.7	3373.22	1701.44
1999	5180.91	2681.81	1333.55	561.1	3417.6	1900.54
2000	5087.93	2603.08	1287.31	580.12	3017.81	1634.32
2001	6259.27	3204.6	1459.86	575.96	2734.12	1548.82
2002	7167.52	3665.71	1492.9	557.76	2342.29	1375.27
2003	10051.97	4969.67	2403.74	872.54	2667.99	1487.17
2004	12522.96	6250.66	2688.46	1105.49	2283.17	1342.06
2005	13774.87	6846.04	3155.37	1187.33	2310.26	1221.36
2006	15893.25	7451.71	4029.50	1203.42	2184.87	1280.53
2007	18796.15	8202.43	5031.99	1298.72	1885.13	1133.24
2008	21463.02	9077.52	4271.08	1240.98	1883.08	1038.20
2009	22442.34	9809.63	4014.66	1417.89	1617.52	889.23
2010	27680.25	10573.45	6158.88	1433.76	1920.30	1041.96
2011	32795.65	11777.74	10211.94	1870.29	2117.59	1100.78
2012	36412.18	13398.75	4175.97	1199.63	2292.37	1195.18
2013	43528.16	15890.95	15943.34	3831.35	2339.85	1142.34
2014	47433.19	16583.00	18252.67	3567.12	2356.22	1162.44
2015	47504.41	17389.97	18585.29	3873.21	2357.57	1366.82
2016	50329.04	18629.18	20693.91	4247.81	3887.89	2216.64

湖南各市州 2016 年房屋建筑面积统计 /hm² 表 1-10

市州	房屋建筑面积	
	施工面积	竣工面积
全省	301393782	45337360
长沙市	95864218	16705822
株洲市	31665687	4343807
湘潭市	14157544	839255
衡阳市	25011523	3045616
邵阳市	16967357	2023627
岳阳市	15343048	2664329
常德市	13963482	1870597
张家界市	3751079	330731

续表

市州	房屋建筑面积	
	施工面积	竣工面积
益阳市	12716217	1417996
郴州市	25775537	2949911
永州市	10979755	3822022
怀化市	15783625	2957294
娄底市	11793959	1586786
湘西州	7620841	779467

1.3 湖南省绿色建筑人文理念

随着人们对发展绿色建筑认识的趋同，我们更应该从历史发展进程的角度，从先人提出"天人合一"的思想中探求绿色建筑理念和发展足迹，挖掘绿色建筑体现传统文化，继承和发展传统文化的路径。对绿色建筑历史性背景的认识越充分，对绿色建筑发展的认识就越清晰。因此，应以湖南省传统建筑中有利于节约资源和保护环境的思想观念及实践经验研究为主线，分析、整理其中绿色建筑的元素并加以升华。在深刻认识绿色建筑发展的连续性基础上，取其精华，奠定和夯实绿色建筑发展的人文基础。

1.3.1 湖南传统建筑中的绿色观念

绿色建筑概念是在 20 世纪 60 年代逐渐提出来的。中国自 2008 年正式启动绿色建筑评价工作，至今经过 10 多年的发展，各项工作均获得了较大的发展。湖南省绿色建筑发展起步较晚，但是行业发展迅速，湖南省绿色建筑进入了快速发展期。但是绿色建筑并不是人类以往建筑历史的终结和断裂，而是对人类古代、近代和现代一切优秀传统、合理成分的继承和发展，如果离开了传统历史经验，特别是节约资源和保护环境的绿色智慧的继承和发扬，绿色建筑就成了无源之水，无本之木。

中国传统建筑文化历史悠久、独树一帜，并受传统哲学思想所支配，体现了传统哲学思想和生态观念的有机联系和统一。对中国传统建筑中所蕴含的绿色思想的探索，追根寻源还必须从中国传统哲学的高度来分析和研究。"天人合一"哲学思想是中国古代文化的基本精神之一，也是中国传统建筑文化的思想精髓。"天人合一"中的"天"泛指自然界和自然规律，是与人、人类相对应的概念。"天人合一"中的"人"，指的是人事、社会，主要指相对于自然界的人类。"天人合一"是中国人心目中的理想境界，强调的是人与自然的不可分割和有机统一，使人类发生了从征服自然到适应自然、从"人类中心主义"到承认其他生物存在价值的转变。"天人合一"哲学观与传统建筑实践相结合，转化成了具体的城市规划思想和建筑选址、布局、建造技术及装饰等理念。

1. 湖南省自然地理、地域文化特征

湖南省的地形为东南西三面环山，中北部低落，呈向北敞开的马蹄形盆地态势。境内山地、丘陵及岗地约占总面积的七成，水面约占一成，适合水稻生长的田地约占两成，俗称"七山一水二分田"。气候属大陆型亚热带季风湿润气候，四季分明，日照充足，严寒期短，无霜期长，雨量充沛。春温多变，夏秋多旱。冬季北风，凛冽干寒，冷空气影响较大，但为期不常；夏季南风，潮湿闷热，而且延续时间较长。多样的地理环境、气候条件，对湖南形成山丘平原不同地域建筑的诸多类型产生了深刻的影响。

"文化"是自古以来生活在这块土地上的各族民众在长期历史发展中，逐步形成的独具个性和内涵的物质文化和精神文化的总和，是兼具时空双重属性、多层面的复合体。地域文化的产生也与其自然地理环境和社会环境因素密切相关。湖湘文化作为中国传统文化的一部分，都是多元化的。春秋战国时期，湖南归入楚国时就开始了融入当地文化的进程，从而形成独特的地域文化。到秦代，湖湘文化与当地文化进一步广泛的交流。南宋时期，孔孟儒家思想成为湖南地域文化的核心。宋代湖南的文化教育和学术思想发展前所未有的兴盛，出现了周敦颐等理学学派、湖湘学派代表人物。湖湘学派成为宋明理学的重要分支，湖南成为理学思潮形成和发展的基地。儒家与道家的"天人合一""师法自然"的生态观作用于湖南的建筑。同时，楚文化的一些要素也渗透到湖湘文化中，如楚文化中对宇宙天地的求索精神，以及宋明理学的原道精神与苗蛮文化中生命意志与信念执着，对湖湘人的昂扬奋斗精神的影响等。

2. 湖南省传统建筑中的绿色观念

独特的自然地理及地域文化因素对湖南省传统建筑营建产生了影响，湖南人在同自然长期斗争的过程中积累和掌握了建筑如何利用自然，实现与自然完美结合，以及适应气候的丰富经验。湖南传统建筑在聚落选址、总体布局、建筑单体空间、室内外环境、建筑的结构和材料等方面，无不体现着朴素的绿色生态思想。主要表现在以下几方面：

1）因地制宜

湖南地域广阔，人口众多，传统建筑遵循顺应自然，讲求南向、穿堂风和遮阳等降温措施，最大限度地利用当地的自然资源，因地制宜，做到避风、向阳等以节约能源和土地。根据地形地貌的特点，湖南可分为三大区块：即湘中北、湘南、湘西。以传统民居为例，由于传统民居的形式受自然条件影响较大，因此湖南的传统民居形式各异、差别较大，但大致依湖南省地形地貌特征主要可分为三大部分：湖南中北部地区的传统民居、湖南南部地区的传统民居、湖南西部地区的传统民居。

2）崇尚自然

孔子提出"智者乐水，仁者乐山"的崇尚山水的美学思想，老子建立了道家的"疾伪贵真""法天贵真"的美学观，庄子进一步发展提出"天地有大美而不言"，认为自然之美是"大美""至美""真美"。这些崇尚自然的美学思想在后世被转化为"取其自然，顺其自然"的原则。湖南省地处山地丘陵地带，群山环绕，川谷崎岖，丘陵起伏，地形地貌复杂多变，传统民居选址多顺应自然，如湘西地区丘陵起伏，沟壑纵横交错，是明显的山地环境。湘西的传统建筑在总体布局上更多的是顺应地形，"顺其自然"。布局对地形的顺应不仅可以大大减少建筑在建造过程中的开挖、填土方量，而且还可避免因对地形表层的破坏而导致的山体滑坡等自然灾害。对地形的顺应建筑处理使村镇呈现出空间曲线或空间折线的布局态势，还创造出了丰富的建筑形态和街巷空间。

3）风水思想

中国传统风水文化是先人根据自身的生活经验和对生活活动的认知，总结的一套以人与自然和谐相处为基准的认知观念和择地理论，其"依山而建，择水而居"的择居理念一直被应用于传统民居的选址和居住环境的建造之中。如传统的风水观念对村落、建筑的选址布局的影响；"枕山、环水、面屏"的山势水脉对居住环境的影响；强调"背山面水，左右护卫"的理想风水格局风水学的影响等。由于风水学说对房屋的选址、营建的要求，在一定程度上与房屋就近取水、交通方便、空气通畅、良好朝向等科学要求相吻合，因此风水学说可被看作是古代城市规划和建筑环境观的雏形，在湖南传统民居的选址和营建等方面起到了引导甚至是决定性作用。湖南省传统民居多利用自然地势环境，遵循"负阴抱阳，背山面水，随坡就势"的原则，呈北靠山体，东西环绕山林，南面为正，呼应远山阔地，坐北朝南均衡对称的布局形式；建筑多采用纵横轴线的院落式布局，主从关系明确，阴阳有序，体现了天、地、人合一的传统哲学思想。既满足了选址之处族人对宗族繁盛、财源广进、文运兴旺的期望，也为整个村落提供了良好的通风采光效果，起到了自然调节局部气候及生态节能的作用。

4）提倡节俭

节俭历来是中华民族的传统美德，中国传统建筑的特征就是简朴，这正异于欧洲建筑的豪华。早在春秋战国时期，墨子就提出了建筑目的论和建筑标准说，他认为建造房屋的目的是"便于生，不以为观乐"，并且基于人类生存需要提出了建筑标准，反对"费财劳力"。从建筑材料方面来看，湖南传统建筑大多是土木结构，取于自然还可以重复使用。传统建筑文化"崇尚节俭"的思想在可持续发展成为全球共识的背景下，具有不可低估的时代价值，对现代建筑、社会生活和人的价值观都是一种导向作用，也为"绿色建筑"最大限度地节约资源提供了借鉴。

1.3.2 湖南传统建筑实践中的绿色经验

1. 传统村落选址布局中的绿色经验

1）选址

传统村落的选址布局是整体规划首要考虑的内容，湖南传统村落的选址布局依据主要体现在"依山而建，择水而居"的传统风水学术观念和"以人为本，天人合一"的传统生态环境观念两个方面。一般村落多位于山脚，负阴抱阳，村落前方多较开敞，或有水井、河流、池塘、稻田等。这种布局既符合传统风水理论，也利于自然通风，起到调节微气候和节能的作用。如怀化会同县的高椅古村，该村坐落于会同县城东北 48km 处，三面环山一面依水，宛如豪门贵族家高大的太师椅，故得此名。

另外，湘东北的张谷英村也是符合风水思想的传统村落的典型。张谷英村处于今天的湘北岳阳县境内，最初建造于明朝洪武年间，这个村落四面环山，地势由北向南而降低，依龙形山由东南向西北而建，绵延到数里之外，又有渭溪河水横穿古村，呈典型的"金带环抱"之态。湘中南地区的传统大屋荫家堂，也是这种环境模式的典型范例。它位于邵东县杨桥乡清水村，始建于清道光三年（1823年），属明清时期江南典型的封建社会的深宅大院建筑。大屋恰好处在山水环抱的中央，地势平坦、后高前低，整体形成了背山面水，负阴抱阳的基本格局，荫家堂老屋基址后有三峰，背枕燕王山做其"后龙山"，左有黄土山，右为凤凰山，山上植被茂盛，视野开阔，大屋背依"龙身"，正屋"当大门"处在"龙头"前面。屋前池塘水波潋滟，田野开阔，且有蒸水河蜿蜒流过成玉带环抱之势，象征着纳气聚财。

2）布局

受传统建筑文化和儒道文化的影响，湖南传统建筑在类型、布局、形制、设计意匠上呈现出了多种多样的建筑个性和美学品位。不仅有森严、凝重的对称式布局，也有灵巧、活变的自由式组合；有堂而皇之的富丽格调，也有天趣盎然和淡雅风韵。传统村落建筑经历了几千年的发展历程，但是总的来说，其群落布局可以分为几种常见的组成形式：以一条街为主发展的不规则线形村镇，沿河、湖形成的线性村落，组合式线形村镇。如张谷英村古建筑群的布局形式属于沿河形成的线形村落。

建筑朝向的好坏对于建筑室内的环境质量有很大影响。选择最佳朝向的时候最好能协调好日照和通风之间的关系，因为二者有时候是相矛盾的。在冬季，应该想办法尽可能多地获得太阳辐射，要避免冷风的不利影响。湖南地区的传统民居多坐北朝南，背山面水，这样可以利用山体来阻挡冬季北面来的寒风，夏季还可以利用水体降温冷却，形成凉爽的南风。这种朝向有利于冬季采光，夏季通风，如张谷英村北面靠山体，面向南面敞开。冬季有山体的遮挡，可以避免过多受到风的侵袭，夏季有水体调节微气候。

湖南山地丘陵地形居多，场地极为不平整，常有为平整场地而大开大挖的现象，这只是降低了建筑设计阶段的难度，对场地文脉延续、环境保护、资源节约等后续问题极为不利。大多传统建筑依山就势而建，这样既节约了土地开挖、土方运输成本，又可以在场地内形成自然排水坡度；在视觉上依山坡而建的建筑群，能够配合、完善山形，产生高低错落的韵律之美。

2. 传统建筑中的绿色元素

1）堂屋

堂屋是湖南传统民居的中心部分，一般位于建筑的中轴线上，面朝主入口，是人们日常生活的中心。传统建筑的形式存在一个适应和调整的过程，无论是湖南传统民居建筑还是现代的城镇住宅，堂屋都是重要的组成部分。从气候适应性上分析，堂屋空间尺度上比较高，有利于起到"拔风"的效果，空间开敞并朝向天井或者庭院也能起到改善气候的作用。

2）廊道、巷道

廊道和巷道是两种特别的聚落规划形式，二者均为狭长的通道（如图1-4所示）。宽度根据房间各处的使用要求来设置，多呈南北走向。廊道和巷道的长、宽、高之比都比较悬殊。廊道的设置用于调节和改善室内环境。由于湖南地区夏季潮湿闷热，通风散热是建筑应解决的首要问题，巷道的设置是促进自然通风的重要措施。受夏季东南风的影响，湖南传统民居多为南北向布置，因而其巷道也应顺应夏季主导风向，达到增加通风、改善室内热环境的作用。以张谷英村为例，该村廊道均为檐廊，一般设置在建筑的外侧，或者是厅堂及天井边，在改善室内环境方面能够起到夏季阻挡太阳辐射、冬季增加采光的作用。同时，在多雨季节还可以防雨。檐廊最宽可达到3m多，最小宽度约

图1-4 廊道与巷道

为 1m。巷道一般是在建筑内部，形式曲折幽深，在张谷英村大屋的巷道中游走，可以通达张谷英村大屋的每个角落。巷道最小宽度约为 1m，最大宽度约为 1.5m，巷道的长度最长达约 200m，最短约为 10m，高度约为 6 ～ 10m。

3）天井

中国传统民居中天井常被利用，湖南传统建筑中也是如此，天井节能的意义主要在于：从通风来讲，天井与纵横交通廊道一起构成了一个气流循环系统，有利于加强夏季的自然通风；天井中可适当绿化，从而改善建筑的生态环境；天井中也可设置水池，调节建筑内部空气的湿度，同时也可以兼作防火之用；从采光来讲，天井本身就具有接纳阳光、改善采光的功能，并且光线通过天井能够形成二次折射，减少了眩光。以传统村落张谷英村为例，据统计，该村共 206 个天井，根据等级不同，其面积大小也不同。最大的天井面积有 22m²，最小的有 2m²（如图 1-5 和图 1-6 所示）。作为群体性建筑，大部分房屋都不能直接对外开窗采光，只能依靠天井争取自然光。

图 1-5　张谷英村某民居天井

图 1-6　刘少奇故居天井

4）阁楼、夹层、吊脚楼

湘中北地区民居有一部分建造了阁楼和夹层，这是充分利用空间的一种有效方式（如图 1-7 所示）。阁楼与夹层适合设置在人字形坡屋顶的建筑上，因为坡屋顶上部空间比较大，可以用来储藏物品，如果空间足够高，就可以住人。湘中北地区湿度较大，房间容易返潮，不利于储放物品，而放在阁楼上可以保持物品的干燥。阁楼与夹层不仅使室内的层高产生了错落，而且能够增加空气对流的作用，是调节室内微气候的好方法。阁楼与夹层在夏天具有隔热的功能，冬天还能兼顾保温，起到了空气隔热层的作用，能够使室内环境变得舒适。

湘西地区吊脚楼是特色鲜明的传统建筑之一（如图1-8所示）。吊脚悬挑除了是湘西人们解决用地紧张的一种方法和手段之外，更重要的是一种适应当地湿润气候的设计手法和生态策略。建筑通过吊脚悬挑可以有效解决地面潮湿问题，同时还能达到防止虫蛇等野生动物侵袭的目的。

图1-7　张谷英村民居阁楼　　　　　　　图1-8　湘西吊脚楼

5）挑檐

挑檐在湖南使用也很普遍，是为了适应湖南湿热多雨的气候状况，而在建筑构造上采取的生态措施。湖南光照和降水量都非常丰富，传统民居建筑中多采用深檐出挑的方法来增加房屋遮阳避雨的效果。挑檐的深度较大，在其建筑构造上，必须用挑梁来承托挑檐，然后再利用挑檐檩来承托上面的椽子和屋面。夏季时，阳光炙热，气温很高，深檐可以减少阳光对房屋的照射，使得室内气温有所改善。湖南阴雨天气很多，深檐可以满足人们日常生活的需求，如提供宽阔的檐下空间使人们可以在檐下走动或休闲。

6）活动墙

这种墙在湖南传统建筑中用得较为普遍，经常可以发现敞口厅整片墙都是可以拆卸和拼装的，一般是由木板做成，称之为活动墙。活动墙在建筑中的应用一方面可以改变建筑内部的空间布局适合实际使用功能的需要；另一方面可以较大限度地改变建筑的采光和通风，从而通过建筑自身的调节而适用气候的变化，达到生态节能的目的。

7）建筑材料

湖南生土、木材、石材、砖材等建筑材料资源丰富，传统建筑一般就地取材。其中生土、木材和砖材使用得最广泛，石材主要用在建筑外部环境，对于建筑形态影响不大（如图1-9，图1-10所示）。建筑墙体一般采用土坯砖、青砖或石材砌筑，并用特殊的砂浆黏结。这种砂浆是由细砂、石灰、糯米浆、水等材料混合而成，黏结性能非常好，以至屹立数百年而不塌。传统民居中墙体一般都较厚，由于这些材料的热惰性好，具有冬暖夏凉的功能。这些材料低碳无污染，可循环利用，即使旧宅拆卸重建，建材依然能回到自然或者重复使用。就地取材的做法不仅降低了生产成本，还减少了运输建筑材料过程中的能耗，减少了环境污染，符合"可持续发展"的理念。

图1-9 生土墙

图1-10 木屋架

1.3.3 小结

湖南省传统建筑由于受到环境、背景和资源、材料的影响，以及传统文化的影响，形成了"绿色建筑"的雏形。虽然"绿色建筑"是现代概念名词，传统建筑却与"绿色建筑"在内涵上一致。所以绿色建筑应是继承、发展的，旨在重塑和谐生态体系的建筑形式。不应停留在形式的设计层次上，还应在精神和内涵方面有深层的体现，从而达到建立在绿色建筑理念下的经济可持续发展。依据生态性、科学性、民族性、大众化等原则，建构"天人和谐，持续发展；安全健康，经济适用；地域适应，节约高效；以人为本，诗意安居"的人文理念。在对湖南传统建筑中的绿色生态思想观念及实践经验的研究中，分析、整理其中绿色建筑的元素并加以升华，体现出这一理念。

1. 天人和谐，持续发展

"天人合一"哲学思想是中国古代文化的基本精神之一，也是中国传统建筑文化的思想精髓。"天人合一"思想对湖南的建筑产生了深远的影响。"天人和谐"是对"天人合一"思想的扬弃。湖南传统建筑中因地制宜、崇尚自然的绿色观念，风水思想中的环境意识，充分体现出人们对环境的顺应和对自然的尊重。在建筑材料的选用方面，多选用本土盛产的木材、石材，既低碳无污染，又能循环使用，符合"可持续发展"理念。绿色建筑首先关注的是环境危机问题，要解决环境危机，就必须根本改变人对自然界的态度。工业文明最大的失误在于，人类把人与自然二元对立起来，一味地追求人对大自然的主宰、征服和统治，殖民地式的榨取自然资源，污染环境，把整个地球推向了生态毁灭的边沿。因此，绿色建筑应当重新审视人与自然的关系，根本改变对自然的态度，确立"天人和谐"价值理想和"可持续发展"的价值目标。

2. 安全健康，经济适用

湖南传统建筑的因地制宜和崇尚自然理念，使建筑在布局时，最大限度地顺应地形，不仅可以大大减少建造过程中的开挖、填土方量，还可以避免因对地形表层的破坏而导致的山体滑坡等自然灾害。同时在单体建筑的布局朝向方面通过被动设计，利于通风采光，营造出健康舒适的居住生活环境。湘中北地区的阁楼、夹层，湘西地区的吊脚楼，在不同的气候条件下，形成了不同的建筑形式，除了调节室内小气候的作用，也形成了各具特色的建筑景致。在人类两千多年的探索中，积淀了一组最基本的建筑理念，即坚固—适用—美观—经济—健康。借鉴这些成果，并针对目前建筑行业存在的突出问题，"安全健康，经济适用"是对一般建筑的基本要求或底线要求，当然也是对绿色建筑的最基本要求。

3. 地域适应，节约高效

湖南省的地形为东南西三面环山，中北部低落，呈向北敞开的马蹄形盆地态势。气候属大陆型亚热带季风湿润气候，四季分明，日照充足，严寒期短，无霜期长，雨量充沛。独特的地形、气候条件使得湖南地区传统建筑在本土适应的基础上，形成了与其他地区不同的建筑布局、形式。同时，湖南地域广阔，人口众多，"地域适应"（也称为"地方主义"）是绿色建筑尊重自然，适应当地自然条件，融入自然环境和保护自然环境的基本路径。而节俭是中华民族的传统美德，中国传统建筑的特征就是简朴。湖南传统建筑的俭德，体现在建筑材料方面的选用和结构，大多是土木结构，取于自然还可以重复使用。"节约"资源是绿色建筑的基本特征和基本评价标准；"高效"利用资源是绿色建筑应遵循的基本原则。

4. 以人为本，诗意安居

湖南传统村落的选址布局依据主要体现在"依山而建，择水而居"的传统风水学术观念和"以人为本，天人合一"的传统生态环境观念两个方面。建筑布局、朝向以及单体建筑的各种绿色元素都体现出建筑以满足人的生存和基本需求作为根本出发点和归宿的原则。将"以人为本，诗意安居"确定为绿色建筑人文理念的重要内容，是从绿色建筑所应当承载的社会价值和审美价值角度进行考虑的。"以人为本"是绿色建筑的根本出发点和归结。"安其居"是春秋末期老子提出的一种理想目标，"诗意栖居"是德国哲学家海德格尔提出的一种理想的生存方式。我们把"诗意安居"作为绿色建筑所要追求的一种理想境界。

1.4 各地区绿色建筑发展概况

1.4.1 地州市绿色建筑发展

湖南省绿色建筑的发展在区域上非常不平衡，绿色建筑标识项目几乎全部集中在长株潭地区，其他的地州市发展情况处于滞后状态（如图1-11和图1-12

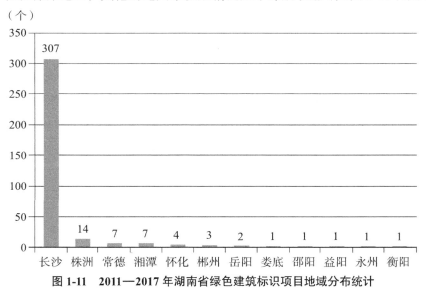

图 1-11　2011—2017 年湖南省绿色建筑标识项目地域分布统计

所示）。绿色建筑的项目数量与当地经济发展水平有密切关系，当地经济收入水平越高，绿色建筑标识项目数量就越多。除此之外，数量与当地主管部门对绿色建筑的重视及推广程度有着重要关系。如长株潭地区为推广绿色建筑发展推出多项相关政策，并提出多项激励措施，推动新建建筑执行绿色建筑标准。

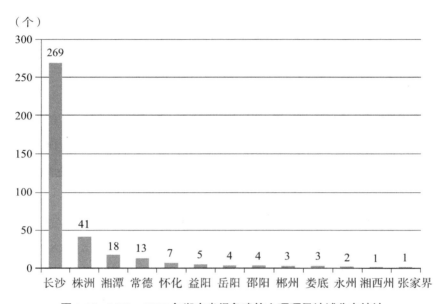

（个）

图 1-12　2011—2017 年湖南省绿色建筑立项项目地域分布统计

　　湖南省政府、长沙市政府把打造绿色建筑、建设低碳生态城市作为推动城市建设发展率先转型的核心战略。长沙市自 2005 年开始，按照国家关于建筑行业节能减排的总体要求，在推行建筑节能、发展绿色建筑等方面开展了一系列工作，取得了一定进展。分别出台了《长沙市绿色建筑行动实施方案》《长沙市绿色建筑设计导则（试行）》《长沙市绿色建筑评价标准（试行）》《长沙市绿色施工导则（试行）》和《长沙市民用建筑节能管理办法》等系列政策文件和法规，政府投资的公益性公共建筑和长沙市的保障性住房将全面执行绿色建筑标准。

　　截至 2017 年 12 月底，长沙共有绿色建筑标识项目 307 个，已经参加湖南省绿色建筑立项项目 269 个。2011—2017 年长沙市绿色建筑标识项目和省立项项目数量变化情况分别如图 1-13 和图 1-14 所示，2014 年以后项目数量呈现爆发式增长。

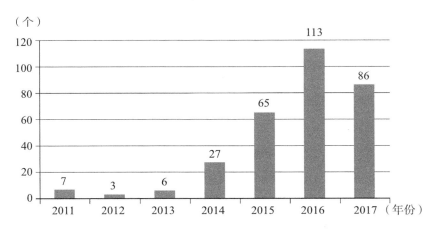

图 1-13　2011—2017 年长沙市绿色建筑标识项目数量变化情况

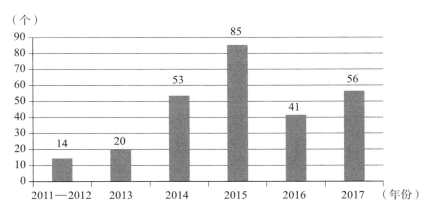

图 1-14　2011—2017 年长沙市绿色建筑湖南省立项项目数量变化情况

1.4.2　生态城绿色建筑发展

进一步调研发现项目主要集中在生态新区，如湘江新区以及株洲云龙新区。

1. 湘江新区

2015 年，国家级湖南湘江新区（原长沙大河西先导区）正式获国务院批复同意设立，湘江新区位于长沙湘江西岸，包括岳麓区、望城区和宁乡县部分区域。

梅溪湖国际新城位于湘江新区，2012 年获批成为国内首批"绿色生态示范城区"。示范区范围内绿色建筑执行率达 100%，二星及三星以上绿色建筑比例达 30% 以上。截至 2017 年 12 月 31 日，梅溪湖共有绿色建筑标识项目 61 个，面积 667.2hm²，占全省绿色建筑创建总面积的 17.5%，如图 1-15 所示。

2. 株洲云龙示范区

株洲云龙示范区是长株潭城市群"两型"社会建设综合配套改革试验 5 大

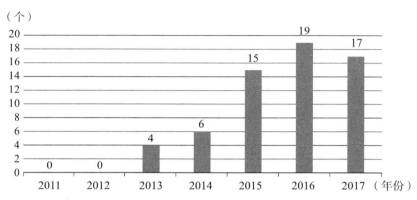

图 1-15　2011—2017 年梅溪湖绿色建筑标识项目数量变化情况

示范区之一，位于株洲市北部，总面积百余平方公里。株洲云龙示范区以建设资源节约型、环境友好型社会为目标，以活力、生态、健康、和谐为主题，把云龙示范区建设成为长株潭城市群的中央生态城，着力打造"生态城、文化城、旅游城"，形成"一中心、两基地"的格局，即中部地区为旅游休闲中心、湖南文化创意和现代服务产业基地、全国实用技术教育和科技创新基地。

株洲市 2011—2017 年共有绿色建筑标识项目 14 个，其中株洲云龙示范区项目有 11 个（如图 1-16 所示）。株洲市共有省立项项目 41 个，其中株洲云龙示范区项目 20 个（如图 1-17 所示）。

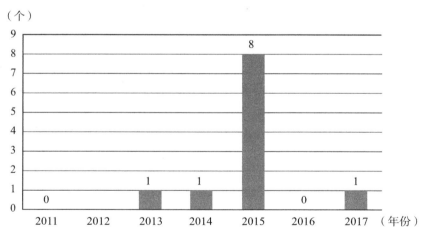

图 1-16　2011—2017 年株洲云龙示范区绿色建筑标识项目数量变化情况

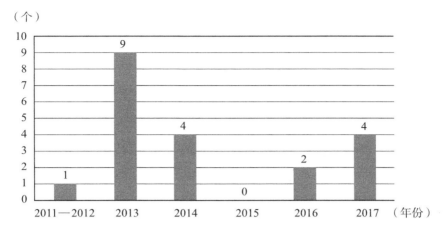

图 1-17　2011—2017 年株洲云龙示范区绿色建筑湖南省立项项目数量变化情况

第2章 绿色建筑管理

　　中国绿色建筑发展初期，对于绿色建筑的评定全部由住房和城乡建设部和绿色建筑评价标识管理办公室进行，共同负责一星、二星、三星级评定。随着绿色建筑数量的增多，现对绿色建筑评价标识实行属地管理，各省市住房城乡建设主管部门负责本行政区域内一星、二星、三星级绿色建筑评价标识工作组织实施和监督管理，推行第三方依据绿色建筑评价标准实施评价，出具技术评价报告，确定绿色建筑性能等级。现行的绿色建筑管理体系如图 2-1 所示。为了贯彻落实住房和城乡建设部发布的《住房城乡建设部关于进一步规范绿色建筑评价管理工作的通知》(建科〔2017〕238 号)，深入推进"放管服"，规范湖南省绿色建筑评价管理，湖南省 2018 年拟实施将一星级绿色建筑评价管理及其标识评价机构初审和二、三星级绿色建筑标识评价推荐管理两项权限下放至市州住房和城乡建设管理部门。

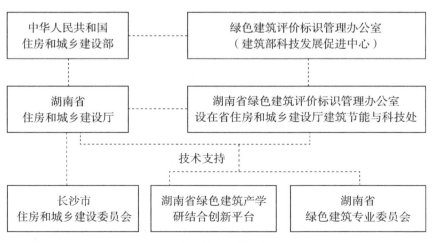

图 2-1　绿色建筑标识管理体系建设

▇ 2.1 绿色建筑评价标识管理部门

2.1.1 中华人民共和国住房和城乡建设部

《绿色建筑评价标识管理办法（试行）》（建科〔2007〕206 号）和《一二星级绿色建筑评价标识管理办法（试行）》（建科〔2009〕109 号附件）规定了中国现行绿色建筑评价管理制度的主要内容。依据这两个管理办法，全国用两年多时间形成了自上而下的绿色建筑评价管理机制，包括中央和地方联动的绿色建筑评价管理机构、统一的评价流程以及相应的监督管理措施。根据《绿色建筑评价标识管理办法（试行）》，住房和城乡建设部负责指导和管理绿色建筑评价标识工作，制定管理办法，监督实施，公示、审定、公布通过的项目；住房和城乡建设部委托住房和城乡建设部科技发展促进中心负责绿色建筑评价标识的具体组织实施等日常管理工作，并接受住房和城乡建设部的监督与管理；住房和城乡建设部科技发展促进中心负责对申请的项目组织评审，建立并管理评审工作档案，受理查询事务。

为了进一步加强和规范绿色建筑评价工作，引导绿色建筑健康发展，由住房和城乡建设部科技发展促进中心与绿色建筑专委会共同组织成立的绿色建筑评价标识管理办公室于 2008 年 4 月 14 日正式成立。绿色建筑评价标识管理办公室设在住房和城乡建设部科技发展促进中心，成员单位有中国建筑科学研究院、上海建筑科学研究院、深圳建筑科学研究院、清华大学、同济大学等。绿色建筑评价标识管理办公室主要负责绿色建筑评价标识的管理工作，受理三星级绿色建筑评价标识，指导一、二星级绿色建筑评价标识活动。

2.1.2 湖南省住房和城乡建设厅

根据住房和城乡建设部《关于推进一二星级绿色建筑评价标识工作的通知》（建科〔2009〕109 号），一、二星级评价权限下放，由地方进行项目评审和评价标识日常管理工作。湖南省于 2010 年从住房和城乡建设部获得了一、二星级项目地方评审权限 [《关于同意开展一、二星级绿色建筑评价标识工作的批复》（建科综函〔2010〕106 号）]，并于 2011 年 1 月发布了《湖南省绿色建筑评价标识管理办法（试行）》（湘建科〔2011〕17 号），开始开展绿色建筑一、二星级标识评价工作。

湖南省住房和城乡建设厅负责湖南省范围内一星级、二星级评价标识工作开展，接受住房和城乡建设部的监督和管理。按照住房和城乡建设部建科〔2009〕109号文件规定，住房和城乡建设部负责三星级评价标识的评价工作。湖南省住房和城乡建设厅成立"湖南省绿色建筑评价标识管理办公室"（湘建办〔2010〕20号），设在湖南省住房和城乡建设厅建筑节能与科技处，负责评价标识的具体组织实施等管理工作。市州城乡建设行政主管部门负责本辖区内项目申报材料审查、材料上报和项目实施的日常巡查、监督管理工作。

为加强湖南省建筑节能、绿色建筑、装配式建筑、工程建设地方标准及建设科技项目受理工作的管理，规范项目受理的程序，提高项目受理的工作效率，自2017年12月起，湖南省住房和城乡建设厅建筑节能与科技处不再直接受理项目材料，由湖南省住房和城乡建设厅政务中心统一进行受理，负责评价标识的具体组织实施等管理工作。

2.1.3 长沙市住房和城乡建设委员会

湖南省会长沙市于2015年4月印发《长沙市绿色建筑项目管理规定》，根据规定，长沙市住房城乡建设委负责全市绿色建筑项目的管理工作，建设、发改、国土、规划、园林及住房保障等相关部门应协同做好绿色建筑项目在立项、土地供应、规划、方案设计、初步设计、施工图设计、施工、验收和运营管理等阶段的监管工作，并制定具体的实施办法。该规定自2015年7月1日起施行。

2.1.4 湘潭市住房和城乡建设局

湘潭市于2015年8月印发《湘潭市绿色建筑实施细则》，根据细则，湘潭市住房和城乡建设局负责全市绿色建筑的设计、验收以及绿色建筑标识评价等监督管理工作，日常管理工作由湘潭市建筑节能管理办公室负责。该细则自2015年9月1日起实施。

2.2 湖南省绿色建筑相关政策及制度

为加快湖南省绿色建筑的推广进程，湖南省政府出台了《湖南省人民政府关于印发绿色建筑行动实施方案通知》(湘政发〔2013〕18号)，明确了全省绿色建筑推广的总体目标、工作重点和主要措施，通过财政投入及政策扶持来推进湖南省的绿色建筑发展；此后，长沙、株洲、永州、娄底等地州市也相继出台了绿色建筑行动实施方案，加快推进当地绿色建筑发展(如表2-1所示)。

为促进绿色建材生产和应用，推动建材工业稳增长、调结构、转方式、惠民生，更好地服务于新型城镇化和绿色建筑的发展，依据《促进绿色建材生产和应用行动方案》，结合湖南省实际，湖南省住房和城乡建设厅制定了《湖南省促进绿色建材生产和应用实施方案》。

湖南省绿色建筑相关政策　　　　　　　　　　　　　　表2-1

序号	地方	文件	目标	激励政策
1	全省	《湖南省人民政府关于印发绿色建筑行动实施方案通知》(湘政发〔2013〕18号)	到2020年，全省30%以上新建建筑达到绿色建筑标准要求，长沙、株洲、湘潭三市50%以上新建建筑达到绿色建筑标准要求	1.对取得绿色建筑评价标识的项目，各地可在征收的城市基础设施配套费中安排一部分奖励开发商或消费者；对其中符合相关条件的项目优先纳入省重点工程项目；对其中的房地产开发项目，另给予容积率奖励。对采用地源热泵系统的项目，在水资源费征收时给予政策优惠 2.引导金融机构加大对绿色建筑项目的信贷支持 3.对列入省绿色建筑创建计划的项目，纳入绿色审批通道。对因绿色建筑技术而增加的建筑面积，不纳入建筑容积率核算 4.在"鲁班奖""广厦奖""华夏奖""湖南省优秀勘察设计奖""芙蓉奖"等评优活动及各类示范工程评选中，将获得绿色建筑标识作为民用房屋建筑项目入选的必备条件 5.对实施绿色建筑的相关企业，在企业资质年检、企业资质升级中给予优先考虑或加分

序号	地方	文件	目标	激励政策
2	全省	关于印发《湖南省推进新型城镇化实施纲要（2014—2020年）》的通知（湘政发〔2014〕32号）	1. 到2020年，全省30%以上新建建筑达到绿色建筑标准 2. 到2020年，全省城镇新（改、扩）建筑设计阶段标准执行率达到100%，全省设区城市施工阶段标准执行率达到100% 3. 以建设绿色建筑为目标，以保障性住房、写字楼、酒店等建设项目为突破口，以长株潭城市群为重点，到2020年，力争产业化项目预制装配化（PC）率达80%以上，创建3～5个国家级住宅产业化示范基地，30～50个国家康居示范工程，逐步打造以工业化、信息化为基础的住宅产业化强省	推行政府绿色采购制度，支持鼓励保障性住房、政府投资项目、大型公共建筑等新建项目优先采购和使用清洁低碳产品、技术
3	全省	关于印发《湖南省促进绿色建材生产和应用实施方案》的通知（湘经信原材料〔2016〕234号）	到2020年，全省绿色建材生产比重明显提升，发展质量明显改善。绿色建材在行业主营业务收入中占比提高到25%，品种质量较好满足绿色建筑需要，与2015年相比，建材工业单位增加值能耗下降10%，氮氧化物和粉尘排放总量削减10%；绿色建材应用占比稳步提高。新建建筑中绿色建材应用比例达到40%，绿色建筑中的应用比例达到60%，试点示范工程中的应用比例达到80%	利用现有渠道，引导社会资本，加大对共性关键技术研发投入，支持企业开展绿色建材生产和应用技术改造。研究制定财税、价格等相关政策，激励水泥窑协同处置、节能玻璃门窗、节水洁具、陶瓷薄砖、新型墙材、预拌混凝土、预拌砂浆等绿色建材生产和消费。支持有条件的地区设立绿色建材发展专项资金，对绿色建材生产和应用企业给予贷款贴息。将绿色建材评价标识信息纳入政府采购、招投标、融资授信等环节的采信系统。研究制定建材下乡专项财政补贴和钢结构部品生产企业增值税优惠政策

续表

序号	地方	文件	目标	激励政策
4	全省	关于进一步开展绿色建材推广和应用工作的通知（湘建科〔2017〕188号）	政府投资的公益性公共建筑，单体建筑面积超过2hm²的机场、车站、宾馆、饭店、商场、写字楼等大型公共建筑，使用绿色建材的比例2018年、2019年分别达到40%、50%。至2020年，以上建筑中使用绿色建材的比例应达到60%，其他新建建筑应达到40%，绿色建筑应达到60%以上，获得绿色建筑一、二星级评价标识的建筑项目应分别达到70%、80%	1. 支持企业创新研发绿色建材和应用技术，对获得相关知识产权、专利、工法等技术产品，其工程技术规程或工程技术应用导则优先列入省建设科技计划 2. 对获得绿色建材评价标识的企业和成功运用绿色建材的试点示范项目，省工业转型升级专项资金和新型城镇化引导资金分别给予优先资金支持。对符合条件的绿色建材标识企业，可申请享受资源综合利用税收减免优惠
5	全省	关于印发《湖南省"十三五"节能减排综合工作方案》的通知（湘政发〔2017〕32号）	1. 编制绿色建筑建设标准，开展绿色生态城区建设示范，到2020年，城镇绿色建筑面积占新建建筑面积比重达到50%。加快推进装配式混凝土（PC）结构、钢结构、现代木结构建筑的应用，到2020年，全省市州中心城市装配式建筑占新建建筑比例达到30%以上，其中：长沙市、株洲市、湘潭市3市中心城区达到50%以上 2. 公共机构率先执行绿色建筑标准，新建建筑全部达到绿色建筑标准。推进公共机构以合同能源管理方式实施节能改造，积极推进政府购买合同能源管理服务，探索用能托管模式。到2020年，公共机构人均综合能耗下降11%，单位建筑面积能耗下降10%	健全绿色标识认证体系。强化能效标识管理制度，扩大实施范围。推进绿色产品认证，落实绿色建筑、绿色建材标识和认证制度，探索建立可追溯的绿色建材评价和信息管理系统。推进能源管理体系认证。按照国家标准，建立和完善绿色商场、绿色宾馆、绿色饭店、绿色景区等绿色服务评价办法，积极推进第三方认证评价

序号	地方	文件	目标	激励政策
6	全省	湖南省发展和改革委员会关于印发《湖南省"十三五"节能规划》的通知（湘发改环资〔2017〕59号）	1.总体目标：到2020年，全省能源消费年均增速不高于2.9%，能源消费总量控制在17850万t标准煤以内 2.具体目标：到2020年，全省新建建筑全面执行65%节能率设计标准，绿色建筑标准实施率达到30%；公共机构人均综合能耗下降11%，单位建筑面积能耗下降10%	1.完善目标责任体系。分年度组织开展对所辖区域地方人民政府能耗"双控"目标责任评价考核，把能耗"双控"目标完成情况和政策措施落实情况纳入政府绩效考核 2.强化统筹与部门协作。进一步完善政府领导、节能主管部门统筹监管、行业部门协调配合的工作机制 3.加强节能监督管理 4.健全节能投入机制。在国家资金支持基础上，省、市州人民政府要加大对节能工作的投入，保障实施节能改造重点工程，开展固定资产投资项目节能评估审查、节能监察等经费需求
7	长沙	长沙市人民政府关于印发《长沙市绿色建筑行动实施方案》的通知（长政发〔2013〕33号）	1.到2020年，全市市区新建民用建筑要100%执行绿色建筑标准 2.绿色生态城区中所有新建建筑要率先全面执行绿色建筑标准。到2020年，梅溪湖新城等城市绿色生态城区建设初具规模 3.到2020年，保障性住房产业化建设的比例达到50%以上 4.到2020年，市区新建住宅实行全装修比例要达到50%以上	1.市级财政每年整合安排2000万元建筑节能与绿色建筑专项资金 2.在全装修住宅、全装修集成住宅容积率奖励办法的基础上，研究制定绿色建筑容积率奖励办法 3.通过绿色建筑设计评价标识的建设项目进入审批绿色通道 4.购买绿色建筑二星级及以上住宅项目的个人依法返还一定比例契税 5.绿色建筑开发项目依法享受税收优惠 6.长沙大河西先导区管委会、长沙高新区管委会及各区县（市）政府应根据各自情况制定本区域内绿色建筑激励政策和奖励标准
8	长沙	长沙市人民政府关于印发《长沙市绿色建筑项目管理规定》的通知（湘政办发〔2016〕32号）	在新建建筑项目立项、规划、设计、施工、竣工验收等各阶段贯彻执行建筑节能与绿色建筑标准。到2020年，全省新建建筑中绿色建筑的比例达到100%，新建建筑全面执行65%节能标准	1.资金支持。每年从省预算内基本建设支出中统筹安排资金用于支持实施湖南省低碳发展 2.制度创新。一是2017年建立碳排放权交易市场。二是研究出台促进低碳发展的政策与措施。三是强化责任考核。编制年度工作要点，明确责任分工，制定考核办法，加强督促检查。四是工程带动。组织实施一批重大工程 3.构建绿色投融资机制

序号	地方	文件	目标	激励政策
9	长沙	关于印发《长沙市民用建筑节能和绿色建筑管理办法》的通知（长政办发〔2017〕53号）	1. 政府投资的办公建筑、学校、医院、保障性住房等建设项目，社会投资的单体5000m²以上的公共建筑以及10hm²以上的小区项目应按绿色建筑标准进行规划、建设和运营管理。湘江新区、高铁新城等区域内新建建筑要100%按绿色建筑标准进行规划、建设和运营管理 2. 位于生态敏感区、核心景观片区及区位优势明显，具有突出经济价值或社会价值的项目要按二星级以上绿色建筑标准进行规划、建设和运营管理 3. 政府投资项目和2hm²以上的大型公共建筑，建设单位应当选择一种以上适合本项目的可再生能源，并具有一定应用规模。新建、改建、扩建12层及以下的居住建筑应当统一设计和安装太阳能热水系统 4. 建筑面积在3000m²以上的国家机关办公建筑和建筑面积在1hm²以上的新建公共建筑应安装能耗监测数据采集系统	1. 市县级以上人民政府应设立建筑节能和绿色建筑专项资金，用于支持建筑节能和绿色建筑科学技术研究和标准制定、既有建筑的节能改造、绿色建筑推广、绿色建材研发生产与推广、可再生能源建筑应用，以及建筑节能和绿色建筑示范工程、节能项目的推广等 2. 国家机关办公建筑的节能改造费用，由本级人民政府纳入财政预算 3. 鼓励社会资金投资既有民用建筑节能改造。从事民用建筑节能改造服务的企业，可以通过合同能源管理的方式分享因能源消耗降低带来的收益 4. 鼓励金融机构按照国家规定，对既有民用建筑节能改造、可再生能源的应用、民用建筑节能示范和绿色建筑项目提供信贷支持 5. 市住房城乡建设行政主管部门建立建筑节能和绿色建筑示范工程推广制度，经评定列入示范项目库的项目，授予"长沙市建筑节能或者绿色建筑示范工程"称号，按照有关规定享受财政资金奖励或者定额补助
10	长沙市望城区	《长沙市望城区绿色建筑行动实施方案》（望政办发〔2014〕117号）	力争到2020年，全区城镇新建民用建筑100%执行绿色建筑标准	1. 区财政每年安排200万元建筑节能与绿色建筑专项资金 2. 全装修住宅、全装修集成住宅、绿色建筑容积率奖励办法参照长沙市标准执行 3. 通过绿色建筑设计评价标识的建设项目进入审批绿色通道 4. 购买绿色建筑二星级以上住宅项目的个人依法返还一定比例契税 5. 绿色建筑开发项目依法享受税收优惠

序号	地方	文件	目标	激励政策
11	株洲	关于印发《株洲市绿色建筑行动实施方案》的通知（株政发〔2016〕19号）	《株洲市低碳城市试点工作实施方案》（株政发〔2018〕10号）已作更新	1. 对取得绿色建筑评价标识的房地产开发项目，给予容积率奖励，对因绿色建筑技术而增加的建筑面积，不纳入建筑容积率核算 2. 对取得绿色建筑评价标识的建设项目，在征收的城市基础设施配套费中安排部分资金奖励建设单位或消费者 3. 通过绿色建筑评价标识的建设项目，进入审批绿色通道 4. 将实施绿色建筑技术作为"鲁班奖""广厦奖""华夏奖""湖南省优秀勘察设计奖"等评优活动及各类示范工程评选的前置条件
12	湘潭	湘潭市人民政府办公室关于印发《湘潭市绿色建筑实施办法》的通知（潭政办〔2013〕91号）	到2020年底，市城区50%以上新建建筑达到绿色建筑标准要求	1. 设立湘潭市绿色建筑和建设科技创新奖，支持湘潭市绿色建筑发展和建设科技创新。该奖项每两年评选一次，奖金从市绿色建筑专项资金中列支。具体办法由市住房和城乡建设部门另行制定 2. 在市城区范围内，获得二星级及以上绿色建筑设计评价标识的项目，项目竣工验收后，项目业主可向市建设行政主管部门申请市级奖励，奖励标准为：二星级绿色建筑10元/m²（建筑面积，下同），三星级绿色建筑20元/m²。市级奖励标准将根据技术进步、成本变化等情况，适时进行调整 3. 项目投入使用1年后，获得二星级及以上绿色建筑评价标识的项目，项目业主可向市财政和建设行政主管部门申请国家级奖励，奖励标准为：二星级绿色建筑45元/m²，三星级绿色建筑80元/m²。国家级奖励标准以住房和城乡建设部相关规定为准

续表

序号	地方	文件	目标	激励政策
13	湘潭	关于印发《湘潭市绿色建筑实施细则》的通知（潭住建发〔2015〕55号）	1. 政府投资新建的办公建筑、学校、医院等公益性公共建筑必须按照二星级及以上绿色建筑标准进行设计、建设、运营和管理2. 保障性住房、规划面积超过10hm²的住宅小区以及上述规定之外的所有公共建筑按不低于一星级绿色建筑标准进行设计、建设、运营和管理	获得一、二、三星级绿色建筑（设计、运行）标识的，可悬挂经建设行政主管部门核发的标识或证书，可以绿色建筑的名义进行宣传
14	岳阳	关于印发《岳阳市绿色建筑行动实施方案》的通知（岳政发〔2016〕6号）	到2016年底，市中心城区10%以上城镇新建建筑达到绿色建筑标准要求，各县市区创建1个以上获得绿色建筑评价标识的居住小区。全市城镇新建（改、扩）建筑严格执行节能强制性标准，设计阶段标准执行率达到100%，市中心城区和各县市区城区施工阶段标准执行率达到100%。到2020年，全市30%以上新建建筑达到绿色建筑标准要求	1. 市财政结合本市海绵城市建设整合相关资金，重点支持绿色建筑示范工程建设、既有建筑节能改造、大型公共建筑节能监管体系建设、绿色建筑技术研发与推广及科技创新等工作2. 通过绿色建筑设计评价标识的建设项目进入审批快速通道
15	常德	常德市人民政府办公室关于印发《常德市绿色建筑行动实施方案》的通知（常政办发〔2015〕18号）	到2020年，全市范围内城镇新建建筑设计阶段和施工阶段节能强制性标准执行率均达到100%；市中心城区新建建筑40%以上达到绿色建筑标准要求；各县（市）和建制镇新建建筑30%以上达到绿色建筑标准要求	1. 政府财政投资的绿色建筑示范项目，所增加的建设成本直接列入工程总造价。获得国家绿色建筑二星和三星标识的绿色建筑项目，按照财政部、住房和城乡建设部《关于加快推动中国绿色建筑发展的实施意见》（财建〔2012〕167号）规定，按标准给予财政专项奖励2. 改进和完善对绿色建筑产业和建筑工业化的金融服务，鼓励地方金融机构优先支持绿色建筑示范项目、绿色产业、产品开发生产企业、建筑工业化示范基地及绿色建筑施工等项目的开发贷款，并在国家许可利率浮动范围内按最低利率执行

序号	地方	文件	目标	激励政策
				3. 对居民生活小区内采用地下水源热泵空调系统、土壤源热泵空调系统项目，运行电价按居民用电价格执行 4. 优先推荐绿色建筑示范工程、绿色施工示范项目参加各类优秀设计评选和"芙蓉奖""鲁班奖"的评选，并对相关设计、施工单位在资质升级换证、参与项目招投标过程中给予优先和加分
16	怀化	关于印发《怀化市绿色建筑行动实施办法（试行）》的通知（怀建发〔2014〕38号）	政府投资的国家机关、学校、医院、博物馆、科技馆、体育馆等建筑以及单体建筑面积超过 2hm² 的车站、宾馆、饭店、商场、写字楼等大型公共建筑，自 2014 年起全面执行绿色建筑标准	按照绿色建筑标准进行建设的项目，达到一、二、三星级绿色建筑标准的，按照有关规定将给予相关配套奖励
17	娄底	关于印发《娄底市绿色建筑行动实施方案》的通知（娄政发〔2014〕2号）	全市城镇新建建筑面积达到绿色建筑面积的比重至 2020 年达到 30%	对取得绿色建筑评价标识的项目给予资金补助，同时在征收的城市基础设施配套费中安排一部分奖励开发商或消费者；对采用地源热泵系统的项目，在水资源费征收时给予减免；工程报建纳入绿色审批通道；金融机构加大信贷支持，优先支持绿色建筑消费和开发贷款，在贷款范围内，绿色建筑的消费贷款利率可下浮 0.5%，开发贷款利率可下浮 1%。在企业资质年检、企业资质升级中给予优先考虑或加分
18	益阳	关于进一步加强绿色建筑和建筑节能管理工作的通知（益建发〔2017〕72号）	到 2020 年，中心城区绿色建筑占新建建筑比例达 30% 以上，东部新区要达到 50% 以上，其他县市达 25% 以上	未提及

续表

序号	地方	文件	目标	激励政策
19	郴州	郴州市人民政府关于加快推进我市绿色建筑发展的实施意见（郴政办发〔2013〕14号）	到2020年，全市绿色建筑占新建建筑比重超过30%，实现从节能建筑到绿色建筑的跨越式发展	经国家、省有关部门按程序审核通过的高星级绿色建筑，由中央财政给予补助，奖励标准为：二星级绿色建筑45元/m²，三星级绿色建筑80元/m²，对符合国家规定的绿色生态城（区）给予资金定额补助，资金补助基准为5000万元。对取得绿色建筑标识的项目优先纳入省、市重点工程项目；对其中的房地产开发项目，另给予容积率奖励。对采用地源热泵系统的项目，在水资源费征收时给予政策优惠
20	永州	关于转发市住房与城乡规划建设局《永州市绿色建筑行动方案》的通知（永政办发〔2013〕10号）	纳入绿色建筑重点推广范围的所有民用建筑项目应按照国家现行《民用建筑绿色设计规范》进行设计建造，并达到《绿色建筑评价标准》或《湖南省绿色建筑评价标准》的相应级别和要求，一星级绿色建筑达标率达到90%，其中全部或部分使用财政资金的公共建筑项目二星级绿色建筑达标率达到80%	1. 强化目标责任。将绿色建筑行动目标完成情况和措施落实情况纳入各县区人民政府节能目标责任评价考核体系 2. 加强部门监督管理 3. 加强监督检查 4. 落实激励政策。示范项目的评审优先考虑已取得绿色建筑设计或运行评价标识的项目，按《永州市人民政府办公室关于推广应用民用建筑节能保温材料的通知》（永政办发〔2010〕11号）规定予以奖励

2.3 绿色建筑相关机构

2.3.1 湖南省绿色建筑产学研结合创新平台

为完善湖南省绿色建筑管理与技术体系，湖南省于2010年底由湖南省住房和城乡建设厅批准成立了"湖南省绿色建筑产学研结合创新平台"，以进一步加快绿色建筑"政产学研用"一体化进程，全面推进绿色建筑工作。

目前，该平台已编制完成了《湖南省绿色建筑产学研结合创新平台创建实施方案》，并由湖南省住房和城乡建设厅批准实施；建立并逐步完善了包括日常运行管理、队伍建设、项目实施管理、资金使用管理等在内的平台全范围控制体系，实现了平台管理工作的现代化、规范化和制度化；进一步建立健全绿色建筑技术标准体系，先后发布了《湖南省绿色建筑评价标准》DBJ 43/T 004-2010、DBJ 43/T 314-2015，《湖南省绿色建筑评价技术细则》(2012 版、2017 版)，《湖南省绿色建筑设计导则》《湖南省绿色建筑设计标准》DBJ 43/T 006-2017，《湖南省建筑工程绿色施工评价标准》DBJ 43/T 101-2017，依据《湖南省绿色建筑评价标准》等上述地方标准，为湖南省推行绿色建筑提供了技术保障和标准规范。

同时，在平台建立的基础上，展开了系列绿色建筑研究工作，加强绿色建筑适用技术体系及应用研究，平台配合湖南省住房和城乡建设厅组织相关课题组编写了《湖南省绿色建筑发展研究报告》(2015 版)、《湖南省绿色建筑实用技术及产品选集》《湖南省绿色建筑适用技术研究》，并进行绿色建筑适用技术考察及工作调研活动；加强绿色建筑施工实践，组织有关单位，结合国内省内最新的政策方针开展了《湖南省绿色建筑施工标准化管理》《湖南省绿色施工示范工程申报与验收指南》《湖南省建筑工程绿色施工评价标准》编制工作，从管理到评价，为湖南省绿色建筑的施工管理提供指导；开展绿色建筑运营管理研究，组织有关单位，依据成熟的物业运营管理经验，编制《湖南省绿色物业运营管理导则》，建立完善绿色物业运营管理体系，分别就安全秩序管理、环境卫生管理、设备运行管理、园林绿化管理、交通组织管理、污染防治管理等绿色物业运营管理体系的重点部分进行规范指导。

另外，平台还组织 10 余家成员单位共同申报和承担了 2016 年湖南省新型城镇化建设引导资金"湖南省绿色建筑关键技术及重点课题研究"，项目下设10 项子课题，重点课题有绿色建筑评价技术细则 (修订)、绿色建筑设计标准、绿色建筑工程验收标准、绿色生态城区评价标准等，项目完成后将全面应用于湖南省绿色建筑的设计、施工、运营等各个环节。

该平台为高层决策和政策制定提供了技术支撑，为湖南省绿色建筑技术保障体系的建立和完善起到了重要作用，为进一步在全省范围内大力推进绿色建筑提供了有力的保障，湖南绿色建筑推进工作将在各方力量的共同参与中加速前进。

2.3.2 湖南省建设科技与建筑节能协会

湖南省建设科技与建筑节能协会于 2011 年 12 月 7 日经湖南省住房和城乡

建设厅、湖南省民政厅审核批准，由原"湖南省建筑节能协会"更名为"湖南省建设科技与建筑节能协会"，是由从事建设科技、建筑节能、工程建设标准化、无障碍建设和建筑业企业技术创新等工作的企事业单位、高等院校、科研院所自愿组成的自律管理、全省性行业组织。

协会的业务范围是：

1. 开展调查研究，宣传、贯彻有关建设科技与建筑节能等方针政策，反映企业的意见和要求，提出行业有关的经济、技术、政策、法规等方面建议，为政府决策和行业发展提供参考，为企业发展提供咨询。

2. 建立健全行业自律机制。开展对会员的行业自律信用评价，受理对会员的投诉，及时向政府及相关部门提供有关企业的诚信情况，加强行业自律管理，引导企业和相关执业人员诚信守法，抵制伪劣产品，制止恶性竞争，规范行业行为，保障公平竞争。

3. 维护行业和会员的合法权益。对损害行业和会员合法权益的行为，积极与政府相关部门、相关方面交涉，依法依规开展维权活动；为会员提供法律、政策咨询，法律援助等服务。

4. 接受政府主管部门委托或授权，参与或组织制定标准规范，实施数据统计、项目申报、审查、评估推荐等工作。

5. 组织开展优秀会员单位、先进个人、优质产品等方面的评审、推荐、表彰、奖励等行评行选活动。

6. 积极开展建设科技与建筑节能宣传推广、成果展览等活动；组织经验交流、协作攻关，为会员提供技术咨询服务，促进行业技术进步；组织参观学习交流和技术、业务培训，推进行业整体素质的提高。

7. 建立行业信息平台并负责管理维护，编辑与本协会任务有关的文集、刊物（含电子刊物、网站等），收集、分析和发布国内外文献资料和行业市场信息，为政府有关部门和会员提高信息服务。

8. 参加中国建筑节能协会及相关协会组织的有关活动，发展与国内外建设科技、建筑节能等有关组织的往来，加强同兄弟省市相关协会的联系，组织开展合作交流，广泛合作，共谋发展。

9. 完成主管部门交办的其他事务，承办法律、法规授权或政府及其部门委托的其他工作，根据需要开展符合协会宗旨、有利于行业发展的其他活动。

2.3.3 绿色建筑专业委员会

湖南省绿色建筑专业委员会为湖南省建设科技与建筑节能协会的分支机构，是由热心推动湖南省绿色建筑与建筑节能事业发展的专家、学者及科研院所、设计、施工、开发单位和相关管理部门等企事业单位自愿组成的专业性、地方性、非营利性的学术团体，于 2014 年 7 月 29 日正式成立。

湖南省绿色建筑专业委员会的主要工作有：1. 开展绿色建筑调查研究，探索绿色建筑的发展方向和有效途径，为湖南省绿色建筑发展规划和政策提供技术支撑。2. 协助推进绿色生态城区、绿色建筑、绿色施工及绿色建筑产业发展。3. 开展绿色建筑学术交流和技术推广，促进湖南省绿色建筑相关行业的科技进步。4. 组织绿色建筑的宣传教育，普及绿色建筑的相关知识，促进绿色建筑专业队伍建设。

第3章 绿色建筑标准体系

■ 3.1 绿色建筑标准

《湖南省绿色建筑评价标准》DBJ 43/T 为湖南省绿色建筑的评价工作提供了技术标准及依据，为开展湖南省绿色建筑应用技术体系的研究奠定了良好的基础，为湖南省绿色建筑的设计咨询、建设施工和运营管理提供了规范的技术指导，对湖南省绿色建筑的推广与发展具有重要意义。

该标准由湖南省住房和城乡建设厅建筑节能与科技处牵头组织，编制单位由湖南省主要设计单位、大专院校、科研院所、开发建设单位构成，其 2010 年版已于 2011 年 1 月 1 日起正式发布实施，现已依据国家标准及湖南省发展绿色建筑的要求，完成 2015 版的修订工作。以下分别为两版标准的编制情况介绍。

3.1.1《湖南省绿色建筑评价标准》DBJ 43/T 004—2010

标准 2010 年版由湖南省建筑设计院有限公司、中国建筑科学研究院上海分院作为主编单位，湖南省建设新技术推广中心、湖南大学、湖南建工集团有限公司、湖南保利房地产开发有限公司、深圳世纪星源股份有限公司为参编单位开展编制工作。

1. 主要技术内容

该标准依据《湖南省 2009 年建筑节能工程建设地方标准规范制定修订计划》（湘建办〔2009〕4 号）的要求，以国家标准《绿色建筑评价标准》GB/T 50378—2006 为基础进行编制。主要技术内容包括：总则、术语、基本规定、住宅建筑、公共建筑，以及评分表、用词说明、引用标准名录、条文说明等相关附录。

2.总体编制思路

1）以国家标准《绿色建筑评价标准》GB/T 50378—2006 为基础，在整体构架和主要内容上与国标保持一致。

2）从湖南省实际情况出发，充分考虑当地的地理气候、资源条件、自然环境、经济发展水平、历史人文等方面的特点。

3）将节地、节能、节水、节材、保护环境五者之间的矛盾放在建筑全寿命期内统筹考虑与正确处理，同时还应重视信息技术、智能技术和绿色建筑的新技术、新产品、新材料与新工艺的应用。

4）注重绿色建筑的经济性，从建筑的全寿命期方面核算效益和成本，提倡朴实简约，反对浮华铺张，体现经济效益、社会效益和环境效益的统一。

5）本标准吸收和借鉴国内外绿色建筑评价方面的先进经验和成果，条文注重方向性的引导，以导向性、鼓励性为主，合理把握和制定评价方法和尺度。

3.创新点及创新成果

1）该标准从湖南省本土地域气候特征出发，因时、因地制宜，其内容在体现"四节一环保"评价要求的基础上，增加了自然采光通风、建筑外遮阳、屋顶绿化与立体绿化、雨水收集与利用等技术条文，鼓励推广以上适宜湖南省绿色建筑发展的技术措施，体现了本标准的地方特色。

2）该标准评价指标体系采用得分制评价方式，每类指标包括控制项、可选项，某些技术条文效果显著，可进行创新项评分。控制项是绿色建筑的必备条件，可选项和创新项的累计得分，则是划分绿色建筑等级的可选条件。

3）为鼓励技术创新和资源节约，该标准在评价等级及评分标准中设立创新项。若在规划设计、建设运营过程中采取了创新措施，超过了相应指标的要求或达到合理指标，但具备显著降低成本或提高工效等优点，或为湖南省同类项目中首次采用的新技术、新材料、新设备和新工艺，或将成熟技术首次按非常规方法应用于建设运营中时，可获得创新项得分。

4.总体技术水平

该标准的主要编写人员来自湖南省绿色建筑产学研结合创新平台，是湖南省绿色建筑研究与应用领域的重要技术骨干力量。在标准制定过程中，编制组进行了深入的调查研究，认真总结实践经验，参考了国内外相关标准，并广泛征求了省内外专家、有关政府职能部门、规划设计、施工、物管、建材企业等方面的意见，编制工作科学、细致、认真，使本标准在现行国家标准的基础上，凸显了湖南的地方特色，具有先进性、科学性和可操作性，对湖南省绿色建筑的推广与发展具有重要意义。

5. 成果转化及推广应用情况

该标准是湖南省绿色建筑研究与应用技术体系的核心组成部分，为湖南省绿色建筑的规划、设计、建设和管理提供了规范的技术指导，为湖南省绿色建筑的评价工作提供了技术标准及依据，大力推动了湖南省绿色建筑理论和实践的探索与创新工作。

在湖南省住房和城乡建设厅牵头组织下，湖南省绿色建筑产学研结合创新平台以该标准为主要编制依据，负责编制完成了一系列研究课题。其中包括：湖南省绿色建筑评价技术细则、湖南省绿色建筑设计导则、湖南省绿色建筑应用技术及产品选集、湖南省绿色建筑适用技术体系研究、湖南省绿色施工标准化管理、湖南省绿色物业运营管理导则、湖南省绿色建筑设计标准、湖南省绿色施工示范工程申报与验收指南、湖南省建筑工程绿色施工评价标准等，"湖南省绿色建筑发展研究"也是标准体系系列课题中的重要组成部分。以上课题的主要内容紧紧围绕标准所制定的评价要求与技术要点，形成了较为全面、系统，且具有湖南地方特色的绿色建筑技术体系，为湖南省绿色建筑的发展提供了可靠的技术支撑。

同时，本标准也作为湖南省绿色建筑项目的设计咨询、建设施工、运营管理的指导性文件应用于工程实践中，并依据标准开展了湖南省绿色建筑创建计划项目的评价评审工作。截至 2017 年 12 月，湖南省已运用该标准自主评审通过绿色建筑创建计划立项项目 371 项，绿色建筑创建计划专业评估（设计标识）项目 301 项。通过对大量项目的专业评审及现场踏勘，证明了该标准具有较强的引导性与可操作性。

此外，该标准的出台与实施推动了湖南省的一些绿色建筑相关技术产品生产企业，如湘联科技、远大住工等的快速发展 [3]。

3.1.2《湖南省绿色建筑评价标准》DBJ 43/T 314—2015

新的国家标准《绿色建筑评价标准》GB/T 50378—2014 已修订完成，并于 2015 年 1 月起正式发布实施，其内容及评价方式有较大调整，《湖南省绿色建筑评价标准》2010 年版自发布实施也已有 5 年多时间，依据该标准评价的绿色建筑项目已近百项，总体评价情况良好，有部分条文的内容及量化指标需作相应调整。此次《湖南省绿色建筑评价标准》2015 年版修订工作总结了《湖南省绿色建筑评价标准》2010 版实施过程中产生的问题，并做相应修订，确保湖南省绿色建筑评价工作的顺利开展。

《湖南省绿色建筑评价标准》2015 年版依据住房和城乡建设部标准定额司印发《关于开展工程建设地方标准复审工作的通知》（建标实函〔2014〕18 号），由原标准主编单位湖南省建筑设计院有限公司会同有关单位在现行国家标准《绿色建筑评价标准》GB/T 50378—2014 和原地方标准《湖南省绿色建筑评价标准》DBJ 43/T 004—2010 的基础上进行修订完成的。主要参编单位有：湖南大学、湖南建工集团有限公司、长沙绿建节能科技有限公司、湖南天景名园置业有限责任公司、湖南省建筑科学研究院、长沙市城市建设科学研究院。

1. 主要技术内容

标准 2015 年版共分 11 章，主要技术内容是：总则、术语、基本规定、节地与室外环境、节能与能源利用、节水与水资源利用、节材与材料资源利用、室内环境质量、施工管理、运营管理、提高与创新。

2. 总体编制思路

1）本次修订以国家标准《绿色建筑评价标准》GB/T 50378—2014 为主要编制依据，并结合湖南省地域气候等特点进行编制。

2）适当增加符合湖南省情的评价条文，同时考虑结合湖南省全面推广绿色建筑的要求。省标评价要求应略高于国标。

3）框架格式结合现行省标特色，分条文、表格、条文说明三大部分。其中，条文内容应简洁明了，表格内容应详细完整，分住宅和公建两部分，在此基础上分设计阶段和运营阶段。

4）各章节总分权重参考国标标准 2014 年版，评分方式参考该标准 2010 年版采取直接得分的方式。

5）总结标准 2010 年版在实施过程中存在的问题，在深入调研的基础上制定评价条文的量化指标，使修订后的省标更具可操作性。

3. 修订的主要内容

1）将标准适用范围由居住建筑和公共建筑中的办公建筑、商场建筑和旅馆建筑，扩展至各类民用建筑。

2）将评价分为设计评价和运行评价。

3）绿色建筑评价指标体系在节地与室外环境、节能与能源利用、节水与水资源利用、节材与材料资源利用、室内环境质量和运营管理 6 类指标的基础上，增加了"施工管理"类评价指标。

4）增加"提高与创新"一章，明确加分项条文，并设置相应分值，鼓励绿色建筑技术、管理的提高与创新。

5）在标准条文后分居住建筑、公共建筑及其评价阶段设置相应评价评分表，并明确各条文的评价要点及得分细则，简化评价方式。

4. 总体技术水平

标准 2015 年版于 2015 年 7 月组织开展了送审稿专家评审会，并通过专家评审，并于 2015 年 11 月发布了《湖南省绿色建筑评价标准》DBJ 43/T 314—2015，自 2015 年 12 月 10 日起在全省范围内执行。参加评审的专家一致认为本次标准修订工作较好地衔接了国家《绿色建筑评价标准》GB/T 50378—2014 中的有关评价要求，并增添了体现湖南地方特色及湖南省绿色建筑产业发展方向的适宜性条文，具有良好的可操作性、整体性、时效性及创新性，是湖南省绿色建筑评价标准体系的重要组成部分，为湖南省绿色建筑项目的评价、设计、建设及运营提供了重要依据及规范性指导，适应湖南省发展绿色建筑的需要 [4]。

3.2 绿色建筑评价技术细则

《湖南省绿色建筑评价技术细则》（2012 年版）是依据国家《绿色建筑评价标准》GB/T 50378—2006 和《湖南省绿色建筑评价标准》DBJ 43/T 004—2010、《湖南省绿色建筑产学研结合创新平台创建实施方案》（2011 年），由湖南省住房和城乡建设厅建筑节能与科技处牵头组织，湖南省建筑设计院有限公司作为主编单位，湖南大学、长沙绿建节能科技有限公司、湖南建工集团有限公司、湖南天景名园置业有限责任公司为参编单位编制。

该细则为湖南省的绿色建筑在设计和运行使用后两个阶段提供详细的评分细则，以及为湖南省的绿色建筑创建计划项目和项目评价标识的评审提供详细的评价依据。主要内容包括：总则、术语、基本规定、住宅建筑、公共建筑等技术内容。

《湖南省绿色建筑评价技术细则》（2012年版）的编写深入剖析和解读了《湖南省绿色建筑评价标准》DBJ 43/T 004—2010，从湖南省本土地域气候特征出发，比较系统地总结了国内外绿色建筑的评价体系和工程实践，其内容在体现"四节一环保"评价要求的基础上，增加了自然采光通风、建筑外遮阳、屋顶绿化与外墙绿化等技术条文，重点突出了适宜湖南省绿色建筑发展的技术措施评价要点，具有较强的全面性、先进性与适宜性[5]。

《湖南省绿色建筑评价技术细则》（2017年版），在《湖南省绿色建筑评价标准》DBJ 43/T 314—2015（以下简称"《标准》"）于2015年12月10日正式发布实施后，湖南省建筑设计院有限公司受湖南省住房和城乡建设厅委托，组织《标准》编制组研究人员，开展了《湖南省绿色建筑评价技术细则》（以下简称"《技术细则》"）的修订工作。

目前，湖南省绿色建筑标识项目主要依据《标准》开展评价工作，《技术细则》依据《标准》进行编制，是其配套技术文件，是对《标准》评价要求的进一步补充说明，为绿色建筑评价工作提供更为具体的技术指导。《技术细则》章节编排与《标准》基本对应。《技术细则》第1～3章，对湖南省绿色建筑评价工作的基本原则、有关术语、评价对象、评价阶段、评价指标、评价方法以及评价文件要求等做了阐释；第4～11章，对《标准》评价技术条文逐条给出条文说明扩展和具体评价方式两项内容，条文说明扩展主要是对《标准》正文技术内容的细化以及相关标准规范的规定，原则上不重复《标准》条文说明内容，具体评价方式主要是对评价工作要求的细化，包括适用的评价阶段，条文说明中所列各点评价方式的具体操作形式及相应的材料文件名称、内容和格式要求等，对定性条文的判定或评分原则的补充说明，定量条文计算方法或工具的补充说明，评审时的审查要点和注意事项等；评价评分表作为附录列出了《标准》评分体系及评价要点，使其更具可操作性。

3.3 绿色建筑设计导则

《湖南省绿色建筑设计导则》依据《湖南省绿色建筑产学研结合创新平台创建实施方案》（2011年）、《湖南省绿色建筑评价标识管理办法（试行）》（湘建科〔2011〕17号）、《湖南省绿色建筑评价标准》DBJ 43/T 004—2010（以下简称"绿标"）、《湖南省绿色建筑评价技术细则》《民用建筑绿色设计规范》JGJ/T 229—2010等文件和标准的要求，由湖南省住房和城乡建设厅建筑节能与科技处牵头组织，湖南省建筑设计院有限公司作为主编单位，湖南大学、长沙绿建节能科技有限公司、湖南建工集团有限公司、湖南天景名园置业有限责任公司为参编单位负责编制。该导则已于2013年1月正式发布实施。

该导则的编制为湖南省绿色建筑的规划、设计和建设提供导向性的设计策略与技术指导，对指导湖南省建设行业在规划设计过程中充分考虑并利用环境因素，关注建筑的全寿命周期，最大限度地节能、节地、节水、节材与保护环境，推动和引导湖南省"两型"社会的建设都具有重要的现实和深远的历史意义。

3.3.1 主要技术内容

该导则由总则、术语、基本要求、设计策划、居住建筑设计、公共建筑设计共6章组成。其中居住建筑设计和公共建筑设计章节按专业划分为规划与园林设计、建筑设计、结构设计、给水排水设计、暖通空调设计、电气设计等内容。

3.3.2 总体编制思路

1. 该导则条文内容基本涵盖湖南省绿色建筑评价标准的相关要求，同时不局限于标准，内容更加宽泛、全面，具有引导性、合理性和可操作性。

2. 该导则条文的编制充分考虑因地制宜的原则，倡导结合湖南省气候地域特征选用适宜的设计与技术策略，并强调优先采用被动式设计解决节能环保方面的关键问题，避免在技术应用上"一刀切"，盲目推崇"高技术""高舒适度"的现象。

3. 条文内容以定性为主，涉及标准或规范的条文以定量要求为主。

4. 该导则中增加了"绿色建筑设计策划"章节，明确了设计策划的流程及内容，强调了设计策划的重要作用。

5. 为规范湖南省绿色建筑设计与建设流程，结合《湖南省绿色建筑评价标识管理办法（试行）》（湘建科〔2011〕17号），制定了"绿色建筑设计与建设流程示意图"。流程顺序及要求清晰明确，具有良好的操作性与实施性。

6. 该导则编写具有一定的前瞻性和创新性，在部分条文内容中借鉴和吸收了当今国内外相关先进理念和研究成果。

3.3.3 总体技术水平

该导则适用于湖南省新建、改建、扩建的居住建筑和公共建筑中办公建筑、商场建筑和旅馆建筑的绿色建筑设计。针对目前湖南省绿色建筑设计研究缺乏的现状，围绕"四节一环保"的绿色建筑设计理念，提出了由规划、景观、建筑、结构、给水排水、暖通、电气等多专业、多学科相互交叉、紧密配合，形成适合湖南本土地域特色的适用性强、覆盖面广的绿色建筑设计导则。

该导则的编制从湖南地区夏热冬冷的气候特点出发，利用湖南本土相对成熟的设计、施工等方面的技术，通过多学科、多专业交叉，产学研结合的研究路线，总结归纳出适合湖南本土地域特色的绿色建筑设计体系[6]。

3.4 绿色建筑设计标准

《湖南省绿色建筑设计标准》DBJ 43/T 006—2017 是依据《湖南省绿色建筑评价标准》DBJ 43/T 314—2015、《湖南省绿色建筑评价技术细则》《湖南省绿色建筑设计导则》等文件和标准的要求，由湖南省住房和城乡建设厅与财政厅牵头组织，湖南省建筑设计院有限公司作为主编单位，湖南大学、湖南建工集团有限公司、湖南绿碳建筑科技有限公司、湖南省建筑科学研究院、长沙市城市建设科学研究院、湘潭市规划建筑设计院为参编单位负责编制。该标准已于 2018 年 3 月正式发布实施。

该标准的编制为湖南省的绿色建筑在规划、设计和建设过程中通过不同专业设计人员的角度提供详细的规定、规范指导绿色建筑设计，推进湖南省建筑行业的可持续发展。

3.4.1 主要技术内容

该设计标准共分 11 章，主要技术内容是：总则、术语、基本规定、设计策划及文件要求、场地规划与室外环境、建筑设计、结构设计、建筑材料、给水排水设计、暖通空调设计、电气设计。

3.4.2 总体编制思路

1. 该标准总结了湖南省绿色建筑的实践经验，并对不同类型数十个项目进行测评，同时参考了国内外先进技术法规、技术标准，在广泛征求意见的基础上，完成本标准的制定工作。

2. 该标准充分考虑了湖南省地域特征、夏热冬冷气候，强调了被动式设计优先、主动式技术优化、可再生能源补充的设计原则。

3. 条文内容按照专业进行分类，基本涵盖《湖南省绿色建筑评价标准》DBJ 43/T 314—2015 评价标识一星级要求，对于设计人员的指导更具有合理性、明确性。

4. 该标准在建筑选址、生态安全、原生态保护利用、绿化率要求等方面做出详细规定。

5. 该标准在《湖南省绿色建筑设计导则》基础上，制定了"绿色建筑建设流程""绿色建筑设计策划流程"，具有良好的指导性和操作性。

3.4.3 总体技术水平

该标准适用于新建、改建、扩建的民用绿色建筑设计，填补了湖南省绿色建筑评价体系关于设计标准的空缺。该标准建议绿色设计统筹考虑湖南省城市设计、海绵城市、装配式建筑、高效节能建筑、健康建筑等发展要求，并应一体化设计。标准遵循国家"创新、协调、绿色、开放、共享"的发展理念，结合湖南省的气候，为湖南省绿色建筑项目的设计提供规范性指引。

3.5 绿色建筑评价机制及流程

根据住房和城乡建设部《关于推进一、二星级绿色建筑评价标识工作的通知》（建科〔2009〕109 号）要求，湖南省在推进绿色建筑评价的长效机制方面主要做了以下工作：

1. 强化组织保障。成立了湖南省绿色建筑评价标识管理办公室，设在湖南省住房和城乡建设厅建筑节能与科技处，负责指导和管理全省范围内一、二星级绿色建筑的评价标识工作。并于 2014 年 7 月成立了湖南省建设科技与建筑节能协会绿色建筑专业委员会，受湖南省住房和城乡建设厅委托组织开展绿色建筑的相关评价工作。

2.强化制度保障。制定了《湖南省绿色建筑评价标识管理办法（试行）》。

3.强化技术保障。编制完成了《湖南省绿色建筑评价标准》《湖南省绿色建筑评价技术细则》。组建了省级"绿色建筑产学研结合创新平台"，进行相关关键技术的研发、转化和推广。

4.强化人才保障。组建了由9个专业百余名专家组成的"湖南省绿色建筑评价标识专家库"，成立了相关领域24位权威专家组成的"湖南省建筑节能与绿色建筑专家委员会"。

通过以上基础工作的建设，湖南省自2011年起开展了全省范围内一、二星级绿色建筑的标识评价工作，并接受住房和城乡建设部的监督和管理，按照住房和城乡建设部建科〔2009〕109号文件规定，住房和城乡建设部负责三星级评价标识的评价工作。此外，长沙市住房和城乡建设委员会经批准，自2015年起可组织长沙市范围内（除湘江新区、省管项目外）一星级绿色建筑的标识评价工作。湘潭市住房和城乡建设局经批准，自2015年起可组织湘潭市范围内绿色建筑的标识评价工作。

3.5.1 湖南省绿色建筑设计标识评价机制及流程（旧）

1. 湖南省绿色建筑创建计划立项

1）申请对象

原则上应由建设单位（开发单位）提出，鼓励设计单位、施工单位和技术支撑单位等相关单位共同参与申请。

2）申报项目应符合条件

（1）建设项目具备国土使用权证、建设工程用地规划许可证、批准的初步设计。

（2）申报主体具有独立法人资格，有可靠的资金来源，开发企业具有相应的房地产开发资质。

（3）单体居住建筑面积一般应在1hm²以上，居住小区或居住小区组团一般应在10hm²以上，公共建筑应在5000m²以上。

（4）设计方案应统筹考虑建筑全寿命期内，节地与室外环境、节能与能源利用、节水与水资源利用、节材与材料资源利用、室内环境质量和运营管理等方面的辩证统一，综合效果明显。

（5）应依据因地制宜原则，结合建筑所在地域的气候、资源、生态环境、经济、人文等特点进行申报，符合国家和省有关行政法规，有较好的经济效益、社会效益和环境效益。

3）申请项目应提交的申报材料及要求

（1）绿色建筑创建计划立项申报表一式2份，建设单位、设计单位、技术支撑单位盖章，市州建设主管部门同意推荐并盖章。

（2）绿色建筑创建计划项目申报报告一式2份，技术支撑单位盖章。

（3）绿色建筑创建阶段项目自评报告一式2份，技术支撑单位盖章。

（4）通过初步设计审查的初步设计图纸1份。

（5）所有申报材料均需提交电子版申报材料1份至电子邮箱hnlvsejianzhu@163.com。

（6）电子版申报材料可提交的版本：PDF、CAD2008以下版本、Word2007以下版本、Excel2007以下版本。

（7）初步设计图纸分专业打包并进行编号、添加具体图纸名称。

4）项目申报程序及评审会要求

（1）申请创建计划立项的单位，按申报要求向项目所在市州住房城乡建设主管部门提出申请。省级以上投资主管部门审批、核准、备案的项目，按申报要求直接向湖南省绿色建筑专业委员会提出申请。

（2）项目所在市州住房城乡建设主管部门对材料真实性进行审查并签署意见，报湖南省绿色建筑专业委员会。

（3）湖南省绿色建筑专业委员会对申报材料进行形式审查，回复审查结果。

（4）湖南省绿色建筑专业委员会组织专家评审组，依据《湖南省绿色建筑评价标准》和《湖南省绿色建筑评价技术细则（试行）》对申报材料进行评审，确定评审意见。

（5）申报单位至少安排建设单位、设计单位、技术服务单位项目负责人各1名参加评审会。

（6）申报单位在接到评审会通知后一天内将完整的项目资料提交至hnlvsejianzhu@163.com，项目资料应按专业要求分别压缩打包发送，并提供通过初步设计审查并盖章的纸质版初步设计图纸一套，以供评审会审阅。

（7）通过评审的项目列入当年绿色建筑创建计划，湖南省住房和城乡建设厅发文公布。未通过创建计划立项的项目，申报单位根据专家组意见整改，并申请复评，复评未通过者不列入绿色建筑创建计划。

2．湖南省绿色建筑创建计划专业评估

1）申请对象

对列入绿色建筑创建计划立项的项目，由建设单位（开发单位）提出，设计单位、施工单位和技术支撑单位等相关单位可共同参与申请。

2）申请项目应符合下列条件

（1）完成项目的施工图审查，具备国土使用权证、建设工程用地规划许可证、施工图审查合格书、施工许可证。

（2）按照批准的初步设计进行施工图设计。

（3）专业设计、施工图中具体体现节地与室外环境、节能与能源利用、节水与水资源利用、节材与材料资源利用、室内环境质量等方面的设计内容，综合效果明显并符合国家和省有关行政法规。

（4）完成绿色建筑设计内容的资金计划落实，项目整体运行情况良好。

3）申请项目应提交的申报材料及要求

（1）绿色建筑创建计划专业评估申报表一式2份，建设单位、设计单位、技术支撑单位盖章，市州建设主管部门同意推荐并盖章。

（2）绿色建筑创建计划项目专业评估报告一式2份，技术支撑单位盖章。

（3）绿色建筑专业评估阶段项目自评报告一式2份，技术支撑单位盖章。

（4）通过施工图审查的施工图纸1份。

（5）所有申报材料均需提交电子版申报材料1份至电子邮箱 hnlvsejianzhu@163.com。

（6）电子版申报材料可提交的版本：PDF、CAD2008以下版本、Word2007以下版本、Excel2007以下版本。

（7）施工图纸分专业打包并进行编号、添加具体图纸名称。

4）专业评估申报程序及评审会要求：

（1）申请绿色建筑创建计划专业评估的单位，签署绿色建筑专业评估申报声明，向湖南省绿色建筑专业委员会进行申请。

（2）湖南省绿色建筑专业委员会组织对申报材料进行形式审查与预评审。

（3）湖南省绿色建筑专业委员会组织对通过预评审的项目进行专家评审，依据《湖南省绿色建筑评价标准》和《湖南省绿色建筑评价技术细则（试行）》对申报材料和自评报告进行专业评估，确定评审意见。

（4）申报单位至少安排建设单位、设计单位、技术服务单位项目负责人各1名参加评审会。评审会上采用PPT形式进行汇报，每个项目汇报时间控制在20分钟以内。

（5）申报单位在接到评审会通知后一天内将完整的项目资料提交至hnlvsejianzhu@163.com，项目资料应按专业要求分别压缩打包发送，并提供通过施工图审查并盖章的纸质版施工图设计图纸一套，以供评审会审阅。

（6）通过专业评估的项目报湖南省住房和城乡建设厅批准后发文公布。未通过专业评估的项目，申报方根据专家组意见整改，并申请复评，复评未通过者不再列入绿色建筑创建计划。

3.5.2 湖南省绿色建筑设计标识评价机制及流程（新）

自2017年12月1日起，湖南省住房和城乡建设厅政务中心统一受理建筑节能、绿色建筑、装配式建筑、工程建设地方标准及建设科技项目。

1. 申请对象

原则上应由建设单位（开发单位）提出，鼓励设计单位、施工单位等相关单位共同参与申请。

2. 申报项目应符合条件

1）建设项目具备国土使用权证、建设工程用地规划许可证，已通过施工图审查。

2）申报主体具有独立法人资格，有可靠的资金来源，开发企业具有相应的房地产开发资质。

3）申报主体已自主选择绿色建筑标识评价机构，且评价机构符合《绿色建筑评价机构能力条件指引》（建科〔2017〕238号）要求。

4）设计文件应统筹考虑建筑全寿命周期内，节地与室外环境、节能与能源利用、节水与水资源利用、节材与材料资源利用、室内环境质量等方面的辩证统一，综合效果明显。

5）应依据因地制宜原则，结合建筑所在地域的气候、资源、生态环境、经济、人文等特点进行，符合国家和省有关行政法规，有较好的经济效益、社会效益和环境效益。

3. 申请项目应提交下列申报材料及要求

1）绿色建筑设计标识评价申报书。

2）绿色建筑设计标识评价申报自评估报告。

3）绿色建筑评价设计申报声明。

4）通过施工图审查的施工图纸1份。

5）所有申报材料一式两份，均需附光盘1份。

6）电子版申报材料可提交的版本：PDF、CAD2008以下版本、Word2007以下版本、Excel2007以下版本。

7）竣工图纸分专业打包并进行编号、添加具体图纸名称。

4. 绿色建筑设计评价标识项目申报程序和评审

1）申请绿色建筑评价标识的单位，按申报要求向项目所在市州住房城乡建设主管部门提出申请。省级以上投资主管部门审批、核准、备案的项目，申报单位可直接向湖南省住房和城乡建设厅政务中心提出申请。

2）项目所在市州住房城乡建设主管部门进行材料真实性审查并签署意见，报住房和城乡建设厅政务中心。

3）湖南省住房和城乡建设厅政务中心组织将申报材料转交至第三方评价机构，第三方评价机构对申报材料进行形式审查。

4）第三方评价机构随机抽选预评审专家库人员对申报项目进行专家评审；依据《湖南省绿色建筑评价标准》和《湖南省绿色建筑评价技术细则（试行）》，确定评审意见。

5）经公示无异议或有异议但已协调解决的项目，绿色建筑评价标识项目由湖南省住房和城乡建设厅公示、公布并颁发证书和标识标牌。

3.5.3 湖南省绿色建筑运行标识评价机制及流程

1. 申请对象

通过竣工验收并投入使用一年后的项目，由建设单位（开发单位）提出，设计单位、施工单位、物业管理单位和技术支撑单位等相关单位可共同参与申请。

2. 申报项目应符合条件

1）已建成的居住建筑和公共建筑通过工程质量验收并办理竣工验收备案手续，且投入运营使用 1 年以上，未发生重大质量安全事故，无拖欠工资和工程款，符合国家基本建设程序和管理规定以及相关的技术标准规范。

2）按照绿色建筑创建计划方案实施，通过项目专业评估审查。

3）项目投入实施后，在节地与室外环境、节能与能源利用、节水与水资源利用、节材与材料资源利用、室内环境质量、施工管理和运营管理等方面运营效果明显。

4）总体规划、建筑设计、施工质量、物业管理全面体现人与自然和谐共生、可持续发展理念。

3. 申请项目应提交下列申报材料及要求

1）绿色建筑创建项目可行性研究报告、专业评估报告、经备案的施工图及设计文件、工程竣工验收及备案材料、与评价条文相关的专项检测报告。

2）绿色建筑运行标识申报表一式 2 份，建设单位、设计单位、技术支撑单位盖章，市州建设主管部门同意推荐并盖章。

3）绿色建筑工程项目总结报告一式 2 份，技术支撑单位盖章。

4）通过竣工验收的竣工图纸 1 份。

5）检测评估机构出具的能效评估测试报告。

6）绿色建筑运行标识阶段项目自评报告一式 2 份，建设单位、设计单位、技术支撑单位盖章。

7）所有申报材料均需提交电子版申报材料 1 份至湖南省住房和城乡建设厅政务中心。

8）竣工图纸分专业打包并进行编号、添加具体图纸名称。

4. 绿色建筑运行标识申报程序和评审

1）申请绿色建筑运行标识的单位，按申报要求向项目所在市州住房城乡建设主管部门提出申请。省级以上投资主管部门审批、核准、备案的项目，申报单位可直接向湖南省住房和城乡建设厅政务中心提出申请。

2）项目所在市州住房城乡建设主管部门进行材料真实性审查并签署意见，报湖南省住房和城乡建设厅政务中心。

3）湖南省住房和城乡建设厅政务中心组织将申报材料转交至第三方评价

机构，第三方评价机构对申报材料进行形式审查。

4）第三方评价机构随机抽选预审专家库人员对申报项目进行专家预审，预审合格后，随机抽选评审专家库人员对申报项目进行现场踏勘、专家评审，依据《湖南省绿色建筑评价标准》和《湖南省绿色建筑评价技术细则（试行）》，确定评审意见。

5）经公示无异议或有异议但已协调解决的项目，一、二星级绿色建筑评价标识项目由湖南省住房和城乡建设厅审批，报住房和城乡建设部备案，予以公布并颁发证书和标识标牌。三星级绿色建筑评价标识项目由湖南省住房和城乡建设厅初审，报住房和城乡建设部审批。

3.5.4 湘潭市绿色建筑标识评价机制及流程

1. 湘潭市绿色建筑设计标识评审流程

1）先由绿色建筑申报单位提交湘潭市绿色建筑认定申请表及相关申报材料到政务中心。

2）政务中心受理，符合要求的提交给湘潭市建筑节能服务中心进行形式、技术审查，需补正材料的发给建设行政许可补正材料通知书；不符合报件条件的发给建设行政许可不予受理通知书。

3）由绿色建筑技术支撑单位组织绿色建筑实施技术专业预审（时限：5日内），未通过评审的项目，需补充材料，进行技术修复，并经专家复审通过后，出具技术审核意见；不符合申报条件不予申报绿色建筑。

4）施工图审查机构进行施工图审查。

5）湘潭市住房和城乡建设局审核给出认定。

6）委托绿色建筑评价机构进行绿色建筑专业评价。

7）湘潭市住房和城乡建设局网站公示公告，并上报湖南省住房和城乡建设厅备案。

8）绿色建筑评价机构制作、发放绿色建筑设计标识。

第4章 绿色建筑相关技术

4.1 绿色建筑适用技术

4.1.1 湖南省绿色建筑技术现状及适用技术分析

"适用技术"不是单独的建筑技术类型，而是以"因地制宜"为特征的技术体系，是在对所处地域特点系统分析的条件下，选择出的最适合的建筑技术类型。适宜技术是一种易普及技术，能在各种规模类型的建筑中得到不同层次的应用对湖南省绿色建筑的发展具有十分重要的意义。同时，在中国普遍采用高新技术是非常困难的，在建设中经常会碰到环境保护和生态利益、经济利益不完全一致的情况，在这个取舍当中，经济性非常关键。根据适宜技术的上述特点，主要按照技术使用次数与经济性进行绿色建筑技术应用情况分析统计分析。

1. 绿色建筑项目技术应用情况统计

截至2017年12月底，湖南省共有349个绿色建筑标识项目（其中215个公共建筑，132个居住建筑，2个工业建筑），根据技术资料较为详细的313个项目（其中189个公共建筑，124个居住建筑）所采用的绿色技术进行了统计分析。统计框架按照绿标里的技术分类，即节地、节水、节材、节能、室内环境和运营管理六大类进行统计。每个技术大类里搜集了市场可见及文献资料里出现过的各种具体技术。最后将所有具体技术统计结果汇总，希望得到能体现湖南省绿色建筑技术综合应用情况的分析结果。如图4-1以及表4-1所示：

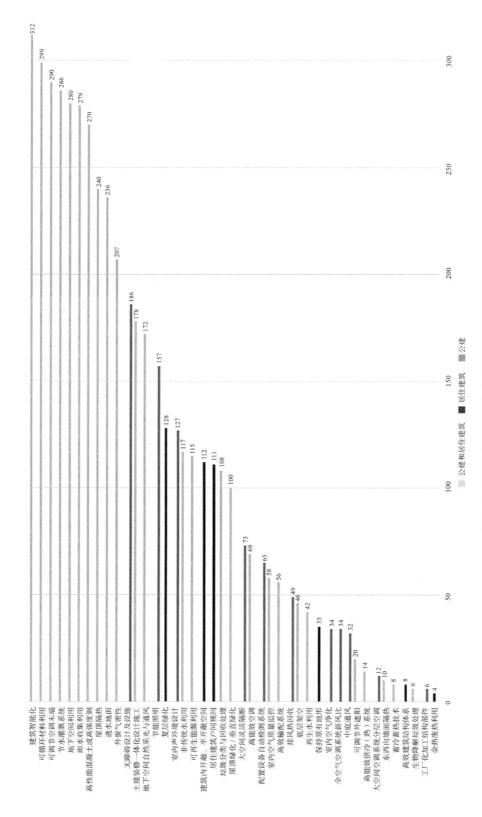

图 4-1 湖南省绿色建筑技术应用情况统计分析

湖南省采用比例较高的绿色建筑技术　　　　表 4-1

前 10 项绿色建筑适宜技术名称	使用比例
建筑智能化	100%
可循环材料利用	95.53%
可调节空调末端	92.65%
节水灌溉	91.37%
合理利用地下空间	89.46%
雨水收集	89.14%
高性能混凝土或高性能钢	86.26%
屋顶隔热	76.68%
透水地面	75.40%
外窗气密性	66.13%

根据统计结果可知，目前在湖南省绿色建筑中普遍采用的绿色建筑技术中建筑智能化、可循环材料利用、可调节空调末端、节水灌溉、合理利用地下空间、雨水收集、高性能混凝土或高性能钢、屋顶隔热、透水地面、外窗气密性等 10 项技术在创建计划立项项目中使用率最高。上述技术目前技术成熟，成本较低，使用后的效果广大业主也有所了解，因此得到了广泛的应用，并且可以进一步向其他建筑推广。

部分太阳能热水适合在低层建筑使用，建筑遮阳目前在高层和超高层建筑中仍存在技术瓶颈，地源热泵技术也受到项目场地条件的影响，需根据实际情况合理设计。这部分绿色建筑技术目前在技术和产品方面仍存在一定技术缺陷，产品价格较高，导致业主在技术应用方面存在顾虑，阻碍了技术的推广应用。

根据绿标的技术大类即节地、节水、节材、节能、室内环境、运营管理 6 类分别对各个项目进行技术应用统计。

节地技术中，采用次数最多的为地下室空间利用以及透水地面，采用的比例分别为 89.46%、75.40%，其中透水地面的每平方米增量成本相对较低，合理开发地下室空间，可增大建筑使用面积，增加经济效益，故使用率较高。统计结果如图 4-2 所示：

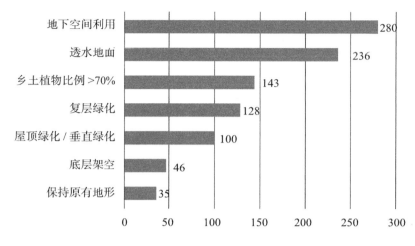

图 4-2 节地技术应用情况统计分析

节能技术中，采用次数相对较多的为屋顶隔热、外窗气密性、节能照明、可再生能源利用，采用的比例分别为76.68%、66.13%、50.16%、36.74%。虽然这些技术的采用的总次数并不高，但在这些技术中有的技术仅适合于公建，如绿色照明，在公建中使用率为83%；有的仅适合于居住建筑，如高能效供冷（热）系统，在居住建筑中使用率为11%，统计结果如图4-3所示：

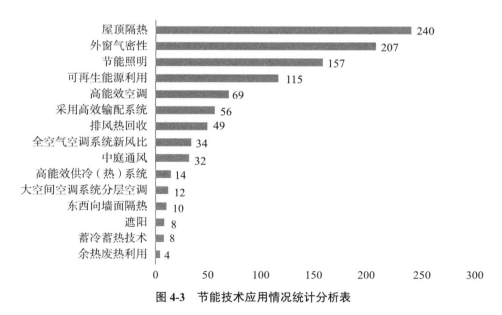

图 4-3 节能技术应用情况统计分析表

节水技术中采用次数较高的为节水灌溉和雨水收集，比例为91.37%和89.14%，统计结果如图4-4所示：

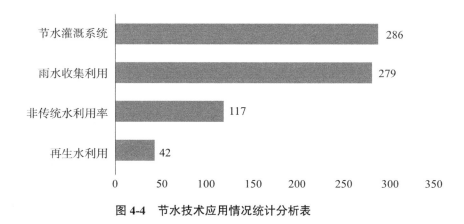

图 4-4 节水技术应用情况统计分析表

节材技术中，采用较多的为可循环材料利用、高性能混凝土或高强度钢，比例分别为 95.53%、82.26%。灵活隔断仅适合于公建，在公建中使用率为 39%，统计结果如图 4-5 所示：

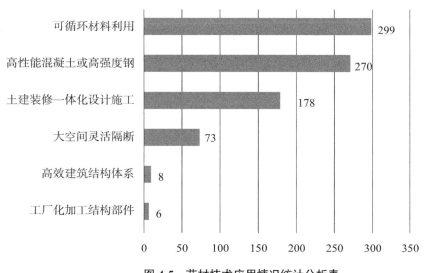

图 4-5 节材技术应用情况统计分析表

室内环境技术应用中，采用较多的为可调节空调末端、无障碍措施、地下室自然采光通风、室内声环境设计，采用比例分别为 92.65%、59.42%、54.95%、40.58%。而无障碍措施仅适合于公建，在公建中使用率为 98%；开敞半开敞空间仅适合于居住建筑，在居住建筑中使用率为 90%，统计结果如图 4-6 所示：

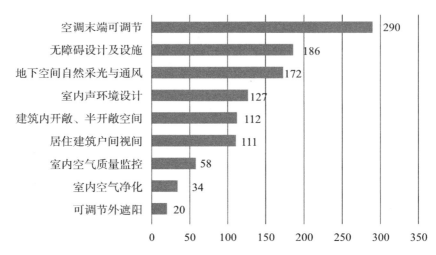

图 4-6 室内环境技术应用情况统计分析表

室内环境技术应用中，采用较多的为建筑智能化，采用比例为100%，统计结果如图4-7所示：

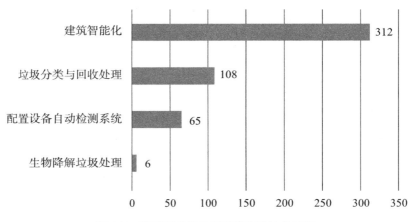

图 4-7 运营管理技术应用情况统计分析表

2. 单项技术经济性统计

一项技术是否适宜不能仅单纯从使用次数的多少来衡量，经济是否合理是一个很重要的指标，通过统计的项目中单项技术成本及打电话询问等方式跟厂家确定后，各项技术的单价成本如表4-2所示。截至2017年底，湖南省共有349个评价标识项目，通过统计其中数据详细的313个绿色建筑标识项目（其中189个公共建筑，124个居住建筑），对项目的平均增量成本进行统计，如表4-3所示：

单项技术成本统计表　　　　　　　　　表 4-2

技术名称	单项技术成本
透水地面	50 元 /m²
复层绿化	100 元 /m²
屋面绿化	150 元 /m²
通风间层保温隔热屋面	30 元 /m²
绿色照明	15 元 /m²
雨水收集系统	50 万元 / 套
节水喷灌	10 元 /m²
节水坐便器	700 元 / 套
节水龙头	150 元 / 个
导光筒	1 万 / 个
垃圾分类收集	650 元 / 套

平均增量成本统计表　　　　　　　　　表 4-3

	一星级		二星级		三星级	
	项目个数	单位面积增量成本/（元 /m²）	项目个数	单位面积增量成本/（元 /m²）	项目个数	单位面积增量成本/（元 /m²）
公建	140	30.3	43	142.7	6	256.2
居住建筑	112	10.6	10	61.5	2	193.4
平均	252	21.65	53	127.36	8	240.46

　　上述统计的各项技术中，项目初期投入成本较多的技术为雨水收集系统、建筑智能化系统、地源热泵系统，但从建筑的全寿命周期来看，这些投入的成本是合理的，通过一段时间的运营可以收回初期投入成本，后续将持续带来经济效益，如雨水收集系统，每立方米的蓄水池每年可以节省水 30m³，长沙地区水费为 3.27 元 /m³，折算人民币为每年每立方米的蓄水池可节省水量的水费为 98.1 元，经济效益显著，同时从环境效益方面来看，能够节约用水，减少水土流失；导光筒可节约用电，同时也有利于人身心健康，减少各种职业疾病；建筑智能化能为用户创造一个安全、便捷、舒适、高效、合理的投资和低能耗的生活或工作环境；地源热泵系统高效节能，稳定可靠，地源热泵比传统空调系统运行效率要高 40%～60%，因此要节能和节省运行费用 40%～50% 左右，且有维护费用低、使用寿命长、节省空间等特点。此外，复层绿化、透

水地面、屋顶绿化、通风隔热层屋面、绿色照明、节水器具等初期投入较为经济，且获得的环境综合效益较大。如复层绿化可以减少 CO_2 有利于人身心健康，减少热岛效应；透水地面能让雨水流入地下有效补充地下水；并能有效的消除地面上的油类化合物等对环境污染的危害；同时可保护自然、维护生态平衡、吸声降噪、缓解城市热岛效应；屋顶绿化节约土地，是开拓城市空间的有效办法，在保护城市环境，提高人居环境质量方面更是起着不可忽视的作用；通风隔热层屋面可节省能耗，且提高人们的舒适度；绿色照明节电，从而减少发电量，即降低燃煤量，以减少 SO_2、CO_2 以及氮氧化合物等有害气体的排放。

根据平均增量成本统计可知，公建的平均增量成本高于居住建筑，且达到一星级绿色建筑所花费的增量成本较少，而二、三星级的相对增量成本更多，当项目建设规模较大时，绿色建筑项目的总增量成本可达到上百万甚至是千万，这是建设单位以及消费者不愿意积极承担的，因此选用绿色建筑技术而增加的建造成本是阻碍绿色建筑在市场经济条件下快速发展的根本原因。因此，尽可能科学合理地选择绿色建筑技术方案，使得所选取的绿色建筑技术的经济效益最大化，成本最小化，从而解除绿色建筑发展的制约。

3. 适用技术分析

从以上绿色技术的使用频率及经济效益、环境效益讨论可以得出，复层绿化、透水地面、屋顶绿化、通风隔热层屋面、绿色照明、节水器具、雨水收集系统、建筑智能化系统、地源热泵系统、导光筒比较适宜。同时创建计划立项项目采用技术与《湖南省绿色建筑评价标准》中所设计技术相比较，有部分绿色技术采用较少，如太阳能光伏发电、工厂化加工结构部件、垂直绿化、蓄冷蓄热技术、灵活隔断、可调节外遮阳等。部分技术采用较少，有以下几方面原因：

1）技术成本较高，受经济制约较大，如可调节外遮阳每平方米造价约 400 ~ 1000 元左右，同时高层建筑还需考虑安全性问题；底层架空在相同建筑面积条件下需增加土建成本；太阳能光伏发电的初始投资高，严重制约了其发展。

2）技术尚未成熟，相关产品缺乏，如垂直绿化对湖南地区有重大的意义，但目前从设计和产品角度，都没有很好的解决方案。

3）政策及能源价格不合理导致技术不适用，如蓄冷技术，该技术是利用峰谷电价差，利用用电低谷的电能工作，从时间上实现移峰填谷，该技术若广泛使用，可大大降低供配电系统负荷，但是目前湖南地区未实行峰谷电价，该技术无法适用。

4）项目本身的特点以及湖南独特的气候条件，使其不能使用该项技术，如热回收系统、中庭通风的使用受到项目周边的建筑情况与地块的限制；湖南地区降水量大，不使用中水利用技术也可满足用水需求，故使用此项技术较少。

5）湖南省绿色建筑目前处于发展阶段，部分项目采取的是用最低的初始投资满足绿色建筑的评价标准的要求，而忽略了项目自身的特点和在建筑全寿命周期内的经济效益分析，从而导致部分条文和技术在项目中应用较少。

湖南省绿色建筑下一步发展，应将绿色建筑中已普遍适用的成熟技术向其他项目进行推广，目前应用较少的技术应突破技术瓶颈，攻克技术难题，降低产品价格，协调政府部门制定相关的鼓励政策，积极推进绿色建筑健康发展。

4.1.2 绿色建筑适用技术体系理论研究

为更好地在绿色建筑项目中落实相关技术措施，指导设计、咨询单位进行设计，由湖南省住房和城乡建设厅建筑节能与科技处牵头组织，湖南省建筑设计院有限公司作为主编单位，湖南大学建筑学院、长沙绿建节能科技有限公司、湖南天景名园置业有限责任公司为参编单位开展了《湖南省绿色建筑适用技术体系研究》的研究编制工作，该课题是湖南省绿色建筑技术标准体系研究中的重要一环，将为设计、咨询单位开展相关设计研究工作提供参考，为建设单位、政府部门提供技术支撑，也可作为面向大专院校、社会大众的科普性教材及读物。

该技术体系立足于湖南省气候、资源、经济、技术发展等实际情况，开展适用湖南省的绿色建筑关键技术研究。针对《湖南省绿色建筑评价标准》所涉及的节地、节能、节水、节材、室内空气质量和运营管理等方面进行技术筛选、优化与集成，对每项技术在湖南省建筑工程中的技术先进性、经济合理性以及各项技术的适用地区、适用建筑类型等进行分析。以下是课题基本研究情况的概述：

1. 主要技术内容

课题主要研究内容为探索适宜湖南省自然地理、气候、资源、经济等特征的绿色建筑技术体系，并结合绿色建筑"四节一环保"的要求，重点以建筑自然采光、通风、遮阳技术，外墙保温隔热技术，屋顶绿化与垂直绿化技术，雨水收集与利用技术，太阳能光热利用技术等5项关键技术进行针对性研究，拟在湖南省先期推广。

2. 总体编制思路

1）该课题以《湖南省绿色建筑评价标准》《湖南省绿色建筑评价技术细则》等为编制依据，参考有关国家、省、市标准和国外先进标准，并借鉴夏热冬冷地区相邻省市的绿色建筑技术应用先进经验，为湖南省绿色建筑技术的选用提供参考。各项技术均列表对应标准条文内容，明确其在绿色建筑设计与评价中的作用和意义。

2）从湖南省实情出发，充分考虑湖南省的地理气候、资源条件、自然环境、经济发展水平等方面的特点，经过比选，选取5项关键技术进行针对性研究，拟在湖南省先期推广。与绿色建筑相关的其他技术将在下一步工作中研究。

3）该课题在内容编排上注重前后的逻辑性，第一篇首先详细介绍湖南省自然地理、气候、资源等状况，以及湖南省绿色建筑发展现状，后文各项技术以前文为依据进行编制。

4）各章节技术内容以"四节一环保"为基本点，按设计要求深入研究各项绿色建筑技术的概念、作用、范例介绍以及主要设计方法和构造做法等。

5）该课题研究成果力求为设计、咨询单位开展相关设计研究工作提供参考，为建设单位、政府部门提供技术支撑，也可作为面向大专院校、社会大众的科普性教材。

3. 创新点及创新成果

1）研究首先立足于因地制宜的理念，依据湖南省的自然气候、地理、资源等及项目自身条件选择适宜的技术类型。

2）研究强调"被动优先"的技术策略，引导从业者正确认识绿色建筑的本质，绿色建筑并非只是绿化景观效果好的建筑，也不是由各种高技术"堆积"而成的高成本建筑，而是在建筑全寿命周期内满足节能、节水、节材、节地要求的资源节约型、环境友好型建筑。

3）研究强调可操作性，将对绿色建筑的设计、评定以及技术措施的落实有较好的参考价值，同时研究将各项适用技术与《湖南省绿色建筑评价标准》相对应，作为标准的重要技术支撑材料。

4）研究注重可推广性，课题所选用的案例主要是湖南省及夏热冬冷地区已获得绿色建筑标识认证的实施项目，十分具有代表性和针对性，对其他类似项目有较好的借鉴作用。

5）研究对象的选取兼顾全面性，参考目前绿建项目的技术应用情况，分别在"四节一环保"方面中的节地、节能、节水、室内环境、可再生能源利用部分选择一项关键技术进行深入研究[7]。

4.2 绿色施工

4.2.1 绿色施工发展现状

1. 背景与意义

早在十余年前，中国的一些企业和地方政府就开始关注施工过程产生的负面环境影响的治理。有一些企业在2003年就开始进行绿色施工研究，先后取得了一大批重要的技术成果。北京市住房和城乡建设委员会为控制和减少施工扬尘，加大治理大气污染力度，规定从2004年起，北京建筑工地全面推行绿色施工。2009年深圳市发布《深圳市建筑废弃物减排与利用条例》，明确规定建筑废弃物的管理遵循减量化、再利用、资源化的原则，提出了建筑废弃物要再利用或再生利用，不能再利用或再生利用的应当实行分类管理、集中处置。

"十一五"期间，住房和城乡建设部以绿色建筑为切入点促进建筑业可持续发展，组织了中国建筑科学研究院和中国建筑工程总公司等单位开展绿色施工的调查研究，于2007年发布了《绿色施工导则》，对建筑施工中的节能、节材、节水、节地以及环境保护提出了一系列要求和措施，对绿色施工有了权威性界定。2010年住房和城乡建设部发布国家标准《建筑工程绿色施工评价标准》GB/T 50640—2010，为绿色施工评价提供了依据。在施工现场噪声控制方面，国家标准《建筑施工场界环境噪声排放标准》GB 12523—2011规定了施工现场噪声排放的限制。2014年，住房和城乡建设部发布了《建筑工程绿色施工规范》GB/T 50905—2014，按 10 个传统分部对绿色施工提出指导措施做法。

伴随着建筑领域绿色化进程的深入，绿色施工开始受到重视，相关的指导政策和国家标准相继发布，绿色施工开始逐步推进，并逐渐成为建筑施工方式转变的主旋律。

2. 绿色施工的含义和内涵

住房和城乡建设部颁发的《绿色施工导则》认为，绿色施工是指"工程建设中，在保证质量、安全等基本要求的前提下，通过科学管理和技术进步，最大限度地节约资源与减少对环境负面影响的施工活动。实现"四节一环保"。这是对绿色施工概念和内容的最权威界定。

这种定义体现了绿色施工包含以下几方面内容：

1）绿色施工以可持续发展为指导思想。绿色施工正是在人类日益重视可持续发展的基础上提出的，在国外的可持续施工也是绿色施工的代名词。无论节约资源还是环境保护都以可持续发展为根本目的，因此本定义明确了绿色施工的根本指导思想——可持续发展。

2）绿色施工的实现途径是绿色施工技术的应用和绿色施工管理的升华。绿色施工必须依托相应的技术和组织管理手段来实现。绿色施工技术与传统施工技术相比做出了有利于节约资源和环境保护的技术改进，是实现绿色施工的技术保障。而绿色施工的组织、策划、实施，以及开展绿色施工评价及控制等管理活动，是保障绿色施工的组织管理保障。

3）绿色施工是追求尽可能减少资源消耗和保护环境的工程建设生产活动，这是绿色施工区别于传统施工的根本特征。绿色施工倡导施工活动以节约资源和保护环境为前提，要求施工活动有利于经济社会可持续发展，这体现了绿色施工的本质特征与核心内容。

4）绿色施工强调的重点是使施工作业对现场周边环境的负面影响最小，污染物和废弃物排放（如扬尘、噪声等）最小，对有限资源的保护和利用最有效，它是实现工程施工行业升级和更新换代的最优方法及模式。

3. 有关绿色施工的政策情况

政策体现了一个国家或组织主要的目标和基本的原则。2005 年，住房和城乡建设部与科技部联合发布的《绿色建筑技术导则》反映了在绿色建筑实施过程中绿色施工的主要技术政策，用于指导绿色建筑（主要指民用建筑）的建设，适用于建设单位、规划设计单位、施工与监理单位、建筑产品研发企业和有关管理部门等。

2007 年，住房和城乡建设部发布的《绿色施工导则》，是中国颁布的第一个关于绿色施工的法规，旨在对建筑工程实施绿色施工提供指导，推动建筑业绿色施工的实施，使建筑业肩负起可持续发展的社会责任。

《中国建筑技术发展纲要》集中反映了中国建筑业、勘察设计咨询业在"十二五"期间的技术进步要求，确定了中国新时期建筑技术发展的主要任务和目标、具体的技术政策要求与需采取的主要措施，是住房和城乡建设部在新时期指导中国建筑科学技术进步和建筑业发展的宏观性技术政策。

《绿色与可持续发展技术政策》以可持续发展理论为指导，规定了"十二五"期间发展绿色建筑技术的任务和目标、技术政策和主要措施。

《建筑节能技术政策》在绿色建筑技术发展的框架基础上进一步明确了建筑节能技术发展的目标、政策和措施。

《建筑施工技术政策》则要求在保证工程质量安全的基础上，将绿色施工技术作为推进建筑施工技术进步的重点和突破口，明确了建筑施工技术发展的目标、政策和措施。

4. 有关绿色施工的标准情况

目前，直接涉及工程项目绿色施工的国家、行业和协会标准不多，但与工程项目绿色施工相关，或者对工程项目绿色施工起到直接支撑作用的标准、规范却不少。

1）绿色施工标准

2010 年，国家标准《建筑工程绿色施工评价标准》发布，是中国第一部有关绿色施工的国家标准。其依照《绿色施工导则》，在总结绿色施工实践的基础上，对绿色施工评价指标进一步甄别和量化，为建筑工程绿色施工评价提供依据。2014 年，国家标准《建筑工程绿色施工规范》发布，是中国第一部指导建筑工程绿色施工的国家规范。

2）绿色施工的基础性管理标准

ISO9000、ISO14000、OSHAS18000 三大标准族是指导组织构建科学化、系统化、标准化质量管理体系、环境管理体系、职业健康和安全管理体系的系列国际标准，也是指导组织实施绿色施工重要的基础性标准。

2006 年 12 月实施的国家标准《建设工程项目管理规范》GB/T 50326—2006，是指导中国工程项目管理的重要规范，也是推进绿色施工所必须遵循的重要规范之一。其明确了建设工程项目管理的模式，贯彻了项目实施过程设计、采购、施工一体化管理的理念，有利于培育和发展工程总承包公司。

3）绿色施工支撑性标准

2007 年 1 月，国家标准《建筑节能工程施工质量验收规范》GB 50411—2007 发布，总结了近年来中国建筑工程中节能工程的设计、施工、验收和运行管理方面的实践经验和研究成果，充分考虑了中国现阶段建筑节能工程的实际情况，是一部涉及多专业，以达到建筑节能要求为目标的施工验收规范。

2010 年 7 月，《污水排入城镇下水道水质标准》CJ 343—2010 发布，是对《污水排入城市下水道水质标准》CJ 3082—1999 的修订，适用于向城镇下水道排放污水的排水户。2012 年 5 月，国家标准《工程施工废弃物再生利用技术规范》GB/T 50743—2012 发布，明确指出施工废弃物应按分类回收，根据废弃物类型、使用环境、暴露条件以及老化程度等进行分选，明确各方在工程施工废弃物再生利用中的职责。

2011 年 12 月，《建筑施工场界环境噪声排放标准》GB 12523—2011 发布，规定了建筑施工场界环境噪声排放限值及测量方法。2007 年 11 月，环境保护行业标准《防治城市扬尘污染技术规范》HJ/T 393—2007 发布，规定了防治各类城市扬尘污染的基本原则和主要措施，道路积尘负荷的采样方法和限定标准。2011 年 7 月，行业标准《建筑工程生命周期可持续性评价标准》发布，这是中国第一部针对建筑工程本体生命周期可持续性进行定量评价的标准，为系统识别建筑活动的环境影响因素，对建筑工程生命周期的环境影响进行定量评价提供了标准依据。

5. 绿色施工技术发展情况

绿色施工技术是绿色施工的第一生产力。绿色施工技术的产生和发展可划分为 3 个阶段，第一个阶段是环境的末端治理和法规尊崇；第二阶段是施工过程超越环境法规的资源的 3R 和环境保护，主要在直接生产核心过程之外的附属生产领域采取 3R 和环境保护措施；第三阶段是对施工过程的直接生产的工序、工艺技术的改造，打破了传统施工的人、材、机及与建筑最终产品和中间产品、部件的联系方式，形成新的直接生产过程的绿色施工技术和工艺（如表4-4）。

绿色施工技术的发展简史　　　　　　　　　　　　表4-4

产品分类	使用年代	代表产品
第一代：节能建筑施工技术	1986年之后	中国的建筑节能是以1986年发布《北方地区居住建筑节能设计标准》为标志而逐步启动的，自此形成一系列节能建筑的施工技术
第二代：绿色建筑施工技术	2001年之后	2001年，建设部编制《绿色生态住宅小区建设要点与技术导则》，自此形成一系列绿色建筑的施工技术及相应的绿色施工技术。其中自2007年，美国LEED认证项目在中国出现，2009年建成的上海普惠发动机维修有限公司为中国第一个获得LEED白金奖的项目
第三代：节能降耗施工技术	2006年之后	自2006年，上海市开展节能降耗工地建设活动
第四代：绿色施工技术	2008年之后	2007年建设部发布《绿色施工导则》，中建八局等大型建筑企业在国内较早开展绿色施工研究并于2008年开始实施绿色施工示范工程
第五代：基于MMC和可建设性的可持续施工技术	目前正在孕育	—

4.2.2 湖南省绿色施工发展现状

1. 湖南省绿色施工理论发展现状

湖南省绿色施工理论研究开始于2007年，在湖南省建设厅的带领下，以湖南建工集团有限公司为首的相关地方施工企业开始着手绿色施工相关研究。

2007年参与建设部文件《绿色施工导则》（建质〔2007〕223号）的编制；

2009年参与国家标准《建筑工程绿色施工评价标准》GB/T 50640—2010的编制；

2012年参与中国建筑业协会《全国建筑业绿色施工示范工程申报与验收指南》编制；

2013年参与国家标准《建筑工程绿色施工规范》GB/T 50905—2014的编制；

2013年参与著作《建筑工程绿色施工》的编写；

2013年参与住房和城乡建设部白皮书《绿色建造发展报告》的编写；

2014 年主编《建筑工程绿色施工管理》一书；

2016 年主编《湖南省绿色施工示范工程申报与验收指南》一书；

2016 年参与"十三五"国家重点研究计划"绿色施工与智慧建造关键技术"项目研究；

2017 年主编地方标准《湖南省建筑工程绿色施工评价标准》DBJ 43/T 101—2017。

2. 湖南省绿色施工示范工程发展现状

湖南省绿色施工项目实践活动开始于 2009 年，当时由湖南建工集团有限公司总承包施工的"万博汇名邸一期"工程立项为"首批全国建筑业绿色施工示范工程"，同时也是首个湖南省绿色施工示范工程。该项目从施工管理和"四节一环保"6 个方面对施工全过程进行绿色施工示范创建，总结了大量绿色施工先进经验。项目 2011 年竣工，荣获"全国建筑业绿色施工示范工程金奖工程""全国绿色施工及节能减排达标竞赛金奖工程"和"全国工人先锋号"等绿色施工相关荣誉，是湖南省绿色施工示范工程的里程碑工程。

截至 2017 年底，湖南省共立项"全国建筑业绿色施工示范工程"64 个，其中 2011 年立项 1 个，2012 年立项 1 个，2013 年立项 12 个，2014 年立项 23 个，2015 年第五批立项 18 个，2017 年度立项 9 个（图 4-8）。

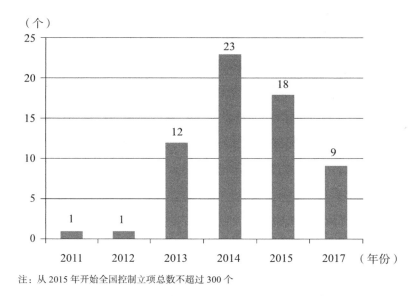

注：从 2015 年开始全国控制立项总数不超过 300 个

图 4-8 湖南省"全国建筑业绿色施工示范工程"立项情况

"湖南省绿色施工工程"共立项 151 个，其中 2011 年立项 2 个，2012 年立项 13 个，2013 年立项 5 个，2014 年立项 14 个，2015 年 25 个，2016 年 36 个，2017 年 56 个（图 4-9）。截至 2017 年 12 月 31 日，共立项的 151 个工程中已完成中间验收 32 个，竣工验收 68 个（图 4-10）。

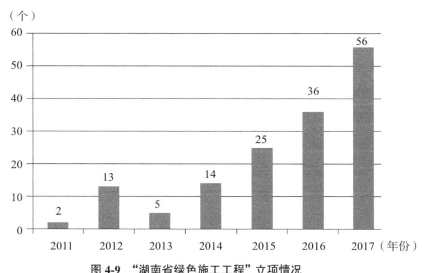

图 4-9　"湖南省绿色施工工程"立项情况

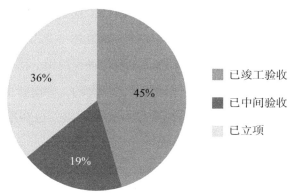

图 4-10　"湖南省绿色施工工程"状态

4.2.3 湖南省绿色施工推进存在的问题与瓶颈

绿色施工尽管已在湖南省得到了认可，绿色施工意识已逐步确立，工程项目绿色施工的示范也已逐步推进，但在推进过程中仍然面临着诸多问题和困难。

1. 对"绿色"与"环保"的认识还有待进一步提升。绿色施工在最近几年逐渐被湖南省建筑行业所熟悉和认知，但仍存在许多认识误区，将绿色施工上升为自觉行为的意识较为薄弱。

2. 绿色施工各参与方责任还未得到有效落实，相关法律基础和激励机制有待建立健全。施工活动牵涉到政府、业主、设计、监理、施工和后期运营等各相关方，绿色施工的推行需要政府的引导监管、建设单位的资源和资金支撑、设计单位的技术支持、监理单位的现场旁站监督以及后期运营方的配合使用。落实建设相关方责任是绿色施工推进的基本前提。

3. 现有技术和工艺还难以满足绿色施工的要求。目前施工过程中普遍采用的施工技术和工艺仍是以质量、安全和工期为目标的传统技术，缺乏综合"四节一环保"的关注，缺乏针对绿色施工技术的系统研究，围绕建筑工程地基基础、主体结构、装饰装修和机电安装等环节的具体绿色技术的研究也大多处于起步阶段。

4. 资源再生利用水平不高。许多建筑还未到使用寿命期限就被拆除，造成了大量的资源消耗和浪费。同时湖南省每年产生的建筑废弃物数量惊人，但资源化利用率很低，还有很大的提升空间。

5. 绿色施工策划与管理能力还有待提高。绿色施工策划书的深度有待提高，基于工程实施层面的绿色施工研究不够，工程项目绿色施工的科学管理仍然存在问题，也是影响绿色施工落在实处的原因之一。

6. 信息化施工和管理的水平不高，工业化进程缓慢。信息化和工业化是推动绿色施工的重要支撑，但是由于种种因素的制约，湖南省虽然住宅产业化和BIM信息化技术等已经起步，但进程还是比较缓慢，这在很大程度上影响了绿色施工的推进。

7. 本地生长建材优势不明显。本地生长的建材如竹材、木材等，既是可循环材料又对发展本地经济有益处，应该重点发展，但目前湖南省还没有发掘很具规模的相关产品。

综上所述，湖南省建筑施工行业推进绿色施工面临着诸多困难和问题，因此，如何迅速造就一个全行业推进绿色施工的良好局面，是一个摆在政府、建筑行业、工程项目建设相关方乃至全社会面前的一个迫切需要解决的问题。绿色施工的推进，需要明确工程项目参与方的责任，构建并切实实施相应的激励机制，并通过不断发展与应用绿色施工技术，使绿色施工得到推广和普及，逐步改变工程施工现状，加快推进工程施工的机械化、工业化和信息化进程，提升绿色施工水平。

▉ 4.3 绿色建材

4.3.1 中国绿色建材发展情况

2013 年中华人民共和国住房和城乡建设部办公厅及中华人民共和国工业和信息化部办公厅联合发布《关于成立绿色建材推广和应用协调组的通知》（建办科〔2013〕30 号），成立了住房和城乡建设部、工业和信息化部绿色建材推广应用协调组，组内成员 18 人，同时规定了协调组主要职责。

2014 年中华人民共和国住房和城乡建设部及中华人民共和国工业和信息化部联合发布《绿色建材评价标识管理办法》（建科〔2014〕75 号），将绿色建材分为一星级、二星级、三星级，开始进行标识评价。

2015 年中华人民共和国工业和信息化部及中华人民共和国住房和城乡建设部联合发布《促进绿色建材生产和应用行动方案》（工信部联原〔2015〕309 号），对绿色建材评价标识、绿色建材信息系统建设、推广应用范围以及重点推广领域等进行约定。

2015 年中华人民共和国住房和城乡建设部及中华人民共和国工业和信息化部联合发布《绿色建材评价标识管理办法实施细则》和《绿色建材评价技术导则（试行）》（建科〔2015〕162 号），第一批包括预拌混凝土、预拌砂浆、保温材料、砌体材料、节能玻璃、卫生陶瓷、陶瓷砖等 7 类建材可以开展绿色建材评价标识认定工作。

2016 年中国第一批绿色建材评价标识发布。

4.3.2 湖南省绿色建材发展情况

2016 年湖南省住房和城乡建设厅及湖南省经济和信息化委员会联合发布《关于湖南省绿色建材评价标识管理有关工作的通知》（湘建科函〔2016〕154 号），在这个文件中成立了"湖南省绿色建材评价管理机构"，组建了专家委员会，发布了《湖南省绿色建材评价标识申报书》。

2016 年湖南省经济和信息化委员会及湖南省住房和城乡建设厅联合发布《湖南省促进绿色建材生产和应用实施方案》（湘经信原材料〔2016〕234 号），

文件对绿色建材应用比例提出要求："到 2020 年，新建建筑中绿色建材应用比例达到 40%，绿色建筑中应用比例达到 60%，试点示范工程中的应用比例达到 80%。"

2016 年湖南省住房和城乡建设厅及湖南省经济和信息化委员会联合发布《关于成立湖南省绿色建材评价标识专家委员会通知》（湘建科〔2016〕284 号），委任朱晓鸣等 11 人为湖南省绿色建材评价标识专家委员会委员。

2017 年湖南省住房和城乡建设厅及湖南省经济和信息化委员会联合发布《关于公布湖南省绿色建材标识评价及检测支撑机构的通知》（湘建科〔2017〕6 号），湖南省建筑材料研究设计院有限公司和湖南省建筑科学研究院两家机构成为湖南省绿色建材标识评价机构；湖南省建筑材料研究设计院有限公司、湖南省建筑科学研究院、长沙理工华建土木工程结构检测试验有限公司和长沙市城市建设科学研究院等 4 家单位为湖南省绿色建材评价检测支撑机构。

2017 年湖南省住房和城乡建设厅发布《2017 年湖南省建筑节能技术、工艺、材料、设备推广应用目录（第一批绿色建筑材料产品目录）》，涉及预拌混凝土、砌体材料、预拌砂浆 3 类共 47 个产品获批绿色建材标识评价。

4.4 绿色物业运营管理

为实现城市经济社会可持续发展目标，提高物业管理的科技含量和服务水平，在物业管理中全面导入资源节约、环境保护理念，推进绿色物业管理工作。绿色物业运营管理是指在保证物业服务质量等基本要求的前提下，通过科学管理、技术改造和行为引导，有效降低各类物业运行能耗，最大限度地节约资源和保护环境，致力构建节能低碳生活社区的物业管理活动。鼓励各相关单位开展绿色物业管理的政策与技术研究，不断发展绿色物业管理的新模式、新方法、新设备与新技术，推行绿色物业管理应用示范项目。

1. 绿色物业管理基本架构

1）物业管理服务机构从管理制度和技术措施两方面入手，通过科学管理，提升既有物业综合运行水平，有效降低物业能耗和改善物业环境。

2）新建建筑在规划、设计和施工阶段，充分考虑绿色物业管理的要求；物业产权人和使用人通过对既有物业的高耗能设施、设备实施节能技术改造，为绿色物业管理提供基础条件。

2. 绿色物业管理制度要求

实施绿色物业管理的制度建设主要包括组织管理、规划管理、实施管理、评价管理和培训宣传管理 5 个方面。

1）组织管理

建立绿色物业管理管理体系，根据物业项目用能及环境现状制定相应的管理制度与目标。

2）规划管理

绿色物业管理应覆盖建筑物全寿命周期，应根据不同类型、不同寿命周期物业的特点，编制项目绿色物业管理工作方案，明确物业项目节能和环保的重点对象及内容、目标。

绿色物业管理方案应包括以下内容：

（1）节能措施

（2）节水措施

（3）垃圾处理措施

（4）环境绿化措施

（5）污染防治措施

绿色物业管理方案应设定以下目标：

（1）量化目标。包括全年能耗量、单位面积能耗量、单位服务产品能耗量等绝对值目标；系统效率、节能率等相对值目标。

（2）财务目标。包括资源成本降低的百分比、节能减排和环保项目的投资回报率，以及实现节能减排项目的经费上限等。

（3）时间目标。设置完成目标的期限和时间节点。

（4）外部目标。特指和国内、国际或行业内某一评价标准进行对比，在同业中的排序位置等。

根据绿色管理目标进行分解，按照上述 5 项技术措施设定绿色物业管理标准。

3）实施管理

依照项目的绿色物业管理工作方案，针对其不同时期的用能情况和环境特点，实行全面控制。即在项目的前期介入、接管验收、装修入伙、日常管理等全过程中实施全体员工、全客户、全过程、全方位控制，最大限度覆盖软件和硬件两个层面及所有要素。

4）评价管理

（1）对照本导则的指标体系，结合项目特点，对绿色物业管理的效果及采用的模式、方法、设备、技术等进行自评。

（2）成立专家评估小组，结合能源统计、能源审计及能耗监测，对绿色物业管理方案、实施过程及实施效果进行综合评估。

5）培训宣传管理

（1）定期对管理人员进行绿色物业管理教育培训，增强绿色物业管理意识和能力。

（2）结合物业项目的类型特点和不同时点，及时开展多形式、多渠道，有针对性的绿色物业管理宣传，为业主和使用人提供相关专业资讯，引导广大业主和使用人主动支持和参与绿色物业管理，共同营造低碳、绿色，文明、和谐的温馨家园。

3.绿色物业管理技术要点

1）有条件的企业通过环境管理体系认证、质量管理体系认证、能源管理体系等认证，建立考核激励机制，配备专门的管理人员和技术人员，有组织、有目标、有计划地开展节能减排工作：

2）建立健全物业管理区域内水、电、气、暖等能源计量系统，对重点设备进行专项计量。

3）建立各类能耗设备的统计和数据分析制度，做好能源消耗的原始记录，建立能源消耗数据库。

4）建立能源管理责任制度和考核奖惩制度。

5）编制能源消耗计划，分解能耗指标。

6）加强日常监控和统计分析，查找高耗能原因，寻求节能途径，采取有效的改进措施。

7）建立采购程序的环境审查标准。

8）建立改造施工的环境审查制度。

9）建立各专业废弃物分类消纳管理制度。

10）建立全员环境保护与节约能源的培训制度，开展宣传活动，普及知识，倡导理念，引导行为。

11）应用信息化手段进行物业管理，建筑工程、设施、设备、部品、能耗等档案及记录齐全。

12）制定垃圾管理制度，合理规划垃圾物流，对有害垃圾进行单独收集和合理处理，并定期向住户宣传。

13）对住户装修进行管理包括噪声时间控制、装修垃圾处理等。

第5章 绿色建筑相关领域

5.1 绿色建筑相关示范

5.1.1 生态示范片区

目前湖南省共有绿色建筑示范片区 6 个，分别为：长沙市滨江商务新城、长沙市洋湖生态新城、长沙梅溪湖国际新城、武广片区绿色生态新城、常德市绿色生态北部新城、株洲云龙生态新城。

其中长沙市大河西先导区梅溪湖片区获批全国首批绿色生态示范城区。其项目位于长沙大河西先导区，距市政府 6km，位于二、三环之间，距市中心约 8km，交通便利。区域占地面积为 7.6km²，约 11452 亩；片区内包括约 3000 亩的湖面，4360 亩的桃花岭景区；其中经营性用地约 4214 亩，包括约 3910 亩住宅及商业公建用地、304 亩研发及配套用地；规划后总建筑面积约 945hm²，综合容积率约 3.36。截至 2017 年底，片区范围内绿色建筑执行率达 100%，二星及三星以上绿色建筑比例为 31%，绿色建筑创建面积达到 667.2hm²。

5.1.2 绿色建筑示范片区

其中，洋湖生态新城和滨江商务新城通过信息化技术打造绿色低碳生态城区；对洋湖湿地公园和周边水系进行系统规划，合理利用和保护水资源及生态环境，解决城市内涝等雨水问题；同时在交通、能源、教育、医疗、旅游、历史文化保护、金融、产业等民生问题上做出试点示范。

5.1.3 节能示范片区

目前湖南省共有节能示范片区 4 个，分别为：石门县、东安县、望城县、宁远县。其中，石门县位于湖南北部湘鄂边陲、澧水中游，地处东经 110°29′04″～110°32′30″，北纬 29°16′～30°08′ 之间。东接澧县、临澧，南接桃源，西毗鹤峰、桑植，北邻湖北五峰，东北抵湖北松慈，西南与慈利接壤，距省会长沙约 290km，距常德市 102km，全县行政区域面积为 3970km²，素有"湘西北门户"美称。石门县地理位置独特，且公共交通覆盖面广，石门县可再生能源建筑应用工作的开展，不仅仅会给本地带来节能、环境、社会、经济效应，更重要的是可以在湘西地区起到带头作用，以点带面，促进湖南西部地区可再生能源建筑应用工作的推进。

对石门县的可再生能源建筑应用进行整体的规划，未来 3 年，石门县全县计划实现可再生能源建筑应用面积约达 47.54hm²。其中，县 37 所中小学可再生能源建筑应用面积达 29.409hm²，将全部推广采用太阳能热水系统，为住宿学生提供洗浴生活热水；县 20 所乡镇卫生医院应用面积达 16.214hm²，将采用太阳能热水系统提供医院卫生热水，另外，3 所卫生院周边水源较充足，将进行地表水源热泵空调系统改造，县中医院新建住院大楼将采用地下水源热泵空调系统；县一栋建筑面积达 1.914hm² 的新建酒店将采用地下水源热泵技术。

5.1.4 产业化示范基地

由建设部批准建立的"国家住宅产业化基地"从 2001 年开始试行，2006 年 6 月建设部下发《国家住宅产业化基地试行办法》（建住房〔2006〕150 号）文件，开始正式实施。建立国家住宅产业化基地是推进住宅产业现代化的重要措施，其目的就是通过产业化基地的建立，培育和发展一批符合住宅产业现代化要求的产业关联度大、带动能力强的龙头企业，发挥其优势，集中力量探索住宅建筑工业化生产方式，研究开发与其相适应的住宅建筑体系和通用部品体系，建立符合住宅产业化要求的新型工业化发展道路，促进住宅生产、建设和消费方式的根本性转变。通过国家住宅产业化基地的实施，进一步总结经验，以点带面，全面推进住宅产业现代化。

至目前为止，湖南全省装配式建筑项目涵盖了住宅、工业建筑、办公、酒店、市政设施等方面。住宅方面主要以保障性住房（公租房、廉租房）为主，逐步向商品房、农村建房拓展。目前已有株洲云龙行政园等 10 余个项目为国家住宅产业化示范项目。其中宁乡和张家界蓝色港湾两个商品房住宅项目被列入省地节能环保型住宅国家康居示范工程，"保利·麓谷林语"等4个项目获批住房和城乡建设部绿色建筑和低能耗建筑"双百"示范工程，"万科·魅力之城"装配式建筑项目获房地产广厦奖。湖南省政府先后在长沙县福临镇、高桥镇，郴州市银杏村，湘西自治州吉首市建设农村住宅产业化成片试点项目，将农村住宅产业化与精准扶贫、危房改造、美丽乡村建设有机结合，如长沙县白鹭湖生态小镇、郴州市苏仙区、吉首市易地扶贫搬迁项目，开全国之先河，得到中央、省和扶贫地市高度肯定。地上建筑发展的同时，湖南省装配式建筑开始向地铁、地下综合管廊等市政设施项目延伸，全省在建装配式地下综合管廊项目19个，总规模29.186km，投资8.12亿元，建成的有湘潭市霞光东路综合管廊，为整个行业拓展了新的发展空间。

为了更好地促进装配式建筑的发展，湖南省成立了住宅产业化联盟，培育了一大批从事装配式建筑研发、设计和施工的企业，目前有骨干企业10家，配套企业20家。以PC结构体系为代表的远大住工和以机械制造为特色的三一集团是湖南省最早的装配式建筑产业基地，以湖南沙坪建筑公司、湖南东方红建设集团为代表的民营建筑企业异军突起，为企业转型发展树立了榜样。目前，湖南省装配式建筑已经成为全国规模最大、发展最快的省份之一。

湖南省从2014年起，相继发布了《湖南省人民政府关于推进住宅产业化的指导意见》(湘政发〔2014〕12号)、《湖南省推进住宅产业化的实施细则的通知》(湘政发〔2014〕111号)、《湖南省人民政府办公厅关于加快推进湖南省装配式建筑发展的实施意见》(湘政发〔2017〕28号)、《湖南省住宅产业化生产基地布点规划（2015—2020）》、《湖南省住宅产业化基地管理办法（试行）》(湘建发〔2014〕199号)、《关于加快推进全省各市州住宅产业化工作的通知》(湘建房函〔2014〕187号)，旨在促进湖南省住宅产业化健康有序发展，逐步实现住宅设计标准化、部品部件工厂化、建筑施工装配化、装修一体化、建设管理信息化。截至2017年12月底，全省累计实施装配式建筑面积2472hm²（其中2017年实施面积722hm²），装配式建筑年产能达到2500hm²，产业总产值400亿元。现有国家住宅产业化综合试点城市、国家级装配式建筑示范城市1个（长沙市），国家级装配式建筑产业基地9家，分别是长沙远大住宅工业集团股份有限公司、湖南东方红建设集团有限公司、湖南金海钢结构股份有限公司、湖南省建筑设计院、湖南沙坪建设有限公司、三一集团有限公司、远大可建科技有限公司、中民筑友建设有限公司、中国建筑第五工程局有限公司。湖南省省级装配式建筑产业基地已达 16 个，其中 PC 类基地 7 个，钢结构类基地 2 个，木结构类基地 1 个，研发类基地 3 个，生产类基地 3 个。（表 5-1）到 2020 年，湖南省创建国家装配式建筑产业基地 20 个以上，创国家装配式建筑示范城市 5 个以上，培育 30 个以上省级装配式建筑产业基地，50 个以上省级装配式建筑示范工程。

2017 年湖南省级装配式建筑产业基地一览表　　　　表 5-1

序号	企业名称	基地类别	基地所在地
1	长沙远大住宅工业集团股份有限公司	PC 综合类	长沙高新开发区
2	三一集团有限公司	PC 综合类	长沙市经济技术开发区
3	中民筑友有限公司	PC 综合类	长沙市开福区
4	湖南三新房屋制造股份有限公司	PC 综合类	长沙市开福区
5	湖南金海钢结构股份有限公司	钢结构综合类	湘潭市九华示范区
6	湖南东方红建设集团有限公司	PC 综合类	长沙高新开发区
7	远大可建科技有限公司	钢结构综合类	岳阳市湘阴县文星镇
8	中建科技湖南有限公司（中建五局第三建设有限公司）	PC 综合类	宁乡经济技术开发区
9	湖南东泓住工科技有限公司	PC 综合类	郴州市苏仙区五里牌镇
10	中南大学	研发类（科研型）	长沙市岳麓区
11	湖南省建筑设计院有限公司	研发类（设计型）	长沙市岳麓区
12	湖南省建筑工程质量检测中心	研发类（检测型）	长沙市芙蓉区
13	湖南天一建筑科技有限公司	生产类（模具装备）	长沙县金井镇
14	湖南航凯建材技术发展有限公司	PC 生产类	浏阳市
15	长沙三远钢结构有限公司	钢结构生产类	长沙市天心区
16	湖南美林住宅工业有限公司	木结构生产类	湘西泸溪县武溪镇

5.1.5 海绵城市

海绵城市是指城市能够像海绵一样，在适应环境变化和应对自然灾害等方面具有良好的"弹性"，下雨时吸水、蓄水、渗水、净水，需要时将蓄存的水"释放"并加以利用。海绵城市建设应遵循生态优先等原则，将自然途径与人工措施相结合，在确保城市排水防涝安全的前提下，最大限度地实现雨水在城市区域的积存、渗透和净化，促进雨水资源的利用和生态环境保护。

2013 年 12 月，习近平总书记在中央城镇化工作会议上提出"建设自然积存、自然渗透、自然净化的海绵城市"；2014 年 11 月，住房和城乡建设部出台了《海绵城市建设技术指南》；同年 12 月，住房和城乡建设部、财政部、水利部三部委联合启动了全国首批海绵城市建设试点城市申报工作。2015 年 3 月 27 日，由国家财政部、住房城乡住房和城乡建设部、水利部在京组织的申报国家海绵城市建设试点城市竞争性评审答辩会上，湖南省常德市入围"全国首批海绵城市建设试点城市"。意味着在 2015 年之后的 3 年，常德将获得超过 12 亿元的国家专项补贴资金，是历年来获国家城市建设单项补贴最高的一次。"因水而建、因水而兴，头枕长江，腰缠沅澧，脚踏洞庭"，常德市海绵城市目标是，一年重点突破，两年基本建成，三年形成示范，真正成为一座会"呼吸"的海绵城市。常德共有河湖面积 78 万亩，年均径流总量 1356 亿 m^3，占洞庭湖年均入湖径流总量的 48%。所以常德水生态、水环境、水污染的治理对洞庭湖的水质改善、湿地保护、生态安全至关重要。在建设海绵城市方面，常德已经有了 10 年的探索与实践，引进了德国、荷兰等欧洲国家城市水治理的成功经验；与德国汉诺威水协合作，共同编制了《水城常德——江北城区水敏性城市发展和可持续性水资源利用整体规划》，在此基础上高标准编制了相关的 20 多个总体规划和专业规划；2010 年就建立了城区 500km 的排水管网动态模型和 160km² 内的水系数学模型，并进行了 CCTV 地下管网检测及管网普查；利用与德国汉诺威的友好城市关系，通过 10 年合作，培育建成了一支专业人才队伍。

现在城市发展一个最大的通病，就是把城市建成了水泥森林、城市戈壁，雨水不能渗透，城市不能呼吸。为了解决这一问题，常德市按照"水安、水净、水亲、水流、水游、水城"的思路，推进了以地下管网建设为重点的"三改四化"，2013 年半年改造地下管网 520km，同时全面启动了江河湖连通工程，使城市的水生态、水环境明显改善；推进了与德国汉诺威水协合作的穿紫河综合治理工程，使过去市民避而远之的臭水沟，变成了如今市民休闲娱乐的风光带；推进了与中科院武汉水科所合作的湖河塘水体治理工程，引进生物治污理念，建立平衡和谐的水体生物链，促进了水体环境改善。

湖南省准备组织开展海绵城市试点，由省级财政给予支持。2015 年 5 月大雨中的长沙再次被网友戏称开启"看海模式"，在长沙市的韶山南路段，不少车辆陷入路面积水中，而 4 月至 5 月间亦有媒体报道长沙城区多处出现严重内涝，街道成"泽国"。7 月，一场关于湖南该如何建设海绵城市的沙龙在湖南大学建筑学院召开，建议作《海绵城市适水性土地规划研究》（以下简称"海绵城市规划"），与传统城市规划比较，海绵城市规划将刚性化为弹性，把末端治理改为源头控制，将单一措施改为系统引导，把增源减汇改为减源增汇，这样也就从顶层设计上破解了"城中看海"的内因。有专家提出不能只考虑发展海绵城市而作单一规划，更因在生态环境内，在考虑生态的保护、开发、修复的思想下融入海绵城市的规划。

2016 年 1 月，湖南省政府发布《湖南省贯彻落实〈水污染防治行动计划〉实施方案（2016—2020）》，明确到 2020 年实现全省水环境质量得到阶段性改善、污染严重水体及城市黑臭水体较大幅度减少、饮用水安全保障水平持续提升、主要湖泊生态环境稳中趋好的整体目标。4 月，湖南省政府发布的《关于推进海绵城市建设的实施意见》，综合采取"渗、滞、蓄、净、用、排"等措施，最大限度减少城市开发建设对生态环境的影响，将 70% 的降雨就地消纳和利用，到 2020 年，全省城市建成区 20% 以上的面积要达到海绵城市建设目标要求；到 2030 年，城市建成区 80% 以上的面积达到目标要求。6 月，湖南省政府网站下发《关于确定省级海绵城市和地下综合管廊建设试点城市的通知》，确定岳阳市、津市市、望城区和凤凰县为省级海绵城市建设试点城市，郴州市、永州市、湘潭市为省级地下综合管廊建设试点城市。10 月，长沙市海绵城市生态产业技术创新战略联盟揭牌仪式暨首届海绵城市建设论坛举行，初步规划 2030 年长沙市初步建成海绵城市。2017 年 11 月，湖南城市学院协办的海绵城市建设论坛于 28 日在长沙国际会展中心隆重举行。

5.2 绿色建筑产业

5.2.1 建筑工业化

建筑工业化的本旨是通过工业化生产的方式制造建筑，包括楼梯、墙板、阳台等部品构件都在工厂内生产完好。它的核心包括建筑设计标准化、部品部件工厂化、现场施工装配化、土建装修一体化、管理运营信息化，强调利用现代科学技术、先进的管理方法和工业化的生产方式，将建筑生产全过程联结为一个完整的产业系统。建筑工业化的核心优势在于技术先进、质量可控、生产周期短、绿色环保等优点。因此，建筑工业化在西方发达国家的应用普遍达到60%以上，而中国尚不足1%。

远大住工，作为国内第一家以"住宅工业"行业类别核准成立的新型住宅制造工业企业，是中国住宅产业事业的开拓者，也是目前国内最具规模和实力的绿色建筑制造商。2013年11月，中国建筑工业化领军企业远大住宅工业有限公司"南美成套住宅出港仪式"在岳阳城陵矶港隆重举行，1.8万套成品住宅将陆续装船运往南美洲，将开启湖南外贸出口的全新历程，也标志着中国制造的工业化绿色建筑正式跻身国际市场。专家认为，流行于欧美国家的工业化建筑目前在中国逐步发展起来，随着政策驱动，建筑工业化企业不断涌现，未来几年工业化建筑产品的广泛使用和出口将成为一种潮流。

5.2.2 绿色建材

绿色材料是指在原材料采取、产品制造、使用或再循环以及废料处理等环节中对地球负荷最小和有利于人类健康的材料。

绿色建材的含义包括以下几个方面：

1. 以相对最低的资源、能源消耗和环境污染为代价生产建筑材料；

2. 能大幅降低建筑能耗（包括在生产和使用过程的能耗）；

3. 具有更高的使用效率和更优异的材料性能，从而降低材料的用量；

4. 具有改善居室生态环境的功能；

5. 大量利用工业废弃物。

建筑业与建材业同属一个大的产业链，相互依存、关系密切。建筑业是建材产品的主要市场，建材产品中包括钢筋、水泥、混凝土、墙体材料、建筑玻璃、装饰材料等绝大多数都应用于建筑业，同时也是建筑业的物质的基础，是建筑业的重要产业支撑。鉴于建筑业与建材业的密切关系，建筑工程建设过程中选用建材"绿色"的程度很大程度上决定了建筑的"绿色"程度，绿色建材是绿色建筑绝不可少的部分，离开了绿色建材，就谈不上绿色建筑。

湖南省绿色建材生产起步较晚，目前主要有以下几个方面的发展：

1. 资源综合利用，节能减排

利用工业废渣，新型干法水泥生产线、浮法玻璃生产线纯低温余热发电技术得到推广应用。

2. 新型墙体材料发展

《湖南省新型墙体材料推广应用条例》于 2006 年 7 月 31 日经湖南省第十届人民代表大会常务委员会第二十二次会议通过，自 2006 年 10 月 1 日起施行。近年来，墙体材料革新和推广节能建筑工作取得了积极进展，新型墙体材料应用范围进一步扩大，技术水平明显提高，节能建筑竣工面积不断增加。

3. 节能门窗

近年来湖南地区建筑应用的节能门窗、节能玻璃发展迅猛，节能门窗的种类样式全面发展，在建筑工程中以隔热铝合金门窗、塑钢门窗、中空玻璃为主，低辐射镀膜玻璃（Low-E 玻璃）、铝木门窗、节能窗贴膜等也被广泛应用。

4. 建筑装饰材料

随着人们生活水平的不断提高和环保意识的增强，建筑装饰材料向着节能环保化、功能多元化方向发展，湖南省在建筑卫生陶瓷、环保涂料等方面也有较好的发展，目前在醴陵、岳阳等地已经形成大规模的卫生陶瓷产品产业集群，醴陵的陶瓷生产已经有两千多年的历史，享有"中国瓷城"的美誉；建筑环保涂料、保温材料领域也都有长足的进步。

在绿色建材方面，湖南省自 2016 年起组织开展适合湖南省特点的绿色建材评价标准的研究，初步建立了绿色建材推广应用协调机制，探索提出了科学高效的绿色建材推广制度。因地制宜地发展自保温墙体材料，积极推广高强钢筋、高强混凝土的应用，加强对绿色建材推广应用情况的跟踪管理，强化对拥有技术企业的扶持、宣传和服务等。

第6章 绿色建筑教育、宣传及培训

■ 6.1 绿色建筑教育

长沙理工大学开设了全国高校首个建筑节能研究生专业。湖南大学、湖南城建职业技术学院、湖南建筑高级技工学校开设了建筑节能相关专业或课程，为湖南省培养了大批高、中、初级不同层次的建筑节能专业技术人才。

■ 6.2 绿色建筑宣传

湖南省绿色建筑发展起步较晚，发展之初建筑节能和绿色建筑的宣传相对滞后，消费者对绿色建筑的认知度较差，但随着国家和湖南省绿色建筑行动实施方案的发布，相关管理办法和标准体系渐趋完善，且绿色建筑经过多年的示范推广，逐渐开始转为强制实施，开发商、消费者对绿色建筑认知度有很大提高。湖南省绿色建筑宣传主要是以各级地方政府、湖南省绿色建筑产学研结合创新平台、湖南省绿色建筑专业委员会以及绿色建筑咨询单位为主，充分利用媒体广泛宣传建筑节能和绿色建筑的法律法规和政策措施，加强宣传和信息发布工作，将建筑节能和绿色建筑相关内容纳入全国节能宣传周、科技活动周、城市节水宣传周、世界环境宣传日、世界水日等活动的重要内容。编写绿色建筑和建筑节能科普读物，开展经常性的宣传活动。近年来开展的主要宣传活动有以下几方面：

6.2.1 绿建相关信息宣传

宣传内容以国内外绿色建筑发展的最新动态和技术成果、政策信息等为主，通过网站、微信、微博、QQ 群、订阅邮件等多渠道定期发布（如图 6-1、图 6-2）。湖南省住房和城乡建设厅依托建设科技与建筑节能协会发行了《湖南省建设科技与建筑节能》内刊，创建了湖南省建设科技与建筑节能网站，并做到每周一更新；湖南省绿色建筑产学研结合创新平台创刊《湖南省绿色建筑简报》，为湖南省提供国内外绿色建筑发展的最新动态和技术成果；平台成员单位长沙绿建节能科技有限公司以电子版形式定期发布《绿色建筑信息周刊》，

图 6-1　绿色建筑相关信息宣传途径

图 6-2　绿色建筑相关信息发布

作为宣传绿色建筑的重要窗口，介绍湖南省及国内外绿色建筑发展动态；湖南省绿色建筑专业委员会网站、微信、微博均定时更新政策信息和行业动态。

通过宣传，增强了群众对建筑节能和绿色建筑的了解，提高了社会大众建筑节能意识，为建筑节能和绿色建筑工作的开展营造了良好的社会舆论氛围。

6.2.2 现场活动宣传

湖南省绿色建筑专业委员会协助湖南省住房和城乡建设厅，长沙市、常德市、衡阳市等地住房和城乡建设局制作了绿色建筑宣传展板、绿色建筑50问，并向市民派发绿色建筑宣传手册等资料（如图6-3），让绿色建筑惠及万家。

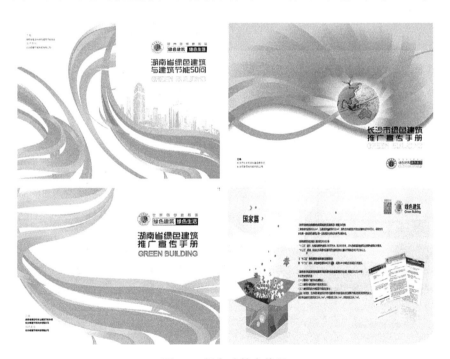

图6-3　绿色建筑宣传品

2012年5月，平台成员单位长沙绿建节能科技有限公司参加了长沙市33届夏季房交会，制作了大型"绿色建筑改变生活"宣传展板和印发了10000份绿色建筑50问的宣传推广资料，让更多的开发企业和市民了解绿色建筑。

2017年11月，湖南省绿色建筑专业委员会主办了在长沙召开的2017中国（长沙）装配式建筑与建筑工程技术博览会。

2017年11月、12月，湖南省绿色建筑专业委员会协同中国中铁股份有限公司长沙地铁 5 号线一标项目部举办了两场"2017绿色地铁观察观摩交流会"。中国建设报、湖南政法频道、湖南省广播电台经济频道、长沙新闻频道、红网等新闻媒体参加观摩。在观摩过程中，中铁五局利用二维码、宣传板、人员讲解等多种方式让观摩人员全方位了解项目绿色施工全过程。

6.3 绿色建筑培训

6.3.1 学术交流

加强对外交流合作，坚持"走出去、引进来"。积极与住房和城乡建设部科技与住宅产业化促进中心、中国建筑节能协会、工程建设标准化协会等国家级建筑节能机构和其他兄弟省份加强交流，积极组织有关单位参加历届绿色建筑大会以及"保温材料高峰论坛""遮阳行业发展高峰论坛"等国内建筑节能重要活动。

2011 年 3 月，参加了在北京召开的"第七届国际绿色建筑与建筑节能大会"；9 月，湖南省绿色建筑专业委员会参加了在新加坡召开的"2011 年国际绿色建筑大会"；10 月 20—21 日参加了在南京召开的"夏热冬冷地区绿色建筑联盟成立大会暨第一届夏热冬冷地区绿色建筑技术论坛"。

2011 年 10 月 18 日，湖南省绿色建筑专业委员会部分专家与中国建科院上海分院的专业技术人员开展了交流座谈会。会议上，介绍了湖南省绿色建筑评价标识工作的进展情况，并认真交流学习了中国建科院上海分院在参与绿色建筑评价标识申报与工程咨询设计过程中的先进经验。

2012 年 5 月，湖南省绿色建筑产学研平台成员单位湖南省建筑设计院有限公司邀请中国建科院上海分院孙大明总工一行到湖南省建筑设计院有限公司进行交流座谈会。会上，孙总重点介绍了中国建科院上海分院在绿色建筑设计与咨询方面所做的大量工作，并与参会的设计人员进行了互动交流。参与交流人员达 120 余人次。

2013 年 3 月，湖南省绿色建筑产学研平台成员单位参加了在北京召开的"第九届国际绿色建筑与建筑节能大会"，并在会后参观了北京市部分绿色建筑项目。

2013 年 10 月，湖南省绿色建筑产学研平台成员单位参加了在重庆召开的

"第三届夏热冬冷地区绿色建筑联盟大会"。

2013 年 10 月，湖南省绿色建筑产学研平台部分专家参加了在海南万宁召开的"全球智慧城市高峰论坛（万宁）筹备大会"。

2013 年 10 月、11 月，湖南省绿色建筑产学研平台成员单位配合长沙大河西先导区管委会、湖南省住房和城乡建设厅分别接待了桂林市住房和城乡建设局、重庆市绿色生态城市考察团、江苏太仓市住房和城乡建设局，住房和城乡建设部科技发展促进中心的领导和专家来梅溪湖绿色生态新城进行考察和交流活动。

2014 年在"中国建设报""两型社会改革与建设""中国绿建委绿色建筑简报"，全国相关绿色建筑会议论文集等报纸和杂志发表绿建相关文章 14 篇。

2013 年 4 月，湖南省绿色建筑产学研平台部分专家参加了在昆明举办的全国工程项目节能减排达标竞赛活动及绿色施工示范工程经验交流会并作"绿色施工从现在做起"专题讲座。

2013 年 5 月，湖南省绿色建筑产学研平台部分专家参加了在北京举办的"全国建筑业绿色施工经验交流会暨参观第二届中国（北京）国际服务贸易交易会"并作"绿色施工数据收集与分析"专题讲座。

2013 年 6 月，平台部分专家参加了在南京举办的建设工程项目负责人绿色施工达标培训班并作"建筑工程绿色施工规范诠释"的专题讲座。

2014 年 11 月，湖南省绿色建筑专业委员会协办了在湖北召开的"第四届夏热冬冷地区绿色建筑联盟大会"，湖南省绿色建筑专业委员会一行 10 余人参加了本次学术会议。同时应邀主持了"既有建筑绿色改造、绿色施工技术实践"论坛并在"绿色建筑设计研究，长江流域采暖探讨"论坛作了名为"建筑设计中的被动技术"的专题演讲，同时在"既有建筑绿色改造、绿色施工技术实践"论坛发表了名为"推广绿色施工，确保绿色建筑全寿命绿色"的专题演讲。

2015 年 3 月 24 日，中国绿色建筑与节能委员会第八次全体委员会议召开，湖南省绿色建筑专业委员会部分专家当选为中国绿色建筑与节能委员会委员。

2015 年 4 月 16 日，湖南省建设科技与建筑节能协会第一届理事会三次会议在长沙顺利召开。湖南省绿色建筑专业委员会秘书长在会上从绿色建筑标识评价工作、专题研讨和培训、宣传推广、科研课题和政策研究等 6 方面做了工作情况汇报。

2015 年 4 月 17 日，由湖南省绿色建筑专业委员会副主任委员单位湖南大学主办的"可持续城市与建筑发展国际学术研讨会暨第三届国际通风冷却项目专家会议"在长沙枫林宾馆顺利召开。设置了可持续城乡规划与建设理论、可持续城市绿色基础设施实践、绿色园区与绿色建筑实践、可持续教育理论与实践等 4 场主题论坛。加强国内外的学术和技术交流，为湖南省长株潭城市群的城市和建筑可持续发展的理论、实践和教育推广提供一个良好的交流平台。

2015 年 6 月 10—13 日，湖南省绿色建筑专业委员会部分专家赴福建省福州市、浙江省杭州市进行考察调研，并与福建省海峡绿色建筑发展中心、浙江省绿色建筑协会等业内同行开展了交流座谈活动。

2015 年 6 月，湖南省绿色建筑产学研平台成员参加了中国绿色建筑与节能专业委员会、中国绿色建筑与节能专业委员会绿色校园学组、中国绿色建筑与节能（香港）委员会、中国绿色建筑与节能（澳门）协会、香港城市大学合作举办的中国绿色校园论坛。

2015 年 11 月 12 日，湖南省建设科技与建筑节能协会绿色建筑专业委员会在湖南建工大厦召开第一届委员会第二次会议暨 2015 年度全体会员大会。

2015 年 11 月，以"绿色、低碳、发展"为主题的 2015 中国（湖南）住宅产业化与绿色建筑发展论坛暨新技术产品博览会，在湖南国际会展中心隆重召开，为期 3 天。除主论坛外，此次大会共设置 11 场分论坛，湖南省建设科技与建筑节能协会绿色建筑专业委员会承办了绿色建筑与设计创新、绿色施工与绿色建筑运营管理、绿色生态城区与发展 3 个分论坛。同期召开第二届节能减排财政政策综合示范论坛暨中国国际节能减排产业博览会。据统计，博览会共吸引了省内外 200 多家企业参展，共计 27000 余人次参加展会及论坛。

2016 年 3 月 10 日，湖南省建筑节能与科技工作会议在长沙召开。

2016 年 5、7 月，湖南省建设科技与建筑节能协会绿色建筑专业委员会分别接待了浙江省绿色建筑与建筑节能协会、广西壮族自治区住房和城乡建设厅组团来湘考察调研，促使湖南省与浙江省、广西壮族自治区两省绿色建筑与建筑节能的工作交流。

2016 年 5 月 26 日，湖南省绿色建筑专业委员会和湖南省建筑师学会在长沙梅溪湖共办了主题为"回归绿色——关于新建筑方针的思考"的主题沙龙活动。参加人数 60 余人次（如图 6-4）。

图 6-4　绿色建筑交流及培训宣贯 –1

2016 年 9 月 21 日，由湖南省建筑设计院有限公司和湖南省建设科技与建筑节能协会绿色建筑专业委员会联合主办的"生态建筑设计案例解析"讲座活动在湖南省建筑设计院有限公司学术报告厅（二楼）举行，共计数百人到场参加。

2016 年 12 月湖南省建设科技与建筑节能协会绿色建筑专业委员会第一届三次会员代表大会议暨 2016 年学术年会在湖南省建筑设计院有限公司总部一楼召开，共计 200 余人出席本次会议。

2017 年 3 月 15 日绿色施工观摩交流会（第一期）在长沙举行。湖南省住房和城乡建设厅，湖南湘江新区管委会，长沙、株洲、衡阳等地市建设行政主管部门，湖南省建设科技与建筑节能协会等领导亲临参与，中铁城建集团有限公司副总经理王忠良出席并致辞。来自湖南建工集团有限公司、远大集团有限责任公司、五矿二十三冶建设集团有限公司、湖南省建筑设计院有限公司、长大建设集团股份有限公司、长房集团等多家建筑单位的领导、专家、技术人员等 500 余人齐聚中铁城建集团"中国铁建·洋湖垸"一期工程项目，详细了解项目绿色施工创新研究与实践成果（如图 6-5）。

图 6-5　绿色建筑交流及培训宣贯 –2

2017 年 6 月 15 日，由湖南省建设科技与建筑节能协会绿色建筑专业委员会、湖南省建筑设计院有限公司（HD）联合主办的"2017 年湖南（HD）绿色设计论坛（第二场）"交流活动在 HD 总部办公楼国际报告厅举行。论坛由湖南省绿专委主任委员、HD 副总建筑师殷昆仑主持。共计 300 余人出席活动。

2017 年 7 月，湖南省建设科技与建筑节能协会绿色建筑专业委员会组织考察团赴广东省广州市、深圳市进行考察调研，并与广东省建筑节能协会绿色建筑专业委员会、深圳市绿色建筑协会和深圳世纪星源股份有限公司等业内同行开展了交流座谈活动。

2017 年 9 月 11 日，湖南省绿色建筑专业委员会在湖南大学建筑学院举办了澳大利亚绿色建筑交流学术沙龙活动，进一步学习国外绿色建筑先进理念，探讨了湖南省绿色建筑的发展方向。

2017 年 9 月 15 日湖南绿色设计论坛举办了第三次学术交流盛会。论坛邀请国内在生态景观、绿色市政领域具有深入研究和实践经验的两位专家作主题演讲。湖南省住房和城乡建设厅、长沙市住房和城乡建设委员会及省内行业协会、设计机构、高校、相关企业等单位领导和代表参加论坛，并与大家共同探讨绿色设计发展。

2017 年 11 月，中国城市科学研究会绿色建筑与节能专业委员会、湖南省绿色建筑专业委员会在长沙共同主办了"第七届夏热冬冷地区绿色建筑联盟大会"。会议主题是绿色建筑引领工程建设全面绿色发展，大会旨在发挥绿色建筑的引领作用，全面推动工程建设行业的绿色发展。大会设有绿色建筑设计与实践、装配式建筑与建筑工程、绿色施工、绿色市政与绿色景观等专题论坛。湖南省绿色建筑专业委员会主持了"绿色市政与绿色景观"论坛并在"绿色施工与绿色建筑技术"论坛发表了名为"绿色建材评价发展与实践经验探讨"的专题演讲。

6.3.2 培训宣贯

加强培训力度，2014 年在湖南省委党校对湖南省 122 个县市区的建筑节能管理人员进行封闭式的建筑节能综合培训，并督促湖南省各地不定期开展建筑节能宣传培训。4 年来共开展建筑节能与绿色建筑方面宣贯培训近万人次。

2011 年在湖南省内参加了湖南省住房和城乡建设厅组织的"可再生能源利

用及建筑节能研讨会"，以及长沙市住房和城乡建设委员会组织的"长沙市两型社会宣贯培训会"。

2011年7月20—21日，湖南省绿色建筑产学研平台组织部分专家参加了住房和城乡建设部在北京举办的"绿色建筑评价标识专家培训会"，并顺利通过考核，获得培训合格证书，成为湖南首批获得住房和城乡建设部绿色建筑评价标识专家委员会成员。同时，湖南省绿色建筑产学研平台组织专家在湖南省建筑设计院有限公司开展了4场绿色建筑学术讲座，分别为"绿色建筑发展与湖南实践""气候·绿色建筑·适宜技术""建筑屋顶绿化与墙体垂直绿化""绿色建筑——一种生活方式"。这些学术讲座提升了设计人员对绿色建筑创作思路的深入认识，参与人数达500余人次，教育培训效果明显。

湖南省绿色建筑产学研平台部分专家应邀前往浏阳市住房和城乡建设委员会、湖南省林业勘察设计研究院、人健企业集团等政府、企事业单位开展绿色建筑相关教育培训工作，并作了主题讲座，培训人员累计达400余人次。

2011年4—6月，湖南省绿色建筑产学研平台成员单位，湖南省建筑设计院有限公司组织建筑、设备专业设计人员进行了建筑节能与绿色建筑的专项培训活动，并进行了考核，参加人数200余人次。

2011年12月，湖南省绿色建筑产学研平台成员单位湖南省建工集团举办了高级职称继续教育培训，主要内容为绿色建筑与施工，参加人数300余人次。

2012年4月，湖南省绿色建筑产学研平台协助湖南省住房和城乡建设厅举办了湖南省绿色建筑评价标识评审专家培训会议，会议为期一天半时间，邀请了8位住房和城乡建设部绿色建筑评价标识评审专家对湖南省绿色建筑评价标识专家库成员进行了专业培训，参加人数约390人次。

2012年7月，湖南省绿色建筑产学研平台成员单位湖南省建筑设计院有限公司开展了"绿色建筑发展与湖南实践"的专题讲座，参与培训的建筑设计人员100余人次。

2011—2012年，湖南省绿色建筑产学研平台成员单位湖南建工集团有限公司组织其企业技术中心绿色施工专职管理人员多次到绿色施工实施工程现场作绿色施工示范工程创建指南讲座，累计参与培训人员100余人次。

2012年8—12月，湖南省绿色建筑产学研平台部分专家应株洲市住房和城乡建设局邀请，举行了4期"建筑节能与绿色建筑"专题讲座，参与培训的建设、设计、施工、监管、管理等单位人员 800 余人次。

2012 年 12 月，湖南省绿色建筑产学研平台部分专家应长沙县住房和城乡建设委员会邀请，举行了绿色建筑专题讲座，参会人员 150 余人次。

2013 年 4 月，湖南省绿色建筑产学研部分平台部分专家应湖南省建筑节能与科技协会和娄底市住房和城乡建设局邀请，参加在娄底市住房和城乡建设局办公楼大型会议室主办的为期 4 天的娄底市建筑节能培训班，在会议上进行了"绿色建筑适用技术与案例分析"的讲座，培训人员近 300 人次。

2013 年 5 月，湖南省绿色建筑产学研部分平台部分专家应湖南省建筑节能与科技协会邀请，在"建筑业十项新技术之绿色施工技术"上讲课，培训人员约 300 人次。

2013 年 9 月，湖南省绿色建筑产学研平台部分专家应湖南省建筑节能与科技协会和郴州市住房和城乡建设局的邀请，在郴州国际大酒店举行了"绿色建筑发展与实践"的讲座，培训人员达 240 人次。

2013 年 11 月，湖南省绿色建筑产学研平台成员单位湖南建工集团有限公司组织了全集团范围内的新技术培训，平台部分专家作"推广绿色施工实现节能减排"的专题讲座，培训人员达 300 余人。

2013 年 11 月，湖南省绿色建筑产学研平台部分专家应湖南省建筑节能与科技协会和岳阳市住房和城乡建设局的邀请，参加了在岳阳市党校举行的"建筑节能与绿色建筑专题讲座"，并进行了"绿色建筑技术应用与实践"课程，培训人员达 400 余人次。

2014 年 12 月，湖南省绿色建筑专业委员会成员单位参加了在北京召开的新版国家标准《绿色建筑评价标准》宣贯培训会（如图 6-6）。

2014 年，绿色建筑宣传培训延伸到地州市，湖南省绿色建筑专业委员会秘书长应邀在常德、娄底、邵阳等地住房和城乡建设局开展绿色建筑培训讲座，培训人员 1500 多人次。

2015 年 4 月 29 日由长沙市住房和城乡建设委员会、住房城乡建设部科技与产业化发展中心联合举办的"《长沙市绿色建筑项目管理规定》及配套技术文件宣贯培训会"在长沙召开。长沙市住房城乡建设委员会李冬对《长沙市绿色建筑项目管理规定》进行了具体说明。参与编制规定的专家分别按暖通、结构、建筑（含景观）、给水排水、电气专业，对设计要点及审查规定进行了解

图 6-6 《绿色建筑评价标准》宣贯培训

读。共计 100 余人参加了会议。

2016 年，湖南省绿色建筑专业委员会分别在长沙、株洲、湘潭举办关于《湖南省绿色建筑评价标准》DJB 43/T 314—2015 宣贯培训班。3 月 11—12 日，在长沙理工大学国际学术交流中心举行了《湖南省绿色建筑评价标准》DBJ 43/T 314—2015 宣贯培训，约 300 多位专业技术人员及管理人员参会。7 月 7—8 日，《湖南省绿色建筑评价标准》DBJ 43/T 314—2015 宣贯培训在株洲举办，约 100 多位专业技术人员及绿色建筑管理人员参会。

表 6-1

年份	时间	事件
2011 年	3 月	参加了在北京召开的"第七届国际绿色建筑与建筑节能大会"
	4—6 月	举办建筑节能与绿色建筑的专项培训活动，并进行了考核
	7 月 20—21 日	平台组织部分专家参加了住房和城乡建设部在北京举办的"绿色建筑评价标识专家培训会"获得培训合格证书
	9 月	参加了在新加坡召开的"2011 年国际绿色建筑大会"
	10 月 18 日	与中国建科院上海分院的专业技术人员开展了交流座谈会
	10 月 20—21 日	参加了在南京召开的"夏热冬冷地区绿色建筑联盟成立大会暨第一届夏热冬冷地区绿色建筑技术论坛"
	12 月	举办了主要内容为绿色建筑与施工的高级职称继续教育培训

续表

年份	时间	事件
2012 年	4 月	举办了"湖南省绿色建筑评价标识评审专家培训会议"
	5 月	中国建科院上海分院专家受邀到湖南省建筑设计院有限公司进行交流座谈会
	7 月	开展了"绿色建筑发展与湖南实践"的专题讲座
	8—12 月	应株洲市住房和城乡建设局邀请，举行了 4 期"建筑节能与绿色建筑"专题讲座
	12 月	应长沙县住房和城乡建设委员会邀请，举行了绿色建筑专题讲座
2013 年	3 月	参加了在北京召开的"第九届国际绿色建筑与建筑节能大会"
	4 月	参加了在昆明举办的"全国工程项目节能减排达标竞赛活动及绿色施工示范工程经验交流会"
	4 月	应湖南省建筑节能与科技协会和娄底市住房和城乡建设局邀请，举行了为期 4 天的"娄底市建筑节能培训班"
	5 月	参加了在北京举办的"全国建筑业绿色施工经验交流会暨参观第二届中国（北京）国际服务贸易交易会"
	5 月	应湖南省建筑节能与科技协会邀请，在"建筑业十项新技术之绿色施工技术"上讲课
	6 月	参加了在南京举办的"建设工程项目负责人绿色施工达标培训班"
	9 月	应湖南省建筑节能与科技协会和郴州市住房和城乡建设局的邀请，举行了"绿色建筑发展与实践"课程
	10 月	参加了在重庆召开的"第三届夏热冬冷地区绿色建筑联盟大会"
	10 月	参加了在海南万宁召开的"全球智慧城市高峰论坛（万宁）筹备大会"
	10—11 月	分别接待了桂林市住房和城乡建设局、重庆市绿色生态城市考察团、江苏太仓市住房和城乡建设局、住房和城乡建设部科技发展促进中心的领导和专家来梅溪湖绿色生态新城进行考察和交流活动
	11 月	湖南建工集团有限公司组织在全集团范围内的新技术培训
	11 月	应湖南省建筑节能与科技协会和岳阳市住房和城乡建设局的邀请，参加了在岳阳市党校举行的"建筑节能与绿色建筑专题讲座"
2014 年	7 月 29 日	湖南省建设科技与建筑节能协会绿色建筑专业委员会（简称"湖南省绿专委"）在长沙成立

年份	时间	事件
2014 年	11 月	湖南省绿色建筑专业委员会协办了在湖北召开的"第四届夏热冬冷地区绿色建筑联盟大会"
	12 月	湖南省绿色建筑专业委员会成员单位参加了在北京召开的新版国家标准《绿色建筑评价标准》宣贯培训会
2015 年	3 月 24 日	中国绿色建筑与节能委员会第八次全体委员会议
	4 月 16 日	湖南省建设科技与建筑节能协会第一届理事会三次会议在长沙顺利召开
	4 月 17 日	"可持续城市与建筑发展国际学术研讨会暨第三届国际通风冷却项目专家会议"在长沙枫林宾馆顺利召开
	4 月 27 日	2015 年全省建筑节能与科技工作研讨会在长沙召开
	4 月 29 日	"《长沙市绿色建筑项目管理规定》及配套技术文件宣贯培训会"在长沙召开
	5 月 19 日	组织《湖南省绿色建筑评价标准》编制组专家到五矿·万境财智中心进行三星绿色建筑设计、施工现场调研和运营标识创建交流
	6 月 10—13 日	湖南省绿专委赴福建、浙江考察调研
	6 月 19—20 日	中国绿色校园论坛
	6 月 29 日	湖南绿色生态城标准工作研讨会在湖南省建筑工程集团总公司召开
	11 月 12 日	湖南省建设科技与建筑节能协会绿色建筑专业委员会第一届委员会第二次会议暨 2015 年度全体会员大会
	11 月 20—22 日	以"绿色、低碳、发展"为主题的 2015 中国(湖南)住宅产业化与绿色建筑发展论坛暨新技术产品博览会在湖南国际会展中心隆重召开
	11 月 21 日	2015 中国(湖南)住宅产业化与绿色建筑发展论坛暨新技术产品博览会分论坛
2016 年	3 月 10 日	湖南省建筑节能与科技工作会议
	3 月 11—12 日	《湖南省绿色建筑评价标准》DBJ 43/T 314—2015 宣贯培训
	4 月 15 日	长沙理工大学绿色建筑分享交流
	5 月 6 日	浙江省绿色建筑与建筑节能协会来湘考察调研
	5 月 26 日	"回归绿色——关于新建筑方针的思考"的主题沙龙活动
	7 月 7—8 日	《湖南省绿色建筑评价标准》DBJ 43/T 314—2015 株洲、湘潭站宣贯培训
	7 月 26 日	广西壮族自治区住房和城乡建设厅组团来湘考察
	9 月 26 日	"生态建筑设计案例解析"讲座活动

续表

年份	时间	事件
2016 年	12 月	湖南省建设科技与建筑节能协会绿色建筑专业委员会第一届三次会员代表大会议暨 2016 年学术年会
2017 年	3 月 15 日	绿色施工观摩交流会（第一期）
	6 月 15 日	湖南（HD）绿色设计论坛（第二场）顺利举办
	7 月 7—11 日	湖南省绿专委组织赴广州、深圳考察调研
	9 月 11 日	澳大利亚绿色建筑交流学术沙龙活动
	9 月 15 日	"湖南绿色设计论坛"举办了第三次学术交流盛会
	11 月	"第七届夏热冬冷地区绿色建筑联盟大会"在长沙举办
	11 月	2017 中国（长沙）装配式建筑与建筑工程技术博览会
	11—12 月	2017 绿色地铁观察观摩交流会
	11 月 30 日	绿色地铁施工现场观摩

第7章 绿色建筑发展借鉴

■ 7.1 发达国家绿色建筑发展动态

7.1.1 英国绿色建筑发展动态

英国是绿色建筑起步较早的国家之一，早在1990年推出了世界上首个绿色建筑评价体系——英国建筑研究院环境评价方法（BREEAM），对其他国家的绿色建筑评价体系有深远的影响。英国绿色建筑政策法规体系也很完善，有力推动了绿色建筑产业的发展。

1. 英国绿色建筑主要政策法规

1997年12月，欧盟在日本京都签署了《京都议定书》，承诺至2012年把碳排放量在1990年基础上减少8%。英国也是当时签署条约的15个成员之一，自愿至2012年减排12.5%。作为碳排放大户的建筑业承担着英国50%的减排任务。2015年英国宣布在2016年前将使该国所有的新建住宅建筑物实现碳零排放，到2019年所有非住宅新建建筑必须达到碳零排放。为了达到承诺的减排目标，英国政府对本国的建筑业可持续发展十分关注，尤其在绿色建筑方面的政策法规体系的建立完善方面，开展了大量的工作。

作为欧盟成员国，英国建立了以"国际条约＋国内法"为主要形式，一整套有机联系且相当完备的绿色建筑相关政策法规体系。国际条约包括全球性条约（如《京都议定书》等有关协定）和欧盟法令；国内法由基本法案（Act）、专门法规（Regulation）、技术规范（Code和Guidance）3个层次组成。适用于英国绿色建筑的欧盟指令主要有《节能指令》《能效标识指令》《锅炉能效指令》《节能减排指令》（于2006年4月被《能源利用效率和能源服务指令》代替）和《家用冰箱和冰柜能效指令》等。其中较为重要的是《建筑能效指令》（修订版本将于 2020 年开始生效），该指令对英国绿色建筑的相关法律法规的制定具有深远的影响，主要是规定了各成员国必须制定建筑能效最低标准、建筑物用能系统技术导则和建筑节能监管制度，实行建筑能源证书制度。

英国现行与绿色建筑相关的法规包括：《气候变化法案》《建筑法案》《可持续和安全建筑法案》《家庭节能法案》《住宅法案》《建筑法规》《建筑产品法规》《建筑能效法规（能源证书和检查制度）》以及《可持续住宅规范》等。

《建筑法规》是英国建筑业的指导法规，针对建筑的节能性能、可再生能源的利用和碳减排等方面规定了最低的性能标准，有着非常重要的地位。以建筑节能性能为例，《建筑法规》考虑了建筑各个部分的节能性能，比如建筑的围护结构、供暖系统、照明系统和空调系统等，并为各个部分的节能性能参数设定了最低性能标准。日前，英国政府对《建筑法规》中住宅新建建筑的标准最低值做了调整，与《可持续住宅规范》保持一致。实施建筑能效标识是英国政府推广绿色建筑行之有效的举措之一。《建筑能效法规（能源证书和检查制度）》是英国政府为了促进建筑能效标识而制定的重要法规，其主要内容是关于建筑能源证书，包括住宅建筑能效证书（Energy Performance Certificates，简称 EPCs）、公共建筑展示能效证书（Display Energy Certificates，简称 DECs）和空调系统的检查制度。在英国，EPCs 是根据计算有关能效的 CO_2 排放数值，评估确定其能效级别。EPCs 作为财产交易的一部分，在建筑物的建设、买卖和租赁过程中，均要求出示。根据公共建筑在超过一年时间内的实际能源消耗数值，评估其能耗水平，即实测或运行等级。所有大于 1000m² 的公共建筑，均要求将 DECs 陈列在显要位置，以接受公众和主管单位的监督。

为了更好地指导建筑业进行建筑节能设计和改造，英国政府委托英国建筑研究院制定了《可持续住宅规范》。该规范是为新建住宅建筑设计的可持续性进行评价，于 2007 年 4 月取代了《生态住宅评估》（BREEAM Ecohome），具有一定的法律强制性。该规范自 2008 年起对英格兰的所有新建住宅和威尔士政府及相关部门资助或者推荐的新建住宅，以及北爱尔兰地区的所有新建的独立公租屋强制执行建筑评价。该规范对新建住宅建筑的能效和碳排放、节水、建材、地表径流、废弃物、污染、健康和福利、运营管理、生态等方面进行评价，并根据建筑的碳排放水平划分为 6 个标准级别，分别用 1 ～ 6 星级来表示。

2. 评价体系

英国绿色建筑市场上现行的评价体系，除了有关建筑节能政策法规中要求强制执行的标准以及《可持续住宅规范》之类半强制要求的建筑标准外，还有由不同组织独立开发的各种绿色建筑评价体系。这些评价体系包括规定建筑各部分最低运行水平的评价标准和描述测算模型的测算工具两部分。测算模型数量众多，其中比较重要的包括《可持续住宅规范》中规定使用的标准评价工具和英国建筑研究院开发的居住建筑能耗研究模型。评价标准也非常多，如被动式节能屋标准、环保建筑协会低碳标准、国家住宅能源评价体系和英国皇家建筑设备工程师学会基准。

由英国建筑研究院制定的英国建筑研究院环境评价方法 BREEAM 是在英国绿色建筑市场上应用最为广泛、信誉度最高，体系结构也是相对比较完善的绿色建筑评价体系，是世界上第一个绿色建筑评价体系。它目前有 4 个版本，分别是英国版本、欧洲版本、海湾地区版本和世界其他地区的国际版本，其评价结果分为 4 个等级，分别是合格、良好、优良、优异。BREEAM 包括管理、能源、健康舒适、污染、交通、土地使用、生态、材料、水资源等九大方面的内容。其评估方式是当建筑物超过某一指标基准时，就获得该项分数，每项指标分值相同，评分标准根据评价内容而有不同规定。该认证在欧洲、中东都有成功的认证项目，截至 2017 年 12 月，有超过 56 万幢建筑完成了 BREEAM 认证，另有超过 227 万幢建筑正在申请认证中。

BREEAM 相比 LEED、CASBEE 等评价体系最大的优势就是它考虑了全球地域性的差异，同时又不失项目认证的可比性。BREEAM 评估在基本评估内容不变的情况下，根据项目当地实际情况调整得分权重以此来反映地域性的差异。例如海湾地区的主要问题是缺水，则海湾版本通过改变权重系数的方式，使得评估更加强调了节水。

由于是世界上的第一套建筑环境性能评价体系，BREEAM 后来在一定程度上成为其他评价体系（例如美国的"绿色建筑评估体系"）借鉴的对象。该套体系于 1990 年由英国建筑研究所（Building Research Establishment，简称 BRE）开发问世，体系致力于减少建筑物的环境影响，使建筑朝着节能环保方面发展，评价范围包含了室内环境、能源、材料与资源、环境破坏等几方面的内容。

建筑研究所环境评估法的评分步骤如下：首先，根据被评估建筑确定需评估的部分，如核心部分或核心部分＋设计和实施等；然后，计算被评估建筑在各环境表现分类中的得分及其占此分类总分数的百分比；再则，乘以分类的权重系数，即得到被评估建筑在此分类的得分；最后，被评估建筑每个分类的得分累加即得到总分。

为了易于被理解和接受，建筑研究所环境评估法采用了一个相当透明、开放和比较简单的评估架构。所有的"评估条款"分别归类于不同的环境表现类别，这样根据实践情况变化对建筑研究所环境评估法进行修改时，可以较为容易地增减评估条款。被评估的建筑如果满足或达到某一评估标准的要求，就会获得一定的分数，所有分数累加得到最后的分数，建筑研究所环境评估法根据建筑得到的最后分数给予"通过、好、很好、优秀"4 个级别的评定，最后则由 BRE 给予被评估建筑正式的评定资格。

从最早的 BREEAM 开始，至今已经有一批定量客观、科学完备的绿色建筑评估体系在英国乃至国际市场上广泛应用。英国绿色建筑评价体系的特点可总结为：①以定量化的指标保证客观性；②以第三方评价加 BRE 监督的管理体制保证可靠性；③以政府的强力支持为依托拥有很高的市场占有率；④与绿色建筑政策法规紧密相连，保持更新引领绿色建筑市场。

英国绿色建筑政策法规为绿色建筑产业的发展提供了有力的保障，其主要特点如下：①建立了完善的绿色建筑政策法规体系和评价体系，明确各方监管责任。健全的政策法规体系是绿色建筑顺利推行的基础。英国自 20 世纪 90 年代建立起健全的绿色建筑政策法规体系，并对监管部门的责任范围进行了明确的界定，这是英国绿色建筑规范发展的重要保障。②利用公共财政，建立长效而实际的节能激励机制。英国政府为了鼓励绿色建筑，利用公共财政支持绿色建筑，制定了节能激励、碳排放约束与规范等方面的财税政策，包括开征能源税、税收减免、节能补贴等，建立有效的绿色建筑激励机制，鼓励开发商投资绿色楼盘和消费者购买节能建筑，培育出较为成熟的绿色建筑市场，这一点尤其值得我们学习。③关心民生，以家庭为单位促进住宅建筑节能。英国政府以各种形式，如强制节能和经济手段，将绿色建筑深入英国家庭的日常生活中。比如英国政府的"绿色家庭"计划和为节能信托基金产品提供的贴息或免息贷款。④借助政府力量推动发展，引导市场。英国政府以能源证书等形式强力推行绿色建筑的实施，比如以展示能效证书 DECs 形式对公共建筑的能耗情况进行监督，推动绿色建筑的市场化、产业化[8]。

7.1.2 美国绿色建筑发展动态

美国绿色建筑的发展可分为 3 个阶段：第一阶段是启动阶段，以美国绿色建筑委员会的成立为标志。1993 年美国绿色建筑委员会（US Green Building Council，以下简称"USGBC"）成立，政策关注点被扩展，除了能耗，建筑材料的安全性、室内空气质量甚至建筑用地选址等问题同样引起了社会关注。USGBC 是第三方的独立机构，由一些对绿色建筑有共识的组织组成，它的成立被认为是美国绿色建筑整体发展的开始，而绿色建筑的兴起被认为是美国最为成功的环境运动。第二阶段是发展阶段，以《2005 年能源政策法案》的发布为起点。《2005 年能源政策法案》是美国现阶段最为重要的能源政策之一，体现了国家的能源发展战略。这一法案对于建筑能源节约给予了前所未有的关注，对绿色建筑发展起到了关键性的促进作用。第三阶段是扩展阶段，以 2009 年初时任美国总统奥巴马签署的经济刺激法案为标志。这一法案中有超过 250 亿美元资金将用于建筑的"绿化"，发展绿色建筑成为美国能源改革和经济复苏的重要组成部分。

美国推进绿色建筑发展的主要政策工具包括 3 类：强制性的绿色建筑规范和标准、税收激励政策以及自愿性的产品和设备绿色标识等。

1. 强制性法规和标准

1）2005 年能源政策法案

《2005 年能源政策法案》（*Energy Policy Act of 2005*）对绿色建筑的发展是关键性的，这项法案包含了具体的经济激励政策来推进节能产品在民用建筑中的应用，特别是一整套的针对家庭节能改进的税收抵免政策；对联邦建筑执行的标准做了新的规定，即采用 2004 国际节能标准代码（ASHRAE Standard 90.1—2004），并希望进一步修订联邦建筑能效执行标准，规定未来联邦建筑必须达到一定的能效指标；要求到 2015 年联邦政府各机构的能源使用要消减到 2003 年的 80%，也规定了政府机构可以有一部分预算用于能源节约工作；对 15 种产品或设备设立了新的能效标准。

2）"标准 189"

2006 年，ASHRAE（the American Society of Heating，Refrigerating and Air-Conditioning Engineers，美国加热、制冷和空调工程师协会）/USGBC/ IESNA（the Illuminating Engineering Society of North America，北美照明学会）联合发布了"标准 189"——除低层住宅以外的高性能绿色建筑的设计标准。这一标准为绿色建筑提供了一个"一揽子建筑可持续性解决方案"，从设计、建造及管理维护等方面，将建立绿色建筑最低的基础来适应各区域对绿色建筑的要求。2010 年 1 月刚刚通过了"标准 189.1"。标准 189 的格式和结构是按照 LEED 绿色建筑评价体系来设定的，它涵盖的主要议题也类似于绿色建筑评价系统，包括可持续性、水资源利用效率、能源效率、室内环境品质和建筑对资源环境的影响。LEED 是 Leadership in Energy & Environmental Design 的简称，是由美国绿色建筑委员会制定并推出的能源与环境建筑认证系统（Leadership in Energy & Environmental Design Building Rating System），国际上简称 LEED，是一个自愿的，以一致同意为基础的，目的在于发展高功能、可持续建筑物的标准。由于 LEED 绿色建筑评级体系越来越得到社会的认可，所以标准 189 的目的是要作为申请 LEED 绿色建筑的基准线，以帮助绿色建筑逐渐成为社会共识。

2. 经济激励政策

美国政府在鼓励绿色建筑发展过程通过经济手段吸引市场对绿色建筑的选择，这些方式包括提供直接的资金或实物激励、税收和补贴，以及为绿色建筑发展创建市场（比如碳交易）。直接的激励和补贴对于推动绿色建筑发展是快速、直接的，而创建市场的方法对于绿色建筑和相关的节能环保技术长远发展是更有利的。

1）税收减免

在美国有多种与绿色建筑发展相关的税收激励政策。前文已经提到的《2005 年能源政策法案》中既包括了课税减免也包括课税扣除的规定。其中课税减免的规定是：商业建筑的所有者如果采取某些措施使得能源节约达到 ASHREA Standard 90.1—2004 标准的 50% 可获得 1.8 美元 / 平方英尺的课税减免。同时，该法案还有多项课税扣除的规定：对于商业建筑，如果使用太阳能或燃料电池设备可享有 30% 的税收扣除；对于新建住宅，如果所消耗的能源低于标准建筑的 50% 就有资格享受课税扣除；对于住户来说，选择节能设备可获 500～2000 美元的课税扣除。但是课税扣除政策有效的时间是 2006—2007 年，这一规定被认为不够合理，因为两年的激励还不足以对节能建筑产品和设施的市场产生很大的影响。

2）专项资金

美国能源部资助 LEED 绿色建筑评估标准的建立；美国能源部能源效率与可更新能源办公室（EERE）为推动可更新能源和能效技术的使用，提供多种激励方式，这些政策虽不是专门为绿色建筑发展制定，却对绿色建筑的发展至关重要。比如为可更新能源和新技术的发展和示范项目的建立提供资金。这种专项资金除提供给开发商、消费者、技术开发人员，也提供给州和地方政府。

3）碳交易

美国曾经通过二氧化硫排污权交易的方式成功解决了酸雨问题，试想如果建筑的所有者和开发企业能够通过碳减排而获得收益，这将对绿色建筑的发展有多大的推动作用。世界上第一个温室气体排放权交易机构是美国的芝加哥气候交易所，成立于 2003 年，与影响力更大的欧洲气候交易所不同，芝加哥气候交易所是自愿性质的，美国尚未建立强制性的减排目标，限制了其发展潜力。

3. 自愿性项目

自愿性项目是美国推动绿色建筑发展的另一有效手段。自愿性项目可以作为强制性规范的补充，因为它可以通过设定更高的建筑节能绩效标准来推动能源节约，并为未来建筑节能标准的改进提供基础。

1）能源之星

在美国，最为流行的自愿性手段是能源之星（Energy Star）。这是 1992 年由美国环境署和能源部开创的通过提高能效来达到温室气体减排目标的项目。据评估，2006 年该项目节能效果达 140 亿美元，温室气体减排相当于 2500 万车辆的减排量。迄今为止，已经有上千座商业和工业建筑得到能源之星标识。

2）绿色建筑评估体系

2000 年，USGBC 建立 LEED 绿色建筑评级系统。LEED 是美国第一个对商业项目的影响进行全面评价的评价体系。目前在世界各国的各类建筑环保评估、绿色建筑评估以及建筑可持续性评估标准中，LEED 被认为是最完善、最有影响力的评估标准之一，已成为世界各国建立各自建筑绿色及可持续性评估标准的范本。

LEED适用范围广泛，几乎适用于所有的民用建筑，甚至包括工业建筑。它的评价结果分为4个等级，分别是：铂金级、金级、银级、认证级。评价内容分为7大项，包括可持续场址、节水、能源与大气、材料与资源、室内环境质量、创新设计、本地优先。在每一个内容方面，它都提出评定的目的、要求、相应的技术及策略和提交评定文档的要求。截至2017年12月，全球超过9万个项目注册，其中的13947个项目通过了认证。

美国"绿色建筑评估体系"评定认证的特点是：①它是一种商业行为，所以会收取一定的佣金，它拥有成熟的商业流程，全球任何地方的项目都可以按照其透明的申请流程进行申报，保证了项目各方的利益。②它是第三方认证，既不属于设计方又不属于使用方，在技术和管理上保持高度的权威性。③企业采取自愿认证的方式进行评定，它是一个非强制性的建筑标准，致力于使建筑行业标准朝着健康舒适、高效环保的方向发展。正是这种保持高度权威性和自愿性的商业行为，美国"绿色建筑评估体系"在全球取得了很大的成功，并不断发展着。

LEED根据评定建筑物类型的不同，评定标准中条款要求和所占比重不同，分为必备条款和分值条款，必备条款不占分值，评定得分为全部分值条款评定得分的总和，从所有公布的评定标准可以看出能源与环境所占比重都是最高的，这也体现绿色建筑的特点。多数情况下，评定一个条款是否满足标准规定，可以通过审核建筑内是否安装针对该项的设备来确定，它要求评定的建筑物首先要进行注册，美国绿色建筑委员会提供在线注册业务，注册内容包括项目基本情况，业主、设计、工程师单位名称及负责人姓名，评定内容等，以及所选择的具有评定资格的评定单位名称及负责人姓名。

新引进的"评定申请模板信"，相应负责人员包括业主、设计师、工程师等，需要填写模板并署名声明申请评定建筑已经达到了相应条款中规定的要求，承诺所填写内容属实，新版本评定标准还简化了美国"绿色建筑评估体系"版本评定中要提交的文档资料的数量，比如涉及"腐蚀控制标准"条款的很多材料评分，要求其造价资料，而其造价分解为不同的人工和设备费用，难以取得相应信息，此类条款只要求工程师或者负责人员承诺已经达标，除非评审人员认为有必要提供时才提交，这个模板可以根据所填写信息自动计算拟评定建筑的预期等级，对难以确定分值的项目，系统根据所填信息自动进行估算设为默认值，同时还要提交评定标准中规定的文档资料。

在项目准备好进行评定后，评定单位审核确认项目具备评定基本要求，派驻有资质的评审人员进行评定，评定过程进一步要求提交重要的补充信息，随机抽取限量评定指标详细审定，如果与申请评定时提交资料不相符合，将抽取更多的指标进行详细审定，直到美国绿色建筑委员会评定人员确信所提交资料属实才认定评定结果，对于大多数项目，这种方式可以大量降低评定的工作量和费用，很显然，试图作弊的单位面临增加详细评定指标风险，评定费用也将会增大。对于要求认证的建筑，经过一年的跟踪和检测，满足该体系要求的首要条件，并达到其评分值，才能颁发相应证书，一般建筑物都必须达到一年的跟踪期[9]。

7.1.3 德国绿色建筑发展动态

DGNB 是由德国交通、建设与城市规划部（BMVBS）和德国绿色建筑协会（German Sustainable Building Council）共同参与制定的代表世界最高水平的第二代绿色建筑评估认证体系，是世界先进绿色环保理念与德国高水平工业技术和产品质量体系的结合。它包含了以下 6 个方面的内容：

1. 经济质量：包括使用期内的耗费、面积使用率、使用灵活性、价值稳定性等。

2. 生态质量：包括水、材料、自然空间的使用，污染物、危险物和垃圾的回收和处理。

3. 功能及社会：包括热工舒适度、空气质量、声学质量、采光照明控制，个性化需求、社会环境、环境设计的协调。

4. 过程质量：包括设计、施工、经营的管理，能耗管理和材料品质监督。

5. 技术质量：包括防火技术、室内气候环境，控制的灵活性、耐久性、耐候性等。

6. 基地质量：例如基础设施管理、微观和宏观质量控制、风险预测、扩建发展可能等。

DGNB 体系对每一条标准都给出明确的测量方法和目标值，依据庞大的数据库和计算机软件的支持，评估公式根据建筑已经记录或者计算出的质量进行评分，每条标准的最高得分为 10 分，每条标准根据其所包含内容的权重系数可评定为 0 ～ 3，因为每条单独的标准都会作为上一级或者下一级标准使用。根据评估公式计算出质量认证要求的建筑达标度。评估达标度分为金、银、铜级：50% 以上为铜级，65% 以上为银级，80% 以上为金级。最终的评估结果用软件生成在罗盘状图形上，各项的分支代表了被测建筑该项的性能表现，软件所生成的评估图直观地总结了建筑在各领域及各个标准的达标情况，结论一目了然。

DGNB 认证分为两大步骤，分别为设计阶段的预认证和施工完成之后正式认证。

对于如何计算建筑物的碳排放量，在德国 2008 年推出 DGNB 可持续建筑评估技术体系前，没有公认的系统科学的计算方法。以德国 DGNB 为代表的世界上第二代可持续建筑评估技术体系，首次对建筑的碳排放量提出完整明确的计算方法，在此基础之上提出的碳排放度量指标（Common Carbon Metrics）计算方法已在 2009 年 11 月得到包括联合国环境规划署（UNEP）机构在内的多方国际机构的认可。

与 LEED 体系相比，DGNB 体系在其所评估的 6 个领域都比 LEED 体系提出了更高的要求。与其他评估体系相比，DGNB 体系最突出的特点在于，它不仅仅是一部绿色建筑的评估体系，除了涵盖生态保护和经济价值这些基本内容外，DGNB 更提出了社会文化和健康与可持续发展的密切关系。例如在"社会文化与健康"这一部分中强调了居住者"冬（夏）季的舒适度""使用者的干预与可调性"，以及"建筑上的艺术设施"等。重视文化与艺术是德国社会生活一贯的传统。DGNB 第二代可持续建筑评估体系将社会文化与健康作为建筑性能表现的一部分，不仅体现了绿色环境，更将绿色生活、绿色行为的理念作为衡量建筑可持续性的一个方面，这将会有力推动可持续概念向全社会各个领域的延伸。

到 2017 年底，已有近 3000 个在德国和欧洲境内的项目获得认证，有一些已经落成，有一些正在建设之中。未来将陆续推出居住、商业、学校等不同建筑的评估认证标准。德国 DGNB 第二代可持续建筑评估认证体系，一经推出就在国际上获得了强烈的反响，许多欧洲和其他地区国家都对这一体系显示了浓厚的兴趣，表示愿意借鉴、引进这一先进完整的可持续建筑评估认证体系。

可以预见，随着世界范围可持续发展建筑重要性日益增强，DGNB 体系将会有广阔的发展前景，其科学、完整地建立在建筑整体性能基础之上的评价体系，对于完善和发展中国可持续建筑评估体系将会有很好的借鉴意义[10]。

7.1.4 日本绿色建筑发展动态

CASEBEE（Comprehensive Assessment System for Building Environment Efficiency）是在日本国土交通省的支持下，由企业、政府、学术界联合组成的"日本可持续建筑协会"合作研究的成果。它诞生于英国 BREEAM、美国 LEED、加拿大 GBTool 的评价体系之后，但发展迅速，已经从 CASEBEE 2001 更新到 CASEBEE 2014。根据不同阶段的情况，CASBEE 有 4 个版本，称为 4 个"工具"：初步设计工具、环境设计工具、环境标签工具、可持续运营和更新工具。CASBEE 的适用范围分为建筑、城市和社区管理 3 大类。建筑分为非住宅类建筑和住宅类建筑，前者包括办公建筑、学校、商店、餐饮、集会场所、工厂，后者包括医院、宾馆、公寓式住宅。适用于综合评价城市环境绩效。社区管理适用范围是部分或者整组的建筑群体评估室外环境，用于提高整个社区的环境性能。

CASBEE 追求计算结果的精确性，通过复杂的计算公式和权重系数的设立来反映被评建筑真实的情况。它分为建筑环境质量与性能（Q）与建筑外部环境负荷（L）两大部分。建筑环境质量与性能包括：室内环境、服务性能、室外环境。建筑环境负荷包括：能源、资源、材料、建筑用地环境。其中每个项目都含有若干小项，CASEBEE 采用 5 分制，最高水平为 5 分，一般水平为 3 分，最低要求为 1 分。参评项目通过建筑环境质量与性能和建筑外部环境负荷中各个子项得分乘以它们所对应权重系数，分别计算出 SQ 与 SL。评分结果显示在细目表中，可计算出建筑物的环境性能效率，即 BEE（Building Environmental Efficiency）值，$BEE = SQ/SL$。充分体现了可持续建筑的理念，即"通过最少的环境载荷达到最大的舒适性改善"，使得建筑物环境效率评价结果更加简洁、明确。

CASBEE 的等级划分为 5 个级别，用 S、A、B+、B-、C 表示，它们分别代表极好、很好、好、一般、差。该认证主要应用在日本，截至 2016 年 7 月已超过 500 个项目获得了该认证。

相比 LEED、BREEAM 等评价体系，CASBEE 对于建筑影响环境的敏感性更高，很多建筑全生命周期中的细节问题，都能充分地反映到 SBEE 的最终评价结果上 [11]。

7.1.5　加拿大绿色建筑发展动态

GBC（Green Building Challenge，绿色建筑挑战）是一种开放的评价体系，是由加拿大自然资源部（Natural Resources Canada）于 1998 年发起的一项国际合作行动。它的总体目标主要有 3 个，分别是：①促进建立最先进的建筑环境性能评估方法；②维持与观察可持续发展问题，确定绿色建筑相关性，特别是建筑环境评估方法中内容和结构；③促进学术研究者之间的交流。其核心内容是通过"绿色建筑评价工具"（GBTool）的开发和应用研究，发展一套统一的性能参数指标，建立全球化的绿色建筑性能评价标准和认证系统，使有用的建筑性能信息可以在国家之间交换，最终使不同地区和国家之间的绿色建筑实例具有可比性，为各国各地区绿色生态建筑的评价提供一个较为统一的国际化平台，从而推动国际绿色生态建筑整体的全面发展。

自 1998 年以来，GBC 经历了 GBC 98、GBC 2000、GBC 2002 和 GBC 2005 四个版本，评估范围包括新建和改建翻新建筑。GBTool 98 评价的性能类别包括资源的消耗、环境荷载等 100 多项指标。98 版本对性能类别的分类和命名不是十分清晰，这一点在以后的版本中得到了改善。评价指标以 4 个层次的树状结构进行组织，每一层级都有其相应的权重。每个具体的指标打分范围为 -2 ～ 5 分，其中 0 分为参考建筑等级，在以后的版本中被行业规范代替，-2 分为最差性能表现，5 分为极优性能表现。其数学模型是典型的分层加权线性合成法。

GBTool 2005 主要评估内容包括：

1. 建筑能耗：非再生能源使用（固有和运营附加的）、运营电力峰值、可再生能源使用。

2. 资源消耗：材料的使用与回收（生物基、当地生产、可拆卸、再循环）、灌溉用水使用、建筑系统。

3. 环境负荷：温室气体排放、废气、固体废物、雨水、污水、基地对区域的影响。

4. 室内环境质量：室内空气质量、通风、温度和相对湿度、日照和照明、噪声防治及音响效果。

5. 其他：地点选择（弃地利用、便于公共交通）、项目规划、城市设计（密度、混合使用、兼容性、本地植物和野生动物走廊）、楼宇控制、灵活性和适应性、维修经营业绩、社会和经济措施。

与其他的评价工具不同，GBTool 是国际合作的产物。在 GBC 2005 这一阶段中，参与国/地区的团队根据当地的实际情况对评价框架进行修正。每个国际 GBC 团队选择一些案例利用 GBTool 进行评价，并且在可持续建筑的系列国际会议上进行展示与讨论。这些评价案例，通常都会选择各个国家或地区的较优秀的实践项目，这样能对评价工具进行检视，还能让参与国家之间学习彼此建筑行业改善环境性能的经验。GBC 的参与国（地区）多数都已经拥有了本土的评价体系，但是，参与 GBTool 的开发研究过程，已经成为交流绿色建筑评价相关信息的一条重要通道。

GBTool 作为一个较复杂的研究性的新型绿色生态建筑评价工具，从实用的角度看，其内容显得过于详细，操作较复杂，结果也不适应市场对生态建筑评定等级的需求；但它兼具国际性和地区性及评价基准上的灵活性特征，仍然吸引了越来越多的国家加入共同研究和实践的行列 [12]。

7.1.6 新加坡绿色建筑发展动态

在全世界越来越重视环境问题和可持续发展的今天，新加坡在倡导绿色建筑及环境可持续方面进行了积极的探索和实践。在政府倡导"绿色城市"的号召下，隶属国家发展（MND）的法定机构新加坡建设局（BCA）于 2005 年发布了绿色建筑标志计划以鼓励绿色建筑，从 2008 年开始，所有新建的建筑都必须达到绿色建筑的最低标准。目前为止已经有 450 座建筑得到了绿色建筑认证，其建筑面积已经占到全部建成建筑面积的 8%。在政府未来的规划蓝图中，到 2030 年新加坡 80% 的建筑要得到绿色建筑的认证。

新加坡建设局的使命是"塑造安全、高质、可持续及友好的建成环境"，目标是实现新加坡"最好的建设环境，独一无二的全球城市"，他们以绿色标志计划作为评级工具，奖励对可持续发展做出不同贡献的业主和开发商。2011年，新加坡建设局还引入了针对开发商和公共部门的新奖项，如"绿色标志冠军奖",不同的鼓励措施以期发展更多的绿色建筑。

新加坡建设局发展绿色建筑的基本措施:可持续规划体系、规章制度及法规、奖励措施,并与其他机构广泛合作,在绿色建筑推广上起到积极的带动作用。

1.可持续规划体系

2006 年第一轮《绿色建筑总体规划》出台,将绿色理念传递给整个行业。在规划的指导下,以政府为首的所有公共部门的建筑必须达到绿色标志最低标准——认证奖。随着推广的成功,新加坡建设局于 2009 年公示了第二轮《绿色建筑总体规划》,短期目标为到 2030 年"变绿"新加坡已有建筑的 80%,长期目标为 95%。

2007 年,新加坡建设局发布了《可持续建设规划》,目的在于增强本国建筑产业的前景及绿色积极性。新加坡建设局和其他公共机构、科研中心及行业协会联合成立了 3 方联合实体——建设指导小组(SC),目标是减少新加坡30% ~ 50% 的建筑对混凝土的依赖,并寻求更加可持续的替代方案。2009 年,《可持续建设规划》对行业可持续的贡献获得了国际专家小组的认可,并给予合法化。

2009 年,新加坡建设局制定了《建筑能源效率总体规划》(BEEMP),探讨解决新加坡日益增长的能源消耗问题的方案。规划包括建筑整个生命周期的节能策略,如初期的能源效率设计标准、使用期限内的能源管理程序等。同时,规划也包括能源审计、为空调高负荷政府建筑建立能源效率目录等内容[13]。

新加坡建设局在绿色建筑上采取"婴儿步上升"策略,即渐进式取得进展。首先于 2005 年出台绿色标志奖励作为政策基础,然后发布正式的规划法案,逐渐拓宽市场。

2.规章制度及立法

立法:《建筑管制法》是最早确保新加坡建筑安全及品质的法案。2008 年经修订后,加入了环境可持续的要素,使绿色建筑运动获得规模经济和最低成本。为保证绿色建筑数量,新加坡建设局强制规定了新标准,即所有不小于2000m² 的新建筑及正在改造的老建筑都要达到绿色标志的最低标准——认证奖。这一规定大大加速了其绿色建筑的进程。

《能源节约法 2013》于 2013 年开始生效,要求年耗能 15GW 以上的公司雇佣节能经理，因此一些耗能较大的工业可能受到影响。另外，新加坡建设局已经开始酝酿一项新立法，即要求所有业主提交建筑数据，如能源使用情况，建设局将通过分析这些综合数据以设定能源使用基准。此外，国家发展部正着手修订《建筑管制法》，强制已有建筑达到绿色标志奖的最低标准。目前，新加坡建设局正与工业家及利益相关者商议此项提案。

3. 奖励措施

新加坡政府从 2006 年 12 月 15 日开始总共投入了 2000 万新元，开展了为期 3 年的"绿色标识激励计划（GMIS）"，很好地促进了建筑技术、建筑设计在环境保护方面的应用。这项激励计划向那些为达到黄金级以上评级而做出努力的开发商、建筑所有者、项目建筑师和机电工程师提供资金奖励。

为了更有效地节能和鼓励这样的实践，建筑工程管理局推出了 500 万新元的"设计原型绿色标识激励计划（GMIS-DP）"。

为了保持建筑节能改造的增速，新加坡建筑工程管理局正在推行第二阶段绿色建筑规划。着眼于既有建筑，他们的拥有者在建筑节能升级的时候会遇到很多困难。因此建筑工程管理局推出了 1 亿新元的"既有建筑绿色标识激励计划（GMIS-EB）"，用来鼓励那些建筑所有者去对建筑进行节能升级。GMIS-EB 为老建筑翻新计划提供了资金支持，最高占节能设备开销的 35%（上限至 150 万新元）。除此之外，这项计划还包括一项"健康检查"计划，这是一个决定了空调节能效率的能源审查项目。新加坡建筑工程管理局会负担这项计划 50% 的费用，另外 50% 是由建筑的所有者承担。

4. 与其他机构合作广泛

建屋发展局：自 2007 年始，新加坡建设局与建屋发展局就密切合作，致力于发展符合绿色标志标准的公共住房，如榜鹅生态社区，它是第一个获得绿色标志白金奖的居住建筑。

新加坡经济发展局：2007 年，由新加坡建设局与经济发展局共同领导，建立了新清洁能源项目办公室。政府斥资 3.5 亿新币用于研发，将为新加坡建筑带来更多的清洁能源。

新加坡废物管理回收协会：由新加坡建设局专业学院中的建研中心带头，与新加坡废物管理回收协会及其他公共机构联合成立了资源回收小组，增进建设行业对建材的回收利用率。

其他机构：新加坡建设局也与其他政府机构及私人组织有所合作，如陆路交通管理局（LTA）、教育部等，测试并接收建筑垃圾和其他废物。此外，通信发展管理局、新加坡体育理事会等也积极支持绿色建筑[14]。

5. 绿色建筑评价体系

自从 20 世纪 90 年代以来，世界各国都发展了各种不同类型的绿色建筑评估系统。新加坡紧随世界潮流，新加坡政府（新加坡建设局和国家环境署）于 2005 年 1 月推出了"绿色建筑"标志计划，推动绿色建筑的发展，其主要目的在于将环境友好、可持续发展的理念贯彻到新建筑物规划、设计和建造的过程中，降低对环境的影响。新加坡 Green Mark 评价体系标准的制定过程借鉴了国际广泛认可的优秀设计和实践标准。

Green Mark 划分为新建建筑、现有建筑及非建筑体系，针对不同评价对象，Green Mark 系统设子评价体系，评价内容的指标及分数比重均存在差异，甚至有很大不同，包括住宅建筑、非住宅建筑、现有建筑物、内部装饰、基础设施、新建和现有园林、海外项目标准。各单项评估的指标总分不尽相同，如住宅建筑总分为 140 分（包括奖励分 20 分），基础设施为 130 分；评定过程中，将各单项评分结果累加，得出最后得分；根据评定标准级别，设 4 个等级，分别为合格、金奖、金加奖、白金奖。不同的评价子项等级评定分数略有差异，Green Mark 设定一级指标及二级指标，针对不同指标设定不同的分数，评分点主要依据标准的符合程度以及设定的分数计算方法。

Green Mark 评价指标分为以下 5 个方面的内容：

1）能源效率：建筑表皮传热性能、空调系统、建筑表皮设计与热工参数、自然通风 / 机械通风、采光、可再生能源使用。

2）用水效率：节水设备、用水监控、灌溉系统和景观、冷却塔用水量。

3）环境保护：可持续施工、可持续产品、绿色植物、环境管理实践、绿色交通、制冷剂、雨水循环。

4）室内环境质量：热舒适性、噪声、室内空气污染物、室内空气质量管理、高频镇流器。

5）其他：鼓励采用创新技术，如使用气动垃圾收集系统、碳排放量的发展、双垃圾道系统、自我清洗墙面系统；充分利用现场建筑结构。

新加坡绿色建筑评估标准的特点：①不同指标设最低标准，把握全面性及重点性的结合。Green Mark 评估标准（新建）规定能源效率至少取得 30 分，用水效率、环境保护、室内环境质量至少取得 20 分才可进行评估。针对金加奖及白金奖在关键指标中提出更高要求。如（新建）住宅类建筑标准规定，申请金加奖需按照相关准则及计算方法设定的住宅类建筑外墙热传导值 RETV ≤ 22W/m^2，白金奖则应 ≤ 20W/m^2；申请白金等级奖励需进行通风仿真模拟分析，在典型住宅单位中至少 80% 的单位加权平均风速达 0.60m/s，楼梯和大堂等公共区域应符合自然通风（设窗口或不少于总面积 5% 的空间开口）；同时，金奖、白金奖对空调效率等也有规定。非住宅类建筑认证中的建筑外墙传热值、建筑节能模型等都有类似要求。②评价标准覆盖了设计、施工以及运营的各个阶段，从而实现绿色施工的全过程控制。③突出节能的重要意义。新加坡 Green Mark 指标影响程度的反应体现在每个得分点可能获得的分值，在众多指标中，突出强调节能要求，体现了当今节能减排的重点，如中国京冶工程技术有限公司总承包的环球影城工程的评审得分中，节能指标比重超过了整体分数的一半。④ Green Mark 评估指标中将创新作为一级指标。同时，设立奖励指标，如使用可再生资源等，将可以得到相应的奖励积分，有利于推动部分专项技术、施工、研究的发展、应用。⑤指标量化程度较高。评价指标中均包含定性与定量指标。量化指标使评价本身更具有科学性，减少人为因素的影响。

Green Mark 评估认证过程：①申请。建筑设计完成后，企业向建设局提交申请及指定文件；建设局将指派评估员专项负责该工程申请工作。②预估。对申请项目进行预估审计；初步提出该项目的认证等级。③实估。在设计、文件资料准备齐全后，正式开展实估工作。评估过程包括对设计、文件审查；在符合基本要求的基础上，核实是否达到金加或白金等级要求。企业呈送文件，包括通风模型、能量模型计算等引入专业资格人员审核，减轻评审过程的负担，方便管理。可签字人员包括特定资格人员；注册的机械工程或电工程专业工程师，一般为第三方注册机构的人员，不同文件需由相应人员签字。④认定。工程完工后进行现场认定；符合金加或白金等级的项目，需根据能量模型，根据实际数据计算、核实节能量，确定并颁发认证。

新加坡针对绿色建筑的推广做了大量工作，一定规模的公共建筑，必须进行强制"绿色标志"认证，采取灵活多样的激励机制、奖励措施，如投资津贴计划等，推进绿色建筑的发展。在绿色建筑评估标准方面，新加坡 Green Mark 评估体系虽设立年限较短，但由于其操作性强、标准明确、合理有效，得到了普遍认可，成为促进绿色建筑发展的重要动力，其影响力已经扩散到整个东南亚地区。新加坡政府在绿色建筑标准的试行方面起到了很大的推动作用。在绿色建筑认证计划方面，政府实行分类推进，先是公共建筑，然后是住宅建筑；先是自愿认证、给予奖励，然后逐渐过渡到部分建筑强制认证。通过一系列强制和鼓励政策的结合，使得绿色建筑评价的体系得到逐步推广，提高了整个社会对于绿色建筑的认知程度和公众可持续发展的意识[15]。

7.2 相似地区的绿色建筑动态

7.2.1 夏热冬冷地区绿色建筑发展动态

《民用建筑热工设计规范》GB 50176—2016 将中国划分为 5 个气候区，夏热冬冷地区是指最冷月平均温度为 0 ～ 10℃，最热月平均温度为 25 ～ 30℃，日平均温度 ≤ 5℃的天数为 0 ～ 90 天，日平均温度 ≥ 25℃的天数为 40 ～ 110 天。夏热冬冷地区的气候特点是夏季炎热，冬季又较冷。目前中国的夏热冬冷地区包括上海、江苏、浙江、安徽、福建、江西、湖北、湖南、重庆、四川、贵州等 16 个省（直辖市）的部分地区[16]。

为了研究探讨夏热冬冷地区绿色建筑发展面临的共性问题，推动夏热冬冷地区绿色建筑与建筑节能工作的快速发展，中国绿色建筑与节能委员会倡议成立"夏热冬冷地区绿色建筑联盟"，加强国内国际相同气候区的有关单位和组织的交流与合作，这一提议得到有关省市政府主管部门、地方绿色建筑委员会及夏热冬冷地区国家的积极响应。经各方充分酝酿，于 2011 年 10 月 20—21 日在南京召开"夏热冬冷地区绿色建筑联盟成立大会——暨第一届夏热冬冷地区绿色建筑技术论坛"。

第二届夏热冬冷地区绿色建筑联盟大会、第五届上海绿色建筑与节能国际大会和 2012 GBC 绿色建筑与节能展览会于 2012 年 9 月 13 日上午在上海展览中心隆重开幕。来自上海、北京、江苏、浙江、重庆、湖北等省市的专家和企业代表以及来自德国、英国、瑞典、日本、新加坡、中国香港、中国台湾等国家和地区的 600 余名嘉宾出席大会。本次大会以"研发适宜技术，推进绿色产业，注重运行实效"为主题，关注夏热冬冷地区，尤其是"长三角"地区的气候特点和人民生活习惯，探讨适合地区性特点的绿色建筑适宜技术路线，关注对建成的绿色建筑的运行实效和能效监测，关注绿色建筑理念和技术在保障性住房、既有建筑改造、学校等类型项目中的实践。大会共设"绿色城区和政策标准""适宜技术与产业""既有建筑改造与运行能效测评"3个主题分论坛，来自海内外40多位专家、学者、企业代表在学术大会和论坛上发言、交流。同期举办"2012 GBC绿色建筑与节能展览会"，展览分为规划与建筑设计、建筑外围护系统、高效和节能机电系统、可再生能源应用系统、建造新方法等几大板块，集中展示地区性绿色建筑与建筑节能产业成果。作为上海未来的新地标超高层建筑，"上海中心"项目成功应用了各类绿色建筑和建筑节能先进技术，为在超高层建筑中实现绿色建筑理念做出了积极的探索。"上海绿色建筑与节能国际大会和GBC绿色建筑与节能展览会"此后每年一度在上海举行，以共同推进地区性绿色建筑与建筑节能的科研与实践应用，进一步促进城市可持续发展。

第三届"夏热冬冷地区绿色建筑联盟大会"于2013年10月25—27日在美丽山城重庆召开。本次会议是由中国绿色建筑委员会主办，重庆市绿色建筑专业委员会承办。本次大会围绕"立足区域特点，解决区域问题，推动绿色建筑规模化发展"的主题，举行了夏热冬冷地区绿色建筑主题报告会和绿色生态城区建设、绿色建筑科技和既有建筑绿色改造3个论坛。

"第四届夏热冬冷地区绿色建筑联盟大会"于2014年10月在湖北武汉召开。大会为期2天，主题为"以人为本，建设低碳城镇，全面发展绿色建筑"，大会共设"绿色生态城镇建设""绿色建材发展应用""长江流域采暖探讨绿色建筑设计研究""既有建筑绿色改造绿色施工技术实践"4个分论坛。第四届夏热冬冷地区绿色建筑联盟大会的成功举办，加强了夏热冬冷地区在绿色建筑领域的交流与合作，对推动夏热冬冷地区的绿色建筑的发展起到了良好的促进作用。

第五届夏热冬冷地区绿色建筑联盟大会于2015年10月在浙江绍兴召开。本次大会的主题为"以新型建筑工业化促绿色建筑发展"。大会设4个分论坛，分别是：新型建筑工业化、可再生能源建筑应用、绿色技术与产品、绿色建筑实践。

第六届夏热冬冷地区绿色建筑联盟大会于 2016 年 9 月在安徽合肥召开。本次大会主题为"践行绿色建筑行动,促进城乡建设绿色发展"。共同研讨国家绿色建筑、绿色生态城区、绿色校园、装配式建筑及智慧城市方面的政策措施和发展趋势,分享国内外成功经验和较新科技成果,推动夏热冬冷地区城乡建设的绿色发展。

第七届夏热冬冷地区绿色建筑联盟大会于 2017 年 11 月在湖南长沙召开。本次大会主题为"绿色建筑引领工程建设全面绿色发展"。大会共设"绿色建筑设计与实践""绿色施工与绿色建筑技术""绿色市政与绿色景观"3 个分论坛。会议围绕绿色建筑最新设计理论、标准规范和最优实践方案,绿色施工与绿色技术发展方向与实践经验,现代化绿色市政建设体系等探讨行业发展方向,考察优秀绿色建筑、绿色施工和绿色市政示范项目。

首届夏热冬冷地区绿色建筑·建材及设备展览会于 2014 年 10 月 10—12 日,在南京市国际展览中心举办,同期举办第十届夏热冬冷地区墙材革新与建筑节能工作交流会,夏热冬冷地区绿色建筑·建材及适宜技术高层论坛。本次展会由政府管理部门主办,采取论坛交流展览结合的形式,实现绿色建筑建材紧密对接、专业交流与采购平台并举。夏热冬冷地区涵盖了中国 16 个省市自治区,约有 4 亿人口,是中国人口最密集,经济最发达的地区。为做好本区域的墙材革新与建筑节能工作,上海、合肥、武汉、长沙、成都、重庆、南京、杭州、宁波、南昌等 10 大中心城市墙改办和节能管理部门,积极探讨解决夏热冬冷地区在墙材革新与建筑节能工作方面存在的共性问题,推动区域政策、技术与产品之间的密切合作,加强绿色建材的推广和应用,推进绿色建筑事业发展,让绿色建筑走进寻常百姓家。

2015 年 10 月在宁波举办第十一届夏热冬冷地区建筑节能与墙材革新工作交流会,同时举办了第二届夏热冬冷地区绿色建材及设备展览会。

7.2.2 深圳市绿色建筑发展动态

深圳市自主创新,以打造"绿色建筑之都",建设"低碳生态城市"为核心战略,推动城市建设发展在全国率先转型,坚定不移地实施绿色建筑发展战略,在以下方面取得了阶段性进展。

1. 绿色建筑标准体系

1）发布绿色建筑评价地方标准

深圳市《绿色建筑评价规范》SZJG 30—2009，自 2009 年 9 月 1 日起实施。

深圳市绿色建筑评价指标体系由节地与室外环境、节能与能源利用、节水与水资源利用、节材与材料资源利用、室内环境质量、运营管理等 6 类指标组成，每类指标包括控制项和得分项，控制项是绿色建筑的必备条件，得分项则是划分绿色建筑等级的可选条件，得分项每条分值均为 1 分，在建设运营过程中采取了创新措施，每条创新项分值均为 1 分，创新分总分不超过 5 分。

深圳市绿色建筑评价分设计和建成后两个阶段实施。绿色建筑设计阶段的评价应满足居住建筑或公共建筑中所有适用于设计阶段的控制项的要求，且每类指标得分之和不低于 2 分，并按满足得分项的累积得分，划分为 4 个等级。绿色建筑建成后的评价应满足标准居住建筑或公共建筑中所有控制项的要求，且每类指标得分之和不低于 2 分，并按满足得分项的累积得分，划分为 4 个等级。

2）逐步建立建筑节能与绿色建筑标准体系

以综合反映深圳气候、经济和技术特点为原则，陆续发布了《深圳市居住建筑节能设计规范》《深圳市居住建筑节能设计标准实施细则》《公共建筑节能设计标准深圳市实施细则》《深圳市绿色建筑设计导则》《深圳市绿色住区规划设计导则》及《深圳市绿色建筑评价规范》等相关标准规范。正在组织编制《深圳市绿色建筑勘察技术规程》《深圳市绿色建筑设计规范》《深圳市绿色物业管理导则》《深圳市绿色施工技术规程》《绿色建筑监理导则》《深圳市绿色再生骨料技术规范》《深圳市绿色建筑和既有建筑节能改造技术路径集成库》《深圳市绿色建筑设计方案审查要点》等。

2. 绿色建筑管理

1）规范绿色建筑评价标识申报流程

深圳市从 2010 年起开展一、二星级绿色建筑评价标识的日常工作。发布了《深圳市申报绿色建筑评价标识服务指南》，规范绿色建筑评价标识申报流程，引导相关项目申报绿色建筑评价标识。

2016 年 9 月，针对住房和城乡建设部办公厅《关于绿色建筑评价标识管理有关工作的通知》，深圳市住房和建设局发布《关于认真贯彻落实的通知》，绿色建筑标识开始实施第三方评价。深圳市建设科技促进中心、深圳市绿色建筑协会、中国城市科学研究会绿色建筑研究中心、住房和城乡建设部住宅产业化促进中心可以在深圳市受理绿色建筑评价标识申请，并对审定的绿色建筑标识项目进行公示、公告，颁发证书和标识。绿色建筑标识评价采取自愿申报，需要获得绿色建筑评价标识与证书的项目，应向评价机构提出申请。对于申请深圳市绿色建筑评价标识的项目，评价机构应当按照《绿色建筑评价规范》SZJG 30—2009 开展评价工作。

2）加强组织机构建设

根据住房和城乡建设部《绿色建筑评价标识专家委员会工作规程（试行）》的相关要求，2010 年，深圳市成立了深圳市绿色建筑评价标识委员会。为了更好地指导与规范绿色建筑评价标识工作，为深圳市绿色建筑评价标识委员会补充新的力量，2012 年深圳市促进中心扩大发展，增加了一批专家。深圳市建设科技促进中心受深圳市住房和建设局委托，承担国家一、二星级及深圳市级绿色建筑评价标识工作。该中心的主要职能是：组织建设行业科技成果推广项目的评审、推介工作；组织建设行业科技成果推广应用工程示范，以及建筑节能、绿色建筑和新技术、新设备、新材料、新工艺示范工程的实施；开展建筑工业化技术产品的推广应用工作；开展建筑节能和绿色建筑技术的研究、推广工作；参与建设行业标准规范的编制及技术经济政策研究；开展国内外科技合作交流与培训；协助主管部门开展建筑节能能耗统计、测评、认定以及绿色建筑认证。

3）技术支撑单位

深圳市已培育多家绿色建筑咨询单位，例如中国建筑科学研究院深圳分院、深圳市越众绿色建筑科技发展有限公司、深圳建筑科学院有限公司等均已具备较强的绿色建筑认证咨询能力，大力推动了深圳市绿色建筑评价标识工作的开展。

深圳市住房和城乡建设局还深入实施一系列建筑节能与绿色建筑简政放权优化服务新举措。取消民用建筑方案设计节能审查，归入规划部门设计方案核查环节一并实施；取消 100% 建筑节能施工图设计文件审查，不作为施工许可前置条件；简化优化绿色建筑标识评价流程，新建保障房验收后直接认定为国家一星级或深圳市铜级绿色建筑；优化"两金"返退时限为竣工备案 3 个月，按实际比例退返；散装水泥企业资质推行诚信申报，取消外地预拌混凝土预拌砂浆企业备案等，这一系列措施为相关设计及施工企业提供了便利。

3. 绿色建筑相关政策法规

1）制定发展绿色建筑的专项规划

自 2013 年 8 月 20 日起，深圳市新建项目全部按绿色建筑标准建设。2008年 3 月，深圳市政府发布了《关于打造绿色建筑之都的行动方案》，率先提出将打造"绿色建筑之都"作为深圳推动城市建设发展率先转型的基本战略，为推进建筑节能和发展绿色建筑明确了发展方向。与之相配套，深圳市发布实施了《深圳市绿色建筑行动计划》（2008 年）和《深圳市建筑节能和绿色建筑"十二五"规划》（2011 年），作为"十二五"期间绿色建筑发展的指导性文件。

2012 年 2 月发布《深圳市绿色建筑促进办法（草案）》，2013 年 7 月出台国内首部促进绿色建筑全面发展的政府规章《深圳市绿色建筑促进办法》（深圳市人民政府令第 253 号），规定深圳市行政区域内新建民用建筑，应当依照本办法规定进行规划、建设和运营，遵守国家和深圳市绿色建筑的技术标准和技术规范，至少达到绿色建筑评价标识国家一星级或者深圳市铜级的要求。

2016 年 4 月发布《关于进一步推进公共建筑节能工作的通知》，明确"十二五"期间公共建筑节能工作目标：建立健全针对公共建筑特别是大型公共建筑的节能监管体系建设，通过能耗统计、能源审计及能耗动态监测等手段，实现公共建筑能耗的可计量、可监测。确定各类型公共建筑的能耗基线，识别重点用能建筑和高能耗建筑，并逐步推进高能耗公共建筑的节能改造，争取在"十二五"期间，实现公共建筑单位面积能耗下降 10%，其中大型公共建筑能耗降低 15%。

2017 年 1 月对《深圳市绿色建筑促进办法》进行修正。第三十二条更改为："申请人可以向第三方评价机构申请绿色建筑标识的评价认定。第三方评价机构应当按照绿色建筑标识评价工作要求和绿色建筑评价标准，对项目做出评价。第三方评价机构应当及时将绿色建筑标识项目的受理情况、评价情况和评价结果向建设行政主管部门报告。具体办法由建设行政主管部门另行制定。"

2）建立绿色建筑的专项资金支持政策

深圳市住房和建设局，深圳市财政委员会为促进建筑领域节能减排和绿色创新发展，加强建筑节能发展专项资金使用管理，提高资金使用效益，根据《中华人民共和国预算法》《深圳经济特区建筑节能条例》《深圳市绿色建筑促进办法》等规定，实施了《深圳市建筑节能发展专项资金管理办法》(深建字〔2012〕64号)，规定建筑节能发展资金用于支持建筑节能、绿色建筑、可再生能源建筑应用、建筑废弃物减排与利用、建筑工业化等建设领域节能减排项目。

《深圳市绿色建筑促进办法》提出了绿色建筑的激励性促进措施。深圳市财政部门每年从深圳市建筑节能发展资金中安排相应资金用于支持绿色建筑的发展：申请国家绿色建筑评价标识并获得三星级的绿色建筑按规定支出的评价标识费用从深圳市建筑节能发展资金中予以全额资助；申请并获得其他绿色建筑评价标识的绿色建筑，按照本市建筑节能发展资金管理的有关规定给予相应资助。在奖励方面，规定对于获得深圳市金级或国家二星级及以上等级的绿色建筑，可以同时申请国家和本市的财政补贴。对绿色改造成效显著的旧住宅区予以适当补贴，补贴经费从深圳市建筑节能发展资金中列支；节能服务企业采用合同能源管理方式为本市建筑物提供节能改造的，可以按照相关规定向深圳市发展改革部门、财政部门申请合同能源管理财政奖励资金支持；设立深圳市绿色建筑和建设科技创新奖，支持本市绿色建筑发展和绿色建筑科技创新。

3）发展绿色建筑建设海绵城市

《关于提升建设工程质量水平打造城市建设精品的若干措施》(深建规〔2017〕14号)，提出了新建民用建筑100%严格执行绿色建筑标准。深圳市政府投资和国有资金投资的大型公共建筑、标志性建筑项目，应当按照绿色建筑国家二星级或深圳银级及以上标准进行建设。加大专项资金扶持力度，鼓励社会投资项目创建高星级绿色建筑，推进既有建筑节能改造，开展绿色建筑运行和绿色物业星级标识评价工作。引导和鼓励新建住宅一次装修到位或菜单式装修模式。

城市道路与广场、公园和绿地、建筑与小区、水务工程以及城市更新改造、综合整治等建设项目，综合采取"渗、滞、蓄、净、用、排"等措施，严格按照海绵城市标准进行规划、设计和建设，将深圳打造成为国际一流的海绵城市。

4）加快推进装配式建筑

为贯彻落实中共中央、国务院《关于进一步加强城市规划建设管理工作的若干意见》（中发〔2016〕6号）、国务院办公厅《关于大力发展装配式建筑的指导意见》（国办发〔2016〕71号）中关于"发展新型建造方式，大力推广装配式建筑"的要求，全面促进深圳装配式建筑的发展，保障建筑工程质量和安全，降低资源消耗和环境污染。

经施工图审查机构审查，符合深圳装配式建筑预制率和装配率要求的项目，通过建筑节能专项验收和竣工验收后，可认定为深圳市铜级绿色建筑。对按照高标准建造，预制率达到40%、装配率达到60%以上的装配式建筑项目，按深圳市《绿色建筑评价规范》SZJG 30—2009参评时，可在标准评价等级的基础上提高一个等级。

4.绿色建筑发展现状

1）绿色建筑数量和规模稳居全国各大城市榜首

深圳市从2010年起开展国家一、二星级绿色建筑评价标识的日常工作。截至2017年第三季度，深圳市累计绿色建筑面积超过6655hm²，累计746个项目获得绿色建筑评价标识，39个项目获得国家或深圳市最高等级绿色建筑评价标识，13个项目获得全国绿色建筑创新奖。

2）率先在国内推行"绿色保障房"

早在2010年，深圳就率先在国内强制推行按绿色建筑标准建设保障房，截至2017年，累计开工建设绿色保障性安居工程项目37万套。

3）深入推进绿色生态园区城区建设

光明新区作为国家首个绿色建筑示范区和全国首批绿色生态城区之一，其建设工作继续深化。南方科技大学绿色生态校区和华侨城欢乐海岸绿色低碳景区均已建成投入使用。"深圳国际低碳城"可持续发展规划建设成果荣获中国国际经济交流中心和美国保尔森基金会共同颁发的全国唯一的"可持续发展规划项目奖"。前海深港合作区编制实施了绿色建筑专项规划，努力打造具有国际水准的"高星级绿色建筑规模化示范区"。截至2017年第三季度，深圳建立了10个绿色生态园区。

4）注重培训宣传

深圳市促进中心与市绿色建筑协会合作编制了《绿色建筑认证培训教材》，

将对各建设单位、设计单位、施工图审查机构以及绿色建筑咨询机构进行绿色建筑认证的培训，普及绿色建筑认证相关知识，为推进深圳市绿色建筑发展夯实基础。

从 2014 年职称设立到 2017 年，深圳已有 191 名初、中、高级职称的绿色建筑师。

7.2.3 江苏省绿色建筑发展动态

1. 绿色建筑标准体系

1）发布绿色建筑评价地方标准

《江苏省绿色建筑评价标准》DGJ32/TJ 76—2009，自 2009 年 4 月 1 日起实施。江苏省绿色建筑评价指标体系由节地与室外环境、节能与能源利用、节水与水资源利用、节材与材料资源利用、室内环境质量和运营管理 6 类指标组成。每类指标包括控制项、一般项与优选项。控制项为绿色建筑的必备条件；一般项和优选项为划分绿色建筑等级的可选条件，其中优选项是难度大、综合性强、绿色度较高的可选项。绿色建筑应满足该标准住宅建筑或公共建筑中所有控制项的要求，并按满足一般项数和优选项数的程度，划分为 3 个等级。

2）发布绿色建筑设计标准

《江苏省绿色建筑设计标准》DGJ32/J 173—2014，自 2015 年 1 月 1 日起实施，对建筑的室内外环境、景观设计、水资源利用等各个方面进行的绿色设计，共有 168 条必须执行的强制性条文，要求江苏省新建民用建筑达到一星级绿色建筑标准。

3）完善绿色建筑标准支撑体系

紧密结合江苏省实际，积极开发建筑节能技术和产品，编制技术标准、规程，初步形成了具有江苏地方特点的技术支撑体系。陆续发布了《江苏省绿色建筑评价技术细则》《江苏省绿色建筑适宜技术指南》《江苏省绿色建筑标准体系研究》等文件；紧紧围绕新型建筑结构体系、新型节能墙体材料、外墙外保温、节能门窗、建筑物遮阳、既有建筑节能改造、可再生能源与建筑应用、节能设备及运行、智能控制及能效测评等开展建筑节能重大技术课题攻关；开展了《江苏省绿色建筑应用技术研究》《江苏省建筑节能和绿色建筑示范区指标体系研究》《江苏省建筑节能和绿色建筑示范区推进机制研究》等研究课题。

2.绿色建筑管理

1）规范绿色建筑标识管理

2009 年申请并获批开展"一、二星级绿色建筑评价标识"。江苏省在积极开展一、二星级绿建标识评价的同时不断规范工作流程，利用住房和城乡建设部和江苏省共建三星绿建评价的机会，不断完善绿色建筑评价标识相关管理要求，并对申报文件、自评报告、专家评审表格等调整完善，编制印发了《江苏省绿色建筑评价标识管理工作手册》，指导江苏省绿色建筑的标识申报和评价管理工作。

根据《江苏省建筑节能目标责任考核办法（暂行）》《江苏省绿色建筑发展条例》《2016 年全省绿色建筑暨建筑节能工作任务分解方案》等文件要求，制定《2016 年全省绿色建筑暨建筑节能工作考核评价工作方案》。江苏省住房和城乡建设厅结合年度重点工作，制定《2016 年全省绿色建筑暨建筑节能工作考核评分表》，对各地 2016 年前三季度绿色建筑暨建筑节能目标任务完成情况、推进工作情况进行考核评价，对工程实体执行标准情况进行抽查。主要内容包括：各地绿色建筑暨建筑节能目标任务完成情况；各地贯彻落实国家、省有关政策法规及结合本地实际推进绿色建筑、建筑节能工作的情况；绿色建筑（建筑节能）分部工程实体质量情况以及参建各方主体贯彻执行国家、省有关法律、法规以及标准规范情况。

2）加强组织机构建设

江苏省成立了"江苏省绿色建筑评价标识管理办公室"，依托江苏省住房和城乡建设厅科技发展中心，组织开展评价标识的咨询、指导、服务和申报等前期工作。同时，成立了绿色建筑评价标识专家委员会（图 7-1），设规划与建筑、结构、暖通、给水排水、电气、建材、建筑物理等 7 个专业组，共 300 余名专家。

3.绿色建筑相关政策法规

1）发布全国首个绿色建筑地方法规

2015 年 7 月 1 日起施行的《江苏省绿色建筑发展条例》是全国第一部促进绿色建筑发展的地方性法规。江苏省率先以人大立法的形式明确了绿色建筑的标准、发展路径，将引导建筑企业不仅展示高水平的建筑施工质量，还要把绿色建筑的理念传播到省外。条例规定，城乡规划主管部门在建设用地规划条件

134

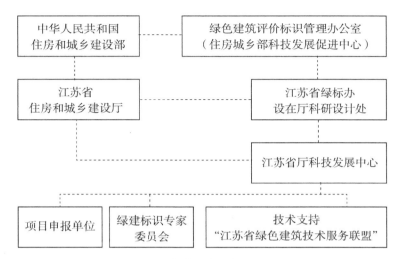

图 7-1 江苏省绿色建筑组织机构

中要明确绿色建筑等级指标，国土资源主管部门应将建设用地条件确定的绿色建筑等级等指标纳入国有土地有偿使用合同或国有土地划拨决定书。按照要求，在规划、设计、建设过程中，江苏省新建民用建筑应采用一星级绿色建筑标准；使用国家资金投资或国家融资的大型公共建筑，应采用二星级以上绿色建筑标准。条例鼓励其他民用建筑按二星级以上的标准设计，县级以上政府发改部门在项目立项时，会将绿色建筑要求纳入固定资产投资项目节能评估和审查范围。根据条例，外墙保温层的建筑面积不计入建筑容积率，居住建筑利用浅层地温能供暖制冷的，执行居民峰谷分时电价；公共建筑达到二星级以上绿色建筑标准的，执行峰谷分时电价；采用浅层地温能供暖制热的企业，参照清洁能源锅炉采暖价格收取采暖费；地源热泵系统应用的项目按照规定减征或免征水资源费。使用住房公积金贷款购买二星级以上绿色建筑的，贷款额度可以上浮 20%，这将降低群众购房成本。

2）制定发展绿色建筑的专项规划

2012 年江苏省人民政府出台《江苏省"十二五"节能规划》，在建筑领域篇章中提出大力推进绿色建筑。

2013 年 6 月发布的《江苏省绿色建筑行动实施方案》指出"十二五"期间，全省达到绿色建筑标准的项目总面积超过 1 亿 m²，其中，2013 年新增1500hm²。2015 年，全省城镇新建建筑全面按一星及以上绿色建筑标准设计建造；2020 年，全省 50% 的城镇新建建筑按二星及以上绿色建筑标准设计建造。

"十二五"末期，建立较完善的绿色建筑政策法规体系、行政监管体系、技术支撑体系、市场服务体系，形成具有江苏特色的绿色建筑技术路线和工作推进机制。

3）建立绿色建筑的专项资金支持政策

2012年9月，江苏省财政厅、住房城乡建设厅联合印发《关于推进全省绿色建筑发展的通知》（苏财建〔2012〕372号），明确了"十二五"江苏省绿色建筑的发展目标，通知要求："自2013年起江苏新建保障性住房、省级建筑节能与绿色示范区中的新建项目、政府投资公益性建筑这3类建筑全面按绿色建筑标准设计建造。"同时明确了江苏的绿色建筑财政激励政策："对获得绿色建筑一星级设计标识的项目，按15元/m² 的标准给予奖励；对获得运行标识的项目，在折计标识奖励标识基础上增加10元/m² 奖励。"2012年对7个建成的绿色建筑给予了奖励，奖励经费共1078万元。大大提高了江苏省建设、设计单位主动实施绿色建筑项目的积极性，有力地推动了江苏省绿色建筑的快速发展。

4. 绿色建筑发展特色

1）绿色建筑发展水平保持全国领先地位

江苏省一直积极开展绿色建筑评价标识，自2008年以来，江苏省大力推动绿色建筑发展，积极开展绿色建筑评价标识工作，起步早，绿色建筑总量大。截至2017年12月底，江苏省共有1114个项目获得绿色建筑星级标识，仅次于广东省。

2）加强绿色建筑培训宣传

江苏省继续加强绿建技术培训，不断提高江苏省各市绿色建筑管理人员、设计咨询单位、专业评价人员绿色建筑技术水平，宣传绿色建筑理念，掌握绿建评价标识管理要求，组织江苏省内绿建专家，分别在南京、苏州、常州、徐州、盐城、淮安等地举办了6次绿建专业人员的培训会。培训总人数达1200余人次。同时与住房和城乡建设部合作，组织住房和城乡建设部绿建专家，在南京召开江苏省绿色建筑培训交流会，宣讲绿色建筑政策及发展情况，交流绿色建筑实践。同时，积极组织江苏省绿建专家参加绿色建筑评价标识专家培训会，不断提高江苏省评价水平。

3）广泛开展交流与合作

江苏省利用部省共建、国内外交流合作的平台，积极引入国内外先进的技术力量和资源条件，通过定期开展技术交流培训、共同打造示范项目、共建科技交流平台等开展合作。成立绿色建筑产业推进办公室，积极推进常州武进"绿色建筑产业集聚示范区"建设。与德国能源署、法国建科院、瑞典清洁技术中心、丹麦绿色建筑机构建立了定期交流制度。

7.2.4 上海市绿色建筑发展动态

在科技支撑、体制机制的有力保障下，上海市绿色建筑发展开始步入快速增长期。快速增长期的标志是绿色建筑规模性发展。"十三五"期间，上海市新建民用建筑将全部严格执行绿色建筑标准，其中单体建筑面积 2hm² 以上大型公共建筑和国家机关办公建筑需达到绿色建筑二星级及以上标准，低碳发展实践区、重点功能区域内新建公共建筑按照绿色建筑二星级及以上标准建设的比例不低于 70%。

截至 2017 年底，上海市已获得绿色建筑评价标识认证项目共 482 项，总建筑面积超过 4000hm²，其中二、三星占比超八成。

1. 绿色建筑标准体系

1）发布绿色建筑评价地方标准

2012 年 3 月 1 日上海市《绿色建筑评价标准》DG/TJ 08—2090—2012 开始实施，该标准结合国家标准实践经验、保障性住房建设特点，围绕上海市城市建设特征与地域资源特点，对标准内容进行了调整优化，对评价方法进一步给予量化，对设计和运营不同阶段的评价进行了明确划分，实现因地制宜，突出地方特色。该地方标准的发布实施为进一步推进地方评审工作提供了适宜的标准体系。

上海市绿色建筑评价指标体系由节地与室外环境、节能与能源利用、节水与水资源利用、节材与材料资源利用、室内环境质量和运营管理 6 类指标组成，每类指标包括控制项、一般项与优选项，绿色建筑应满足本标准住宅建筑或公共建筑中所有控制项的要求，并按满足一般项数和优选项数的程度，划分为 3 个等级。

2）发布绿色建筑设计标准

2014 年 6 月，上海市建交委发布了《关于执行上海市工程建设规范〈住宅建筑绿色设计标准〉的通知》（沪建管〔2014〕536 号），通知中明确规定了《住宅建筑绿色设计标准》（DGJ 08—2139—2014）对于不同阶段的建筑的具体应用时间：

（1）自 2014 年 7 月 1 日起，上海市新建、改建和扩建的住宅建筑，应按照《住宅建筑绿色设计标准》（DGJ 08—2139—2014）进行设计。

（2）自 2014 年 10 月 1 日起，提交施工图设计文件审查的上海市新建、改建和扩建的住宅建筑设计，应符合《住宅建筑绿色设计标准》DGJ 08—2139—2014 的规定。

（3）自 2014 年 12 月 1 日起，通过施工图设计文件审查备案的上海市新建、改建和扩建的住宅建筑设计，应符合《住宅建筑绿色设计标准》DGJ 08—2139—2014 的规定。

（4）自 2015 年 2 月 1 日起，已通过施工图设计文件审查备案但尚未开工的上海市新建、改建和扩建的住宅建筑，应按照《住宅建筑绿色设计标准》DGJ 08—2139—2014 的规定，补充绿色建筑设计内容，重新提交施工图设计文件审查。

（5）相关建设、设计、施工、监理和施工图审查单位，以及建设工程安全质量监督部门、设计文件审查部门等应根据各自职责，做好《住宅建筑绿色设计标准》DGJ 08—2139—2014 的贯彻执行工作。

2014 年 7 月，上海市建交委又发布了《关于执行上海市工程建设规范〈公共建筑绿色设计标准〉的通知》（沪建管〔2014〕610 号）中明确规定了《公共建筑绿色设计标准》DGJ 08—2143—2014 对于不同阶段建筑的具体应用时间：

（1）自 2014 年 7 月 1 日起，上海市新建、改建和扩建的公共建筑，应按照《公共建筑绿色设计标准》DGJ 08—2143—2014 进行设计；

（2）自 2014 年 10 月 1 日起，提交施工图设计文件审查的上海市新建、改建和扩建的公共建筑设计，应符合《公共建筑绿色设计标准》DGJ 08—2143—2014 的规定；

（3）自 2014 年 12 月 1 日起，通过施工图设计文件审查备案的上海市新建、改建和扩建的公共建筑设计，应符合《公共建筑绿色设计标准》DGJ 08—2143—2014 的规定；

（4）自 2015 年 2 月 1 日起，已通过施工图设计文件审查备案但尚未开工的上海市新建、改建和扩建的公共建筑，应按照《公共建筑绿色设计标准》

DGJ 08—2143—2014 的规定，补充绿色建筑设计内容，重新提交施工图设计文件审查；

（5）相关建设、设计、施工、监理和施工图审查单位，以及建设工程安全质量监督部门、设计文件审查部门等应根据各自职责，做好《公共建筑绿色设计标准》DGJ 08—2143—2014 的贯彻执行工作。

3）完善绿色建筑标准支撑体系

上海市先后发布了《上海市保障性住房绿色建筑技术推荐目录（绿色建筑一星级）》《上海市保障性住房绿色建筑技术推荐目录（绿色建筑二星级）》《上海市绿色养老建筑评价技术细则》（沪建交〔2013〕1370 号）、《绿色建筑检测技术标准》DG/TJ 08—2199—2016、《绿色建筑工程验收标准》DG/TJ 08—2246—2017 等文件。

2. 绿色建筑管理

上海市构建了地方组织体系，积极开展管理体制建设，落实国家绿色建筑地方化发展政策（图 7-2）。上海市 2009 年启动一、二星级绿色建筑评价标识工作，成为全国首批获得住房和城乡建设部批复开展地方评价标识工作的省市之一。经过一系列组建工作，形成了以上海市住房和城乡建设委员会为行政主管部门，承担制度建设、行业管理等职责；以上海市绿色建筑评价标识管理办公室为日常管理机构，承担项目评价标识管理与评审专家库管理等职责；以上

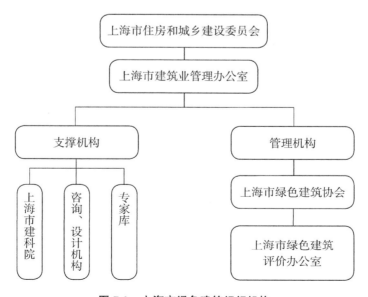

图 7-2 上海市绿色建筑组织机构

海市绿色建筑协会为日常工作机构，承担实施受理项目申报标识评审工作等职责；以上海市建筑科学研究院（集团）有限公司为技术支撑单位，承担提供专项技术服务等职责。同时上海市还进一步完善了绿色建筑评价标识申报流程、标识评审管理等制度，进而构建了分工明确、职责清晰、协作有序的管理体制，为上海市地方绿色建筑评审工作提供了管理保障。

3. 绿色建筑相关政策法规

1）制定发展绿色建筑的专项规划

2008 年起先后发布了《上海市绿色建筑评价标识实施办法（试行）》《上海市绿色建筑评价标识实施细则（试行）》《上海市绿色建筑评价专家组管理准则（试行）》（沪建管〔2008〕12 号）等制度，实施开展一、二星级绿色建筑地方评价工作。同时，还发布了一批促进绿色建筑发展的政策制度，包括太阳能光电光热建筑应用、绿色施工等系列政策制度，初步形成了适宜上海市的政策体系，有效指导上海市绿色建筑发展。

2012 年 4 月 18 日上海市城乡建设和交通委员会发布了《上海市"十二五"建筑节能专项规划》（沪建交〔2012〕390 号）指出，"十二五"期间，完成创建绿色建筑面积 1000 万 m^2 以上，启动至少 8 项低碳城区建设工程。

虹桥商务区绿色生态建设。根据《上海虹桥商务区"十二五"规划》《上海市虹桥商务区低碳建设导则》，"十二五"期间，上海虹桥商务区将打造成为上海首个低碳商务区。总体建设目标为："核心区内全部建筑为国家标准一星级绿色建筑，其中二星级绿色建筑超过 50%，地标性建筑达到国家三星建筑标准。"绿色建筑工程是虹桥商务区建设低碳实践区的标志性工程，建设管理部门从制度设计和监管流程再造等多方面对绿色建筑的实施进行全过程控制。

2012 年 10 月 16 日上海市建筑业管理办公室发布了《上海市绿色建筑发展专项规划》（沪建交〔2012〕390 号），其中指出，"十二五"期间，上海市完成创建绿色建筑面积不少于 $100hm^2$。切实提高绿色建筑在新建建筑中的比重，2015 年，绿色建筑占新建建筑当年比重达到 30%；上海市政府投资的公益性建筑与保障性住房率先全面实施绿色建筑标准，2015 年执行率达到 100%；创建 6 个绿色建筑示范园区，引导新建建筑规模化发展；探索既有建筑绿色建筑改造，完成一批绿色建筑改造示范工程；加强绿色施工推进，所有建设工程实施绿色施工。

2014 年 7 月 1 日上海市人民政府办公厅发布的《上海市绿色建筑发展三年行动计划（2014—2016）》（沪府办发〔2014〕32 号）指出，2014 年下半年起新建民用建筑原则上全部按照绿色建筑一星级及以上标准建设。其中，单体建筑面积 2 万 m² 以上大型公共建筑和国家机关办公建筑，按照绿色建筑二星级及以上标准建设；8 个低碳发展实践区（长宁虹桥地区、黄浦外滩滨江地区、徐汇滨江地区、奉贤南桥新城、崇明县、虹桥商务区、临港地区、金桥出口加工区）、6 大重点功能区域（世博园区、虹桥商务区、国际旅游度假区、临港地区、前滩地区、黄浦江两岸）内的新建民用建筑，按照绿色建筑二星级及以上标准建设的建筑面积占同期新建民用建筑的总建筑面积比例不低于 50%。

为保障建筑工程质量，2016 年上海在全国率先发布地方《绿色建筑检测技术标准》DG/TJ 08—2199—2016，并在此基础上编制了《绿色建筑工程验收标准》DG/TJ 08—2246—2017，于 2017 年 10 月 13 日发布，2018 年 2 月 1 日实施。

2016 年《既有工业建筑民用改造绿色技术规程》DG/TJ 08—2210—2016 发布实施，《住宅建筑绿色设计标准》《公共建筑绿色设计标准》两部地方绿色建筑设计标准开展修编工作，上海市《绿色建筑评价标准》DG/TJ 08—2090—2012 已被列入 2017 年上海市标准修编计划，预计 2018 年完成。

2017 年发布了《绿色养老建筑评价标准》DG/TJ 08—2247—2017、《绿色建材评价通用技术标准》DG/TJ 08—2238—2017、《绿色生态城区评价标准》DG/TJ 08—2253—2018 等相关地方标准，并于 2018 年开始实施。

2）完善绿色建筑的专项资金支持政策

2012 年 8 月上海市发布了《上海市建筑节能项目专项扶持办法》（沪发改环资〔2012〕088 号），新增了针对绿色建筑示范项目的资金扶持政策。

（1）对二星级居住建筑的建筑面积 2.5 万 m² 以上、三星级居住建筑的建筑面积 1 万 m² 以上；二星级公共建筑单体建筑面积 1 万 m² 以上、三星级公共建筑单体建筑面积 5000m² 以上，必须实施建筑用能分项计量。与上海市国家机关办公建筑和大型公共建筑能耗监测平台数据联网的绿色建筑项目，每平方米最高可获补贴 60 元，单个项目最高可获补贴 600 万元。

（2）设立整体装配式住宅、高标准建筑节能、既有建筑改造示范项目、既有建筑外窗或外遮阳节能改造、可再生能源、立体绿化、建筑节能管理等相应补贴。

（3）上海市政府确定的保障性住房和大型居住社区中的可再生能源与建筑一体化应用示范项目以及整体装配式住宅示范项目，单个项目最高补贴1000万元；其他单个示范项目最高补贴600万元。

根据《上海市绿色建筑发展三年行动计划（2014—2016）》要求，组织编制了《上海绿色建筑发展报告（2016）》，进一步推进上海市建筑节能和绿色建筑的发展，引导社会各界积极投入绿色建筑建设，并规范建筑节能绿色建筑和示范项目专项扶持资金的使用。

上海市住房城乡建设管理委联合上海市发展和改革委员会与上海市财政局印发《上海市建筑节能和绿色建筑示范项目专项扶持办法》（沪建建材联〔2016〕432号）。该办法明确扶持资金为上海市节能减排专项财政资金，并对其支持的范围与奖励标准进行明确，该财政补贴的类型具有多类型、大力度的特点。

为进一步鼓励并指导社会各界积极申报以上财政支持，上海市建筑建材业市场管理总站发布《关于组织申报2016—2017年上海市建筑节能和绿色建筑示范项目专项扶持资金的通知》（沪建市管〔2016〕88号），该通知以申报指南方式进一步明确有关申报条件、程序和相关要求，指导申报工作的落实。同时，建立网上申报系统，已经正式上线使用。

2016年度上海市共使用节能专项扶持资金约1.64亿元，其中补贴示范项目共有1.45亿元，市级财政1.21亿元为53个项目提供了补贴立项，示范项目类型数量及比例如图7-3所示。

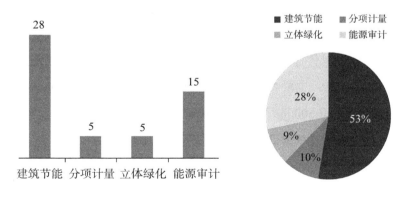

图7-3　上海市2016年度建筑节能项目专项扶持项目数量及比例图

4. 绿色建筑发展特色

1）绿色建筑发展水平位于全国前列

上海市新建建筑绿色、节能、环保水平明显提高，建筑工业化水平取得显著进步，既有建筑节能改造稳步推进，绿色建筑发展水平位于全国前列。截至 2017 年 12 月底，上海市共有绿色建筑评价标识项目 482 个。

2）加强绿色建筑培训宣传

多次组织绿色建筑相关标准和技术的宣贯活动，向上海市建设工程领域相关的从业单位和从业人员进行教育培训，普及绿色建筑相关知识，提高社会各界对绿色建筑的认知度。为了提高绿色建筑评价标识的评审质量以及更好地规范管理评审专家和相关从业人员，上海市扩充了绿色建筑的评审专家队伍，建立了绿色建筑评审专家库。同时对绿色咨询从业人员进行了培训和考核，由管理单位颁发专家证书和培训证书，并形成常态化的管理制度。

截至 2016 年底，上海市绿色建筑评审专家及专业评价人员总人数达到 198 人，为提升绿色建筑标识评审质量，在正式评审前设立专业评价制度，据绿色建筑评审机构的统计数据，经过多年的扩充和积累，专家库覆盖民用建筑评审专家、工业建筑评审专家、民用建筑专业评价、工业建筑专业评价 4 大类，有力地支撑上海市绿色建筑标识评价工作。其中具有教授级高工职称人数占 30%。另外，根据中国绿色建筑与节能专业委员会统计，上海市专家委员共 56 位，占全国总人数的 9%，远超全国平均水平；在中国绿建委青委会中，上海市青年委员达到 88 位，占全国总人数的 23%，居全国各省市榜首。

3）科研课题

科学研究是推动绿色建筑行业发展的重要力量之一，对前沿技术及政策动向进行探索研究，可以引领行业的发展方向，解决行业产业发展中的突出问题。2016 年 8 月上海市人民政府印发的《上海市科技创新"十三五"规划》（沪府发〔2016〕59 号）将绿色建筑与生态社区建设纳入重点任务和方向，凸显绿色建筑领域的科技研发在科技创新和社会发展中的重要性。

7.2.5 重庆市绿色建筑发展动态

1. 绿色建筑标准体系

1）发布绿色建筑评价地方标准

重庆市《绿色建筑评价标准》DBJ/T 50—066—2009，由重庆市建设技术发展中心、重庆市建筑节能中心主编，自 2010 年 2 月 1 日开始实施。该标准于 2014 年进行了修订，由重庆市绿色建筑主委员会、万科（重庆）房地产有限公司、重庆市建设技术发展中心主编，修订后自 2014 年 11 月 1 日开始实施。

重庆市《绿色建筑评价标准》DBJ/T 50—066—2014 评价指标体系由节地与室外环境、节能与能源利用、节水与水资源利用、节材与材料资源利用、室内环境质量、施工管理和运营管理 7 类指标组成，每类指标包括控制项、评分项。与 2009 版的标准依据各类指标一般项达标的条文数以及优选项达标的条文数确定绿色建筑等级的方式不同，本版标准依据总得分来确定绿色建筑等级。考虑到各类指标重要性方面的相对差异，计算总得分时引入了权重。同时，为了鼓励绿色建筑技术和管理方面的提升和创新，计算总得分时还计入了加分项的附加得分。绿色建筑的等级由低到高依次分为银级、金级、铂金级。3 个等级的绿色建筑都应满足本标准所有控制项的要求，且每类指标的评分项得分不应小于 40 分。3 个等级的最低总得分分别为 50 分、60 分、80 分。

2）建立绿色建筑地方标准体系

重庆市先后于 2005 年和 2007 年发布了《绿色生态住宅区建设技术规程》和《绿色建筑标准》，2009 年根据发展绿色低碳建筑的需要，参照国家《绿色建筑评价标准》、美国 LEED 绿色建筑评估体系和英国 BREEAM 绿色建筑评估体系，修订发布了重庆市《绿色建筑评价标准》，2011 年又研究出台了《重庆市绿色建筑评价技术细则（试行）》，为开展绿色建筑评价提供依据，为重庆市绿色建筑的规划、设计、建设和管理提供技术指引。2012 年以来，组织修订完善现行建筑节能设计标准体系，把一星级绿色建筑的技术要求作为强制性条文纳入公共建筑节能 50% 设计标准和居住建筑节能 65% 设计标准内容，目前《公共建筑节能设计标准》已通过专家审查正在报住房和城乡建设部备案，《居住建筑节能 65% 设计标准》已形成征求意见稿，为在重庆主城核心区新建公共和居住建筑中逐步执行一星级绿色建筑标准做好技术准备工作。同时率先在国内发布了《低碳建筑评价标准》和《重庆市绿色低碳生态城区评价指标体系（试行）》，编制完成了《绿色建材评价标准》和《绿色低碳生态城区评价标准》，同时组织对已发布的《绿色建筑评价标准》进行了修订，启动了《绿色建筑设计标准》《绿色建筑施工技术规程》《绿色建筑检测标准》《绿色工业建筑技术导则》等 4 项标准的编制工作。

2. 绿色建筑管理

重庆市出台了《重庆市绿色建筑评价标识管理办法》，明确绿色建筑评价标识的组织管理、工作流程及监管责任。同时成立了重庆市绿色建筑专业委员会，组建了绿色建筑评价标识专家队伍，认定了一批绿色建筑评价标识技术依托单位。重庆市已搭建起由重庆市住房和城乡建设委员会统一管理，重庆市建筑节能中心负责日常工作，重庆市绿色建筑专业委员会负责评审组织，重庆市绿色建筑专业委员会负责技术支撑，咨询单位提供咨询服务，各方分工负责、协调推进绿色建筑评价标识管理体系的建立。根据 2012 年重庆市政府规章立法调研计划，完成了《重庆市绿色建筑管理办法》政府规章立法调研，认真研究推动绿色建筑发展的创新管理机制，探索绿色建筑评价与现行行政审批结合的方式，努力提升重庆市建筑绿色化水平。

加强新建建筑节能全过程监督管理，发布《公共建筑节能（绿色建筑）标准》和配套的设计文件编制技术规定。将一星级绿色建筑的评价管理纳入现行建筑节能监管体系，自 2013 年 12 月 1 日在重庆都市功能核心区和都市功能拓展区的公共建筑执行国家一星级绿色建筑标准。

3. 绿色建筑相关政策法规

2011 年制定发布了《关于切实加快发展绿色建筑的意见》，明确了"十二五"期间绿色建筑工作目标、主要措施。2012 年又出台了《关于做好2012 年全市建筑节能工作的实施意见》，明确 2012 年为重庆市的绿色建筑推动年，要求全面推动绿色建筑发展，推进国有投资为主的新建公共建筑率先强制执行绿色建筑标准，要求重庆各区培育建设 3 个以上的绿色建筑并通过评价标识，重庆各县培育建设 1 个以上的绿色建筑并通过评价标识，该意见于2017 年已经废止。

2013 年底发布了《重庆市绿色建筑行动实施方案（2013—2020 年）》，要求 2015 年起，除重庆主城区中心区和两江新区新建公共建筑继续执行一星级绿色建筑标准外，重庆其他区县（自治县）城市规划区新建公共建筑也开始执行一星级绿色建筑标准；2015年末，建成10个以上在西南地区领先的绿色建材产业基地。力争2020年，重庆市城镇新建建筑全面执行一星级绿色建筑标准，建成一批绿色低碳生态城区；基本完成有改造价值的大型公共建筑的节能改造；基本实现可再生能源在建筑中的规模化应用；绿色建材在新建建筑中的应用比例超过60%。

为加快生态文明建设，施行大气污染防治行动计划，大力发展以节能、节地、节水、节材和环境保护为核心的绿色节能建筑，根据《重庆市建筑节能条例》和《国务院办公厅关于转发发展和改革委员会、住房和城乡建设部绿色建筑行动方案的通知》等有关规定，重庆市绿专委制定了《重庆市建筑能效（绿色建筑）测评与标识管理办法》，于2015年7月1日施行，原《重庆市建筑能效测评与标识管理办法》同时废止。

为充分发挥财政资金效益，促进更高星级绿色建筑发展，根据《重庆市绿色建筑项目补助资金管理办法》结合实际，建立了绿色建筑的专项资金支持政策。获得重庆金级或铂金级绿色建筑评价标识项目的配套室内车库满足国家和重庆绿色建筑室内车库有关技术要求的，该项目申请重庆绿色建筑补助资金时，相应室内车库建筑面积纳入补助资金面积核定；其配套室内车库不满足国家和重庆绿色建筑室内车库有关技术要求的，该项目申请重庆绿色建筑补助资金时，相应室内车库建筑面积不纳入补助资金面积核定。对获得金级绿色建筑标识的项目仍按项目建筑面积25元/m²的标准予以补助，但资金补助总额不超过400万元。其中，对仅获得重庆金级绿色建筑竣工标识的项目仍按项目建筑面积10元/m²的标准予以补助，但该阶段补助资金总额不超过160万元。上述各阶段补助资金限额为不含项目室内车库的部分。

4. 绿色建筑发展特色

1）加强绿色建筑技术交流宣传

2011年与住房和城乡建设部科技发展促进中心联合举办了重庆市绿色建筑评价标识专项培训会，对重庆市绿色建筑评价标识评审专家及技术依托、咨询、开发建设、设计等单位的从业人员开展培训，提升了参会学员绿色建筑实施能力。2012年重庆市还率先在全国组织编制出版了《建筑节能管理》《建筑节能设计》《建筑节能施工与监理》《建筑节能材料与设备》《建筑节能检测》和

《建筑节能运行管理》系列建筑节能管理与技术丛书，作为国内首部成体系的建筑节能工具书，为各级城乡建设主管部门以及广大建设、设计、审图、施工、监理、检测和材料生产供应单位培训学习和开展工作提供了依据，为全面提升重庆市建筑节能和绿建委实施能力奠定了坚实基础。同时 2012 年重庆市还完成了 3000 人次的建筑节能技能培训，并组织重庆市建设系统相关管理人员赴美开展了为期 3 周的绿色建筑培训，进一步开阔视野，拓宽推动绿色低碳建筑发展的工作思路。近年来，在建筑节能与绿色建筑领域，重庆市先后与美国、加拿大、德国、英国、澳大利亚等国开展合作，加强绿色建筑技术交流合作。2012 年先后举办了"重庆市—西雅图市绿色低碳建筑技术论坛"、第十五届渝洽会"2012 中美绿色建筑产业合作论坛""2012 中国（重庆）—澳大利亚绿色建筑设计及技术论坛"等多个技术交流活动，增进公众对绿色建筑的认识，提高行业发展绿色建筑的技术水平。

2）培育绿色建筑产业发展

自 2004 年以来，每年发布了一期禁限技术通告，对生产能耗高、资源能源利用效率低、产品热工性能差、不利于实施建筑节能和绿色建筑的 212 项落后建筑材料、产品、技术和工艺做出了限制或禁止使用的规定；同时为强化建筑节能材料使用质量动态监管，严格实施建筑节能材料使用备案准入管理制度，2012 年以来已将 190 余项建筑节能材料纳入备案管理，并取消 23 项建筑节能材料的建筑节能技术备案，切实规范建筑节能技术和产品使用行为。结合重庆资源特色、气候特征和工程示范经验，深入研究经济适用安全的绿色建筑技术路线，引导和培育通风、遮阳等被动式技术体系产业化发展。

第8章　湖南省绿色建筑发展现状及面临的问题分析

8.1 湖南省与全国其他地区绿色建筑发展概况对比分析

8.1.1 国内绿色建筑的发展历史

中国在发展绿色建筑方面做了很多工作。中国的绿色建筑,随着成功举办14届绿色建筑大会,已走过十几年路程。中国绿色建筑倡导者、连续主持十几届绿建大会的住房和城乡建设部原副部长仇保兴指出,绿色建筑从零到有,从少到多,增长十分迅速。回顾10年历程,再展望未来10年,绿色建筑发展的大趋势已不可能逆转,前景更加美好,发展路径更加清晰,绿色建筑占到全国新建建筑面积比率将明显上升。近年来国家在推动绿色建筑发展方面的力度逐步加大,中国绿色建筑发展已经历了起步、快速发展到规模化推进3个阶段。

1. 起步阶段

2004—2008年。该阶段具有注重新技术应用、技术示范的特征。

2008年之前均可视为起步阶段。这一阶段的特点是国内绿色建筑地区发展不平衡、总量规模比较小;与英美等发达国家相比,中国的绿色建筑事业起步较晚,但发展势头良好,各地出现了一批示范项目,但技术集成水平与相关评价标准仍处于初级阶段,需要不断地完善提高。住房和城乡建设部2007年正式启动了中国绿色建筑评价工作,到2008年末,中国仅有10个绿色建筑,分布在江苏、上海、浙江、广东、湖北以及北京。当时,由于国内绿色建筑评价体系尚未普及,LEED评价体系使用较多;至2008年底,LEED项目有23个。

2. 快速发展阶段

2009—2012 年。该阶段绿色理念深入设计过程，因地制宜，融入行业各环节，社会普遍接受绿色理念。

快速发展阶段，绿色建筑的数量增加很快，至 2011 年底，全国拥有近300 个绿色建筑，逐渐从东部地区向中西部地区发展。2012 年 10 月 24 日，在以"绿色低碳，和谐共赢"为主题的第十八届全国暖通空调制冷学术年会大会论坛上，中国绿色建筑与节能委员会主任、中国建筑科学研究院顾问总工程师王有为作了"中国绿色建筑发展现状与态势"主题发言，指出中国绿色建筑发展的情况已经由起步阶段进入快速发展阶段。随着绿色建筑的深入发展，绿色建筑从建筑向城市发展，开始提出了建设生态城市目标，强制推动了绿色建筑发展。根据住房和城乡建设部的统计数据，2008—2012 年来，中国绿色建筑每年以翻番的速度发展，2012 年绿色建筑项目数和面积均相当于 2008—2011年的总和。而今后绿色建筑还将得到更大的发展，根据国家规划，"十二五"期间，中国计划完成新建绿色建筑 10 亿 m^2；预计到 2015 年末，20% 的城镇新建建筑达到绿色建筑标准要求。

3. 规模化推进阶段

2013 至今。绿色建筑上升为国家战略，规模化发展。

2013 年 1 月 1 日，国务院办公厅以国办发〔2013〕1 号转发国家发展和改革委员会、住房和城乡建设部制定的《绿色建筑行动方案》。2013 年一开年就通过国务院办公厅发布出来，体现了国家对绿色建筑的态度，是绿色建筑最高的纲领性文件。国务院转发《绿色建筑行动方案》，再一次重申了绿色建筑发展主要目标，"十二五"期间，完成新建绿色建筑 10 亿 m^2；到 2015 年末，20% 的城镇新建建筑达到绿色建筑标准，标志着国内绿色建筑开始进入规模化发展阶段。在 2013 年 7 月 26 日的安徽省绿色建筑发展论坛上，住房和城乡建设部科技发展促进中心主管人员讲道："截至今年 6 月底，全国获得绿色建筑标识的项目接近 1000 项，绿色建筑总建筑面积突破了 1 亿平方米。"并表示，目前国内绿色建筑已经走过了试点、示范的阶段，进入了规模化推进的阶段。国内各大房地产行业也全面启动绿色建筑，纷纷把绿色建筑星级认证作为企业的目标，如绿地集团 80% 新建项目获得绿色星级认证，万达集团所有新建项目至少达到绿色一星认证等。

2016 年发布的"十三五"发展规划纲要首次将生态文明建设作为发展战略的重要内容，提出"创新、协调、绿色、开放、共享"的发展理念。十九大提出"建立健全绿色低碳循环的经济体系，形成绿色发展方式和生活方式。"在国家政策和标准的作用下，绿色建筑一方面在外延上向健康、装配式、智慧、超低能耗方向拓展延伸，另一方面其自身也在朝着更高性能、更高目标发展提升，助推了行业转型升级和跨越发展。

8.1.2 国内绿色建筑的发展现状

截至 2017 年底，全国共评出 10138 项绿色建筑评价标识项目。2008—2010 年属于起步期，中国绿色建筑标识数量缓慢发展；2011—2014 年中国绿色建筑标识数量成倍增长；2015—2017 年中国绿色建筑标识数量快速发展。其中，2017 年获得绿色建筑评价标识的建筑项目 2672 个，可推测中国绿色建筑即将迎来高速发展期，数量可观，如图 8-1 所示。但目前绿色建筑运行标识项目还相对较少，仅占建筑项目总量 5% 左右。

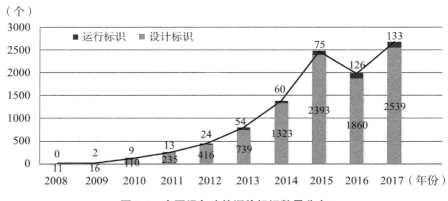

图 8-1　全国绿色建筑评价标识数量分布

在生态城方面，2012 年住房和城乡建设部批准了中新天津生态城、唐山市唐山湾生态城、无锡市太湖新城、长沙市梅溪湖新城、深圳市光明新区、重庆市悦来绿色生态城区、贵阳市中坦未来方舟生态新区、昆明市呈贡新区等共 8 个项目作为全国首批绿色生态示范城区，并授予每个项目 5000 万～ 8000 万元的补贴资金。2013 年 3 月，住房和城乡建设部发布《"十二五"绿色建筑和绿色生态城区发展规划》提出在"十二五"末期，要求实施 100 个绿色生态城区示范建设。全国各地如火如荼地开启了绿色生态城区建设工作。山东、安徽、重庆等省、市级绿色生态城区建设标准、鼓励政策也纷纷出台。住房和城乡建设部于 2017 年 7 月 31 日发布了《绿色生态城区评价标准》GB/T 51255—2017，并于 2018 年 4 月 1 日起实施。

8.1.3 湖南省与全国其他地区绿色建筑发展概况对比分析

通过对比分析湖南省与全国其他地区绿色建筑发展概况，有以下结论：

1. 湖南省绿色建筑发展起步晚

2008—2010 年中国绿色建筑标识数量缓慢发展，此阶段国内绿色建筑地区发展不平衡、总量规模比较小，主要集中在经济发达的江浙及珠三角等沿海地区；2011 年开始快速发展，数量增长较快，绿色建筑发展开始转向了中西部地区，湖南省此时开始缓慢发展。湖南省首个绿色建筑标识项目始于 2011 年，和全国绿色建筑发展较快的地区相比，起步较晚。

2. 湖南省绿色建筑标识数量整体较少，且集中于省会长沙

图 8-2 所示为全国排名前 15 的各省、直辖市绿色建筑数量。湖南省共有461 个标识项目，全国排名第 6 位，在全国来说处于中等偏上水平，但仍远远落后于江苏、广东、山东等东部省份（数据截至 2018 年 9 月底，根据各省份住房和城乡建设厅发布公告整理）。

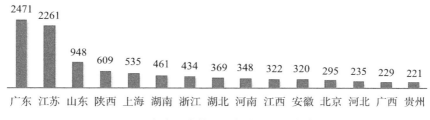

图 8-2　各省、直辖市绿色建筑数量（前 15）

图 8-3 所示为绿色建筑数量全国排名前 15 的城市，长沙市共有 403 个标识项目，排在第六位（数据截止到 2018 年 9 月底）。

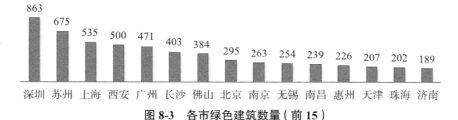

图 8-3　各市绿色建筑数量（前 15）

3. 湖南省绿色生态城区发展迅速

湖南省虽单体绿色建筑数量较少，但是集中连片的绿色生态城区发展位于全国前列，长沙市梅溪湖新城获批为 8 个全国首批绿色生态示范城区之一，2015 年湘江新区获批为国家级新区。

8.2 湖南省与全国其他地区绿色建筑政策对比分析

8.2.1 强制推行绿色建筑政策

《绿色建筑行动方案》的出台标志着中国绿色建筑已由示范推广阶段过渡到强制推行阶段。为了积极响应十八大精神，贯彻《国务院办公厅关于转发发展改革委 住房城乡建设部绿色建筑行动方案的通知》（国办发〔2013〕1 号）对各省的要求，2013 年 3 月，湖南省人民政府发布《湖南省人民政府关于印发绿色建筑行动实施方案的通知》（湘政发〔2013〕18 号）。长沙、株洲、湘潭、益阳、怀化、永州、郴州、邵阳等市州先后发布当地绿色建筑行动方案，积极推动全省绿色建筑的发展。

根据《国务院办公厅关于转发发展改革委 住房城乡建设部绿色建筑行动方案的通知》（国办发〔2013〕1 号），自 2014 年起全面执行绿色建筑标准的建筑类型包括以下几类：

（1）政府投资的国家机关、学校、医院、博物馆、科技馆、体育馆等建筑；

（2）直辖市、计划单列市及省会城市的保障性住房；

（3）单体建筑面积超过 2 万 m^2 的机场、车站、宾馆、饭店、商场、写字楼等大型公共建筑。

从表 8-1 可以看出，湖南省强制推行绿色建筑的范围跟国家是一致的。广东省深圳市、江苏省、上海市全面执行绿色建筑标准，江苏省更是发布了全国第一个绿色建筑地方性法规，将绿色建筑推至立法的高度，这些省、市都是走在全国前列的，绿色建筑标识项目的数量和推广面积也是全国领先，湖南省绿色建筑推行政策还有很大发展空间。

8.2.2 激励措施

根据《湖南省绿色建筑行动实施方案》以及各市州出台的绿色建筑行动实

强制推行绿色建筑政策对比 表 8-1

地区	政策文件	激励措施
全国	《关于加快推动中国绿色建筑发展的实施意见》(财建〔2012〕167号) 《国务院办公厅关于转发发展改革委 住房城乡建设部绿色建筑行动方案的通知》(国办发〔2013〕1号)	1. 对高星级绿色建筑给予财政奖励。2012 年奖励标准为:二星级绿色建筑 45 元 /m²(建筑面积,下同),三星级绿色建筑 80 元 /m² 2. 中央财政对经审核满足上述条件的绿色生态城区给予资金定额补贴。资金补助基准为 5000 万元,具体根据绿色生态城区规划建设水平、绿色建筑建设规模、评价等级、能力建设情况等因素综合核定
	《关于印发夏热冬冷地区既有居住建筑节能改造补助资金管理暂行办法的通知》(财建〔2012〕148号)	1. 补助资金将综合考虑不同地区经济发展水平、改造内容、改造实施进度、节能及改善热舒适性效果等因素进行计算,并将考虑技术进步与产业发展等情况逐年进行调整 2. 地区补助基准按东部、中部、西部地区划分:东部地区 15 元 /m²,中部地区 20 元 /m²,西部地区 25 元 /m²
湖南	《湖南省人民政府关于印发绿色建筑行动实施方案的通知》(湘政发〔2013〕18号)	1. 对取得绿色建筑评价标识的项目,各地可在征收的城市基础设施配套费中安排一部分奖励开发商或消费者;对其中符合相关条件的项目优先纳入省重点工程项目;对其中的房地产开发项目,另给予容积率奖励 2. 对采用地源热泵系统的项目,在水资源费征收时给予政策优惠 3. 对列入省绿色建筑创建计划的项目,纳入绿色审批通道。对因绿色建筑技术而增加的建筑面积,不纳入建筑容积率核算。在"鲁班奖""广厦奖""华夏奖""湖南省优秀勘察设计奖""芙蓉奖"等评优活动及各类示范工程评选中,将获得绿色建筑标识作为民用房屋建筑项目入选的必备条件
	《关于进一步开展绿色建材推广和应用工作的通知》(湘建科〔2017〕188号)	1. 支持企业创新研发绿色建材和应用技术,对获得相关知识产权、专利、工法等技术产品,其工程技术规程或工程技术应用导则优先列入省建设科技计划 2. 对获得绿色建材评价标识的企业和成功运用绿色建材的试点示范项目,湖南省工业转型升级专项资金和新型城镇化引导资金分别给予优先支持。对符合条件的绿色建材标识企业,可申请享受资源综合利用税收减免优惠

地区	政策文件	激励措施
湖南	《长沙市人民政府关于印发长沙市绿色建筑行动实施方案的通知》（长政发〔2013〕33号）	1. 市级财政每年整合安排2000万元建筑节能与绿色建筑专项资金 2. 在全装修住宅、全装修集成住宅容积率奖励办法的基础上，研究制定绿色建筑容积率奖励办法 3. 通过绿色建筑设计评价标识的建设项目进入审批绿色通道 4. 购买绿色建筑二星级及以上住宅项目的个人依法返还一定比例契税 5. 绿色建筑开发项目依法享受税收优惠 6. 长沙大河西先导区管委会、长沙高新区管委会及各区县（市）政府应根据各自情况制定本区域内绿色建筑激励政策和奖励标准
	《关于促进房地产市场平稳健康发展的通知》（长政办函〔2015〕67号）	在长沙购买绿色建筑可按60元/m² 标准获得补贴。长沙县、望城区、浏阳市、宁乡县可参照执行。自发布日开始实施，实施一年
	《关于做好绿色建筑、产业化住宅、全装修普通商品住宅财政补贴的通知》（长住建发〔2015〕114号）	在长沙购买绿色建筑、产业化住宅、全装修普通商品住宅，将获得60元/m²的补贴 补贴对象：1. 网签时间为2015年5月19日至2016年5月18日的个人购房者；2. 新建住宅且建筑面积不超过144m²；3. 符合市住建委公布的购房补贴目录
	《关于印发长沙市民用建筑节能和绿色建筑管理办法的通知》（长政办发〔2017〕53号）	1. 长沙市县级以上人民政府应设立建筑节能和绿色建筑专项资金，用于支持建筑节能和绿色建筑科学技术研究和标准制定、既有建筑的节能改造、绿色建筑推广、绿色建材研发生产与推广、可再生能源建筑应用，以及建筑节能和绿色建筑示范工程、节能项目的推广等 2. 国家机关办公建筑的节能改造费用，由本级人民政府纳入财政预算 3. 鼓励社会资金投资既有民用建筑节能改造。从事民用建筑节能改造服务的企业，可以通过合同能源管理的方式分享因能源消耗降低带来的收益 4. 鼓励金融机构按照国家规定，对既有民用建筑节能改造、可再生能源的应用、民用建筑节能示范和绿色建筑项目提供信贷支持 5. 长沙市住房城乡建设行政主管部门建立建筑节能和绿色建筑示范工程推广制度，经评定列入示范项目库的项目，授予"长沙市建筑节能或者绿色建筑示范工程"称号，按照有关规定享受财政资金奖励或者定额补助

续表

地区	政策文件	激励措施
湖南	《关于印发株洲市绿色建筑行动实施方案的通知》（株政发〔2016〕19号）	1. 对取得绿色建筑评价标识的房地产开发项目，给予容积率奖励，对因绿色建筑技术而增加的建筑面积，不纳入建筑容积率核算 2. 对取得绿色建筑评价标识的建设项目，在征收的城市基础设施配套费中安排部分资金奖励建设单位或消费者 3. 通过绿色建筑评价标识的建设项目，进入审批绿色通道 4. 将实施绿色建筑技术作为"鲁班奖""广厦奖""华夏奖""湖南省优秀勘察设计奖"等评优活动及各类示范工程评选的前置条件
	《湘潭市绿色建筑实施办法》（潭政办发〔2013〕91号）	湘潭设立绿色建筑和科技专项资金并明确对二星级设计标识给予 10 元 /m²，三星级项目给予 20 元 /m² 补助
	《先导区绿色建筑管理暂行办法》（长先管发〔2014〕19号）	取得住房和城乡建设部或湖南省住房和城乡建设厅颁发的绿色建筑评价标识的项目，先导区财政按建筑面积给予一星级绿色建筑奖励 15 元 /m²（暂定梅溪湖新城范围内）、二星级或三星级绿色建筑奖励 25 元 /m²，并根据国家、省、市相关绿色建筑奖励政策的变化相应调整，同步执行
	《关于印发娄底市绿色建筑行动实施方案的通知》（娄政发〔2014〕2号）	1. 对取得绿色建筑评价标识的项目，给予资金补助 2. 对取得绿色建筑运行阶段评价标识的，在征收的城市基础设施配套费中安排一部分奖励开发商或消费者，具体办法由市财政局会同市住建局研究制定 3. 对采用地源热泵系统的项目，在水资源费征收时给予减免 4. 工程报建纳入绿色审批通道 5. 金融机构加大信贷支持，优先支持绿色建筑消费和开发贷款，在贷款浮动范围内，绿色建筑的消费贷款利率可下浮 0.5%，开发贷款利率可下浮 1% 6. 在"鲁班奖""芙蓉奖""荣誉奖""湖南优秀勘察设计奖"等评优活动及各类示范工程评选中作为评奖的必备条件 7. 在企业资质年检、企业资质升级中给予优先考虑或加分
	《关于印发常德市绿色建筑行动实施方案的通知》（常政办发〔2015〕18号）	1. 政府财政投资的绿色建筑示范项目，所增加的建设成本直接列入工程总造价。获得国家绿色建筑二星和三星标识的绿色建筑项目，按照财政部、住房城乡建设部《关于加快推动我国绿色建筑发展的实施意见》（财建〔2012〕167号）规定，按标准给予财政专项奖励 2. 改进和完善对绿色建筑产业和建筑工业化的金融服务，鼓励地方金融机构优先支持绿色建筑示范项目、绿色产业、产品开发生产企业、建筑工业化示范基地及绿色建筑施工等项目的开发贷款，并在国家许可利率浮动范围内按最低利率执行 3. 对居民生活小区内采用地下水源热泵空调系统、土壤源热泵空调系统项目，运行电价按居民用电价格执行 4. 优先推荐绿色建筑示范工程、绿色施工示范项目参加各类优秀设计评选和"芙蓉奖""鲁班奖"的评选，并对相关设计、施工单位在资质升级换证、参与项目招投标过程中给予优先和加分

地区	政策文件	激励措施
湖南	《郴州市人民政府关于加快推进我市绿色建筑发展的实施意见》（郴政办发〔2013〕14号）	严格执行财建〔2012〕167号、湘政发〔2013〕18号规定的激励政策，经国家、省有关部门按程序审核通过的高星级绿色建筑，由中央财政给予补助，奖励标准为：二星级绿色建筑45元/m²（建筑面积，下同），三星级绿色建筑80元/m²，对符合国家规定的绿色生态城（区）给予资金定额补助，资金补助基准为5000万元 对取得绿色建筑标识的项目优先纳入省、市重点工程项目；对其中的房地产开发项目，另给予容积率奖励。对采用地源热泵系统的项目，在水资源费征收时给予政策优惠。认真执行国家、省绿色建筑相关政策，结合实际情况研究制定绿色建筑发展激励政策
北京	《北京市发展绿色建筑推动绿色生态示范区建设财政奖励资金管理暂行办法》（京财经二〔2014〕665号）	第七条，对绿色建筑标识项目给予财政奖励。在中央奖励资金基础上，对绿色建筑标识项目按建筑面积给予奖励资金。奖励标准为：二星级标识项目22.5元/m²，三星级标识项目40元/m²，奖励标准根据技术进步、成本变化等情况适时调整，奖励资金主要用于补贴绿色建筑咨询、建设增量成本及能效测评等方面 第九条，对绿色建筑标识认证工作经费给予保障。一、二星级绿色建筑设计标识认证费用标准为8000元/项目，一、二星级绿色建筑运行标识的认证费用标准为10000元/项目，项目认证、绩效评价等工作经费可从市级奖励资金中列支
广东深圳	《深圳市建筑节能发展资金管理办法》（深建字〔2012〕64号）	规定建筑节能发展资金用于支持建筑节能、绿色建筑、可再生能源建筑应用、建筑废弃物减排与利用、建筑工业化等建设领域节能减排项目
	《深圳市绿色建筑促进办法》（深圳市人民政府令第253号）	市财政部门每年从市建筑节能发展资金中安排相应资金用于支持绿色建筑的发展：申请国家绿色建筑评价标识并获得三星级的绿色建筑。在奖励方面，规定对于获得深圳市金级或国家二星级及以上等级的绿色建筑，可给予容积率奖励或资金奖励；绿色建筑的建设单位可以向深圳市建设主管部门申请贷款贴息；在深圳市注册的节能服务企业，采用合同能源管理方式为建筑物提供节能改造和绿色改造的，可以向深圳市发展改革部门、财政部门申请合同能源管理财政奖励资金支持，也可凭项目合同向银行申请无抵押融资贷款等
江苏	《江苏省绿色建筑发展条例》（江苏省人大常委会公告第23号）（全国第一个绿色建筑地方性法规）	1. 外墙保温层的建筑面积不计入建筑容积率 2. 居住建筑利用浅层地温能供暖制冷的，执行居民峰谷分时电价 3. 公共建筑达到二星级以上绿色建筑标准的，执行峰谷分时电价 4. 采用浅层地温能供暖制冷的企业参照清洁能源锅炉采暖价格收取采暖费 5. 地源热泵系统应用项目按照规定减征或者免征水资源费 6. 使用住房公积金贷款购买二星级以上绿色建筑的，贷款额度可以上浮20%，具体比例由住房公积金管理委员会确定

地区	政策文件	激励措施
上海	《上海市建筑节能项目专项扶持办法》(沪发改环资〔2012〕088号)	1. 对二星级居住建筑的建筑面积 2.5hm² 以上、三星级居住建筑的建筑面积 1hm² 以上；二星级公共建筑单体建筑面积 1hm² 以上、三星级公共建筑单体建筑面积 5000m² 以上，必须实施建筑用能分项计量，与上海市国家机关办公建筑和大型公共建筑能耗监测平台数据联网的绿色建筑项目，每平方米最高可获补贴 60 元，单个项目最高可获补贴 600 万元 2. 设立整体装配式住宅、高标准建筑节能、既有建筑改造示范项目，既有建筑外窗或外遮阳节能改造、可再生能源、立体绿化、建筑节能管理等相应补贴 3. 上海市政府确定的保障性住房和大型居住社区中的可再生能源与建筑一体化应用示范项目以及整体装配式住宅示范项目，单个项目最高补贴 1000 万元；其他单个示范项目最高补贴 600 万元
	《上海市建筑节能和绿色建筑示范项目专项扶持办法》(沪建建材联〔2016〕432号)	1. 符合绿色建筑示范的项目，二星级绿色建筑运行标识项目每平方米补贴 50 元，三星级绿色建筑运行标识项目每平方米补贴 100 元 2. 符合装配整体式建筑示范的项目，每平方米补贴 100 元 3. 符合既有建筑节能改造示范的项目，居住建筑每平方米受益面积补贴 50 元；公共建筑单位建筑面积能耗下降 20% 及以上的，每平方米受益面积补贴 25 元；公共建筑单位建筑面积能耗下降 15%(含)～20% 的，每平方米受益面积补贴 15 元 4. 符合既有建筑外窗或外遮阳节能改造示范的项目，按照窗面积每平方米补贴 150 元；对同时实施建筑外窗和外遮阳节能改造的，按照窗面积每平方米补贴 250 元 5. 符合可再生能源与建筑一体化示范的项目，采用太阳能光热的，每平方米受益面积补贴 45 元；采用浅层地热能的，每平方米受益面积补贴 55 元 6. 符合立体绿化示范的项目，花园式屋顶绿化每平方米绿化面积补贴 200 元；组合式屋顶绿化每平方米绿化面积补贴 100 元；草坪式屋顶绿化每平方米绿化面积补贴 50 元。一般墙面绿化每平方米绿化面积补贴 30 元，特殊墙面绿化每平方米绿化面积补贴 200 元 7. 符合建筑节能管理与服务的能源审计和分项计量项目，按照政府采购确定的费用给予补贴 8. 被列为国家绿色生态示范城区、国家级示范项目、可再生能源建筑应用示范城市或示范县的项目，申请到中央财政专项资金补贴的，地方财政将给予适当支持。鼓励区县财政给予支持 9. 装配整体式建筑单个示范项目最高补贴 1000 万元，其他单个示范项目最高补贴 600 万元。单个示范项目的补贴资金不得超过该项目总投资额的 30% 10. 已从其他渠道获得市级财政资金支持的项目，不得重复申报。同一项目只能选择本办法支持范围中的一项给予补贴

地区	政策文件	激励措施
重庆	《关于印发重庆市绿色建筑项目补助资金管理办法的通知》(渝建发〔2015〕59号)	重庆市城乡建委、市财政局对获得金级、铂金级绿色建筑标识的项目按项目建筑面积分别给予25元/m² 和40元/m² 的补助资金，并根据技术进步、成本变化等情况适时调整。其中，对仅获得重庆市金级、铂金级绿色建筑竣工标识的项目分别给予10元/m² 和15元/m² 的补助资金
	《关于完善重庆市绿色建筑项目资金补助有关事项的通知》(渝建发〔2017〕30号)	1. 获得重庆市金级或铂金级绿色建筑评价标识项目的配套室内车库满足国家和重庆市绿色建筑室内车库有关技术要求的，该项目申请重庆市绿色建筑补助资金时，相应室内车库建筑面积纳入补助资金面积核定；其配套室内车库不满足国家和重庆市绿色建筑室内车库有关技术要求的，该项目申请重庆市绿色建筑补助资金时，相应室内车库建筑面积不纳入补助资金面积核定 2. 对获得金级绿色建筑标识的项目仍按项目建筑面积25元/m² 的标准予以补助，但资金补助总额不超过400万元。其中，对仅获得重庆市金级绿色建筑竣工标识的项目仍按项目建筑面积10元/m² 的标准予以补助，但该阶段补助资金总额不超过160万元。上述各阶段补助资金限额为不含项目室内车库的部分

施方案，提出的一些激励措施，包括对绿色建筑建立绿色审批通道、税收优惠政策、财政补贴政策、容积率奖励和信贷政策等。

长沙市政府办公厅2015年5月19日印发《关于促进房地产市场平稳健康发展的通知》，在长沙购买绿色建筑可按60元/m² 标准获得补贴。长沙县、望城区、浏阳市、宁乡县可参照执行。自发布日开始实施，实施一年。

8.3 湖南省与全国其他地区绿色建筑标准及相关研究对比分析

8.3.1 中国部分省、市绿色建筑标准体系建设情况

1. 北京市

2014年，北京市对应最新修订的国家标准《绿色建筑评价标准》GB 50378—2014，启动了北京市《绿色建筑评价标准》DB 11/938—2012的修订工作，新版本北京市《绿色建筑评价标准》DB11/T 825—2015于2015年12月发布，2016年4月1日正式实施。此次修订紧密结合北京市气候、资源、经济发展水平、人居生活特点和节能减排要求，遵循了"确保绿色效果，提升建筑品质"的基本原则，合理设置了具有北京项目绿色特点的评价指标或内容，

确保了标准的科学性、适宜性和可操作性。

2016 年 12 月北京市住房和城乡建设委员会发布了《北京市绿色建筑适用技术推广目录（2016）》（京建发〔2016〕469 号），推广了 67 项节地、节能、节材、节水、室内健康等绿色建筑适宜技术。

依据北京市《绿色建筑评价标准》，北京市还在设计、施工、审查等方面配套编制了相应的标准、规范等技术文件，其中已编制出版北京市《既有建筑改造绿色评价标准》《北京市绿色建筑评价技术指南》《北京市绿色建筑设计标准指南》《北京市绿色建筑一星级施工图审查要点》，以及北京市地方标准《绿色建筑工程施工验收规范》等，完善了北京市绿色建筑标准体系的建设。

2. 天津市

天津市于 2014 年启动了《天津市绿色建筑评价标准》DB/T 29—204 的修编工作，于 2015 年 10 月发布了新版《天津市绿色建筑评价标准》DB/T 29—204—2015，新版于 2016 年 1 月 1 日正式开始实施。同时为进一步完善绿色建筑标准体系，天津市还组织编制了《中新天津生态城绿色建筑评价标准》DB/T 29—192—2016、《天津市绿色建筑设计标准》DB 29—205—2015、《天津市民用建筑围护结构节能检测技术规程》DB/T 29—88—2014、《天津市民用建筑节能工程施工质量验收规程》DB 29—126—2014、《中新天津生态城绿色建筑运营管理导则》等标准规范，从设计、施工到运营的建筑全寿命周期角度制定完整的标准体系。

3. 上海市

上海市为推动绿色建筑由设计向运行发展，组织编制《绿色建筑工程验收规范》，自 2018 年 2 月 1 日起实施。标准主要技术内容包括：总则、术语、基本规定、室外总体工程、建筑与室内环境工程、结构工程与绿色施工、给水排水工程、供暖通风与空调工程、电气与智能化工程、绿色建筑分部工程质量验收以及附录。标准为进一步规范上海市绿色建筑工程质量管理，统一绿色建筑工程验收要求，保障绿色建筑工程质量提供了支撑。

上海市在对应国家绿色建筑标准体系建立相应标准规范的基础上，新增了部分绿色建筑技术措施的技术规程，其中包括《地源热泵工程技术规程》DG/TJ 08—2119—2013、《保温装饰复合板墙体保温系统应用技术规程》DG/TJ 08—2122—2013、《岩棉板（带）薄抹灰外墙外保温系统应用技术规程》DG/

TJ 08—2126—2013、《机关办公建筑用能监测系统工程技术规范》DG/TJ 08—2127—2013 等。同时，在绿色建筑设计与检测领域还出台了《上海市住宅建筑绿色设计标准》《上海市公共建筑绿色设计标准》《上海市绿色建筑检测和评定技术标准》等，针对不同的建筑类型，上海市还开展了"超高层绿色建筑评价指标体系与标准研究""上海城区学校绿色建筑设计指标体系与关键保障技术研究""绿色养老社区评价技术细则"等课题研究。

4.江苏省

江苏省是中国绿色建筑项目数量最多、创建面积最大的省份，绿色建筑已经是江苏省建筑业转型升级的重要抓手。在标准体系建设方面，江苏省开展了"江苏省绿色建筑标准体系研究"的系列课题编制工作，丰富了绿色建筑技术支撑体系，为加快推动江苏省绿色建筑工作提供了保障。

2009 年 1 月发布了《江苏省绿色建筑评价标准》DGJ 32/TJ 76—2009，于 2009 年 4 月 1 日正式实施。江苏省编制了《江苏省绿色建筑设计标准》DGJ 32/J 173—2014，将适宜在江苏地区应用的绿色建筑技术措施进行了固化和具体化，有利于专业人员直接按条文进行绿色建筑设计。将绿色建筑的要求全面纳入工程建设强制性管理，使绿色建筑事后评价模式转变为事前控制模式。

《江苏省绿色建筑发展条例》于 2015 年 3 月 27 日经江苏省十二届人大常委会第十五次会议审议通过，于 2015 年 7 月 1 日起正式实施，这是国内首部促进绿色建筑发展的地方性法规。

在推进绿色建筑的管理、标准和科研等方面重点做了以下工作：一是加强规划环节和方案设计审查环节的把关。二是推进建筑节能和绿色建筑专项设计和施工图专项审查，从设计方案、初步设计、施工图设计文件 3 个方面明确了相应要求，要求审图机构进行专项审查，确定专职审查人员，定期接受相关专业学习培训，确保审查质量。三是加强建筑节能与绿色建筑工程施工质量控制和竣工验收把关，印发了《建筑节能专项施工方案标准化格式文本》《建筑节能专项监理细则标准格式化文本》《民用建筑节能工程质量管理规程》等文件使建筑节能与绿色建筑工程质量管理更加规范化、标准化。

5.广东省

2017 年 3 月 1 日，广东省住房和城乡建设厅批准《广东省绿色建筑评价标准》为广东省地方标准，编号为 DBJ/T 15—83—2017。标准自 2017 年 5 月 1

日起实施。

广东省建筑节能协会根据实际情况组织专家编撰的有关广东省建筑节能和绿色建筑全面、系统、与时俱进的现状与发展报告，即《广东建筑节能与绿色建筑现状与发展报告（2015—2016）》，以期对广东省的建筑节能行业起到积极的促进作用。目前正在编制 2017—2018 年发展报告。

以上是中国部分绿色建筑发展较快、较好的省市在绿色建筑标准体系建设方面的概括介绍，具有很好的代表性和发展经验。其他省市，尤其是同气候区或相近气候区的省市，如重庆市、福建省、广东省、湖北省、浙江省等也在绿色建筑评价标准、设计标准、生态城建设标准、既有建筑节能改造设计标准等方面开展了标准体系建设研究，也具有良好的学习借鉴意义。

8.3.2 湖南省标准体系建设与其他地区的研究对比分析

湖南省在绿色建筑标准体系建设领域的研究起步较早，2010 年，由湖南省住房和城乡建设厅批准成立湖南省绿色建筑产学研结合创新平台，并从设计、施工、运营等绿色建筑全生命期的主要阶段开展了绿色建筑标准体系课题研究，目前已编制完成《湖南省绿色建筑评价标准》DBJ 43/T 004—2010（该课题已于 2015 年完成修订工作，于 2015 年 12 月 10 日正式发布实施）、《湖南省绿色建筑评价技术细则》《湖南省绿色建筑设计导则》《湖南省绿色建筑适用技术体系研究》《湖南省绿色生态城区评价标准》《湖南省绿色施工标准化管理》《湖南省绿色施工示范工程申报与验收指南》《湖南省绿色建筑设计标准》《湖南省建筑工程绿色施工评价标准》DBJ 43/T 101—2017、《长沙市绿色建筑基本技术文件》等，正在开展"湖南省绿色物业运营管理导则""湖南省大型公建和保障性住房标准化文件研究""湖南省绿色建筑检测技术研究""湖南省绿色建筑竣工验收技术规程"等课题的编制工作。

湖南省绿色建筑标准体系的研究工作相对而言较为完整，但与其他绿色建筑发展较好的省市相比，需要借鉴其发展经验，在下一步工作重点做好以下几个方面：一是依据湖南本土地域特色，因地制宜开展建筑遮阳、立体绿化等绿色建筑专项技术规程的编制工作，如借鉴上海市经验，逐步完善绿色建筑主要技术措施的深入研究工作，落实绿色建筑的相关评价要求。二是总结提升《湖南省绿色建筑设计标准》中的技术内容，指导设计、咨询单位在设计文件中落实相关技术措施。三是从设计、施工到运营制定相关技术文件，加强阶段性管理，在现有绿色建筑创建计划立项评审的基础上，借鉴江苏省、重庆市等省市发展经验，加强施工图专项审查，建立绿色建筑专项竣工验收机制，并提升绿色建筑检测能力建设，加强绿色建筑的运行后评价。四是在大范围推广绿色建筑的背景下，开展绿色建筑标准化文件的编制工作，以大型公建与保障性住房建设为突破口，以"以审促评"的方式，在设计、审查方面编制相应的技术文件。

8.4 湖南省绿色建筑技术分析

目前，湖南省绿色建筑技术标准体系已基本建立，但很多绿色建筑项目存在技术应用不合理的现象，主要体现在以下几个方面：

1.前期设计缺位：有些项目进入施工图设计阶段，甚至是已经开工建设才考虑绿色建筑的相关要求，失去了在方案前期设计应用低成本的被动式设计的机会，被迫采用大量高成本主动式技术，造成增量成本大增，投资回收期过长的困境。

2.缺乏有效沟通：一个优秀的建筑作品，是设计单位与咨询单位通力配合的成果，但目前很多项目没有根据项目自身及场地环境特点设计，造成简单地按照评价条文要求堆砌技术，项目千篇一律，没有特色的现象。

3.刻意求"新"：有些开发单位为达到营销、宣传的目的，追求所谓的高舒适度"卖点"，刻意选用高成本、高科技的技术手段，导致增量成本增加。

因此，为使湖南省绿色建筑健康快速发展，亟须对应标准，总结出适合湖南地方特色并能大量推广的技术应用体系。目前，湖南省先期已重点对建筑自然采光与通风、建筑外遮阳、建筑外围护结构保温隔热技术、屋顶绿化与垂直绿化、雨水收集利用、太阳能光热系统等被动式绿色建筑技术开展了深入研究，后期将逐步针对空调系统、建筑智能化等主动式节能技术作专项研究，编制相关标准图集，并对其设计合理性、经济成本等因素作综合分析，形成较为系统的绿色建筑技术应用指南，用于指导设计单位将绿色建筑各项技术措施落实到设计文件中。

此外，湖南省绿色建筑项目建成运行后，其绿色技术的实际运行数据严重不足，一是由于湖南省绿色建筑运行标识项目不多，很多项目没有对相关技术措施进行监测，无法统计其实际运行效果；二是相关技术的检测经验不足，或是检测方式不成体系，应加强湖南省绿色建筑检测能力的自身建设；三是还没有建立覆盖全省的绿色建筑数据库，目前湖南省已先期针对长株潭地区的大型公建实行能耗在线监测，以后将向其他地区、其他建筑类型逐步推广。只有建立详细的绿色建筑技术应用数据库，才能真实反映绿色建筑技术的应用合理性，并指导物业公司等单位对相关设备进行维护管理。

8.5 湖南省与全国其他地区绿色建筑教育、宣传及培训对比分析

湖南与全国其他地区均非常重视绿色建筑教育、宣传和培训工作，如建立评审专家库、进行绿色咨询从业人员培训考核、相关标准技术宣贯、对外交流合作、报纸网络等多媒介宣传以及节能周、环境日等节日进行现场宣传等。湖南省多个网站、微博、微信平台定期发布更新绿色建筑相关信息，高校开设建筑节能相关专业并培养多名研究生，这些教育宣传举措均走在全国前列；深圳、重庆等地均有出版专门的培训教材，湖南省相对欠缺（表 8-2）。

湖南省与全国其他地区绿色建筑教育、宣传及培训对比分析　　表 8-2
（其中●表示采用，○表示未采用）

项目	湖南	深圳	江苏	上海	重庆
高校开设相关专业	●	●	●	●	●
定期信息发布	●	未知	未知	未知	未知
多媒介宣传	●	●	●	●	●
现场活动	●	●	●	●	●
对外交流合作	●	●	●	●	●
相关标准技术宣贯	●	●	●	●	●
评审专家库	●	●	●	●	●
绿色咨询从业人员培训考核	●	●	●	●	●
出版培训教材	○	●	○	○	●

8.6 湖南省绿色建筑发展面临的问题

1. 建筑节能和绿色建筑意识不强

目前全社会普遍对建筑节能的必要性、紧迫性及其社会、经济和环境效益认识不足。建设各方主体缺乏积极性，仍须依靠建设主管部门采取行政强制措施推动。甚至在部分地方，政府投资的公共项目因资金预算不足，没有将节能工程纳入工程预算范围，违反工程建设强制性标准。

2. 绿色建筑的推动主体是政府，尚未真正调动起市场的积极性，良性发展的市场环境尚未形成

目前绿色建筑的发展推动的主体是政府部门，主要为政府投资的大型公共建筑以及保障房，同时推行动力主要靠强制执行，消费者自身的节能意识不强。而要推进绿色建筑的全面发展，不能仅靠政府，更多地需要培养消费者的环保意识，依靠内生动力，才能让绿色建筑产品有广阔的市场空间，激发开发商建设绿色建筑的积极性，最终激发市场主体的积极性和创造性，推动绿色建筑市场的良性发展。

3. 绿色建筑监管力度不足

新建建筑节能项目设计、施工水平还有待提高，存在一些共性问题。如建筑节能设计不规范、图审不严格，存在设计缺项或漏项，产品、材料选择不当，构造错误，设计图纸与计算书不符等现象。部分设计人员按业主要求随意变更节能设计，降低节能设计标准。人为修改节能设计计算结果的现象仍然存在；如为使节能计算书符合要求，刻意减小窗墙比。部分节能设计中未采用新的节能标准；建筑节能施工薄弱环节多；建筑节能专项施工方案未按设计文件编制，或文件编制不具体，无法指导施工；节能材料、设备进场复验数量、批次不足，未进行相关保温性能检测；保温层厚度普遍偏薄；热桥部位未做保温层；现场监理在施工过程中未进行有效的过程控制；节能隐蔽工程监理影像资料缺失；个别材料检测机构管理缺位；个别项目材料检测存在虚假报告的情况。

4. 绿色建筑与科技工作机制不够完善

部分地区建筑节能和绿色建筑管理能力薄弱，特别是县一级住房和城乡建设部门无机构、少人员，监管力度薄弱，工作职责难以落实。对于示范工作，

很多地方重申报、轻落实。

5.绿色建筑发展不平衡

1）建筑节能各项工作进展不平衡。新建建筑节能监管工作推进较快，可再生能源建筑、绿色建筑标识应用次之，既有居住建筑节能改造、国家机关办公建筑和大型公共建筑能耗监管体系等专项工作开展相对较慢。此外，绿色建筑标识类型发展不均衡，取得运营标识的项目仅有 6 个，不到 3%。既有居住建筑节能改造工作参与度不高，工作完成度不尽人意。

2）地区发展不平衡。如图 8-4 所示，截至 2017 年底湖南的绿色建筑项目主要集中在长株潭地区，其他地区较少，甚至部分州市目前还没有绿色建筑项目，县市一级、建制镇和广大农村地区还未有效开展建筑节能和绿色建筑相关工作。

本着社会经济应公平发展的原则，绿色建筑应强调各区域平衡发展。但湖南省绿色建筑的发展在区域上非常不平衡，绿色建筑标识项目几乎全部集中在长株潭地区，其他的地州市发展情况处于滞后状态。绿色建筑的项目数量与当地经济发展水平有密切关系，当地经济收入水平越高，绿色建筑标识项目数量就越多。由于其他地州市缺乏相关的管理以及政策支持，目前对绿色建筑发展工作仍然未引起重视，推广力度不大。长沙作为湖南省绿色建筑发展最迅速的地区应对其他地州市绿色建筑的发展起到示范以及推广作用。

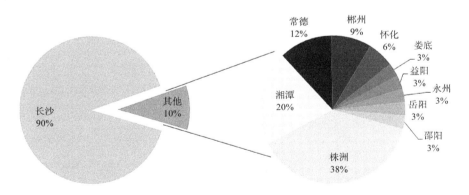

图 8-4 2011—2017 湖南省绿色建筑标识项目地域分布统计

6.绿色建筑的评价仍处于重设计、轻运营的阶段

绿色建筑评价标识的申报分为绿色建筑设计评价标识申报和绿色建筑运行评价标识申报，设计标识主要针对第一阶段，也就是检验设计图纸是否符合绿

色建筑设计标准。此外，在建筑运行一年之后会再度进行检验，若施工建造质量比较差，或者运营管理水平较低，即便应用了先进技术，安装了昂贵的技术系统，也难以拿到绿色建筑的运行标识。"运行标识"是对建筑绿色水平的真实检验，绿色建筑应是全寿命周期，如能在运营过程中采取相应的节能措施，将有利于节约资源与能耗，因此获得运行标识的建筑才能称得上真正的绿色建筑。

截至 2017 年 12 月 31 日，湖南省共有 349 个项目获得绿色建筑评价标识，但仅有 6 个获得运行标识，由此可见湖南省绿色建筑的评价仍处于重设计、轻运营的阶段。

第三篇

发展篇

第9章 湖南省绿色建筑发展目标

9.1 总体目标：生态文明建设

党的十八大报告中提出："把生态文明建设放在突出地位，融入经济建设、政治建设、文化建设、社会建设的各方面和全过程，努力建设美丽中国，实现中华民族永续发展。"2016年发布的"十三五"发展规划纲要首次将生态文明建设作为发展战略的重要内容，提出"创新、协调、绿色、开放、共享"的发展理念。十九大报告中提出"加快生态文明体制改革，建设美丽中国"。"生态文明"作为全面建成小康社会的衡量标准，在经济建设、政治建设、文化建设、社会建设之后，强调加强生态文明建设，使中国特色社会主义事业总体布局从"四位一体"发展为"五位一体"，体现了中国尊重自然、顺应自然、保护自然的理念，表明了当前推进"两型社会"建设的紧迫性。只有把生态文明建设提高到应有的战略地位，才能使社会真正地实现可持续发展，资源环境得到可持续利用。

建设"两型社会"是生态文明建设的主要任务。推进湖南省"两型社会"建设，是生态文明建设的重要内容和有效途径。资源节约、环境友好，既是生态文明的本质特征，也是生态文明建设的内在要求，两者是一个有机整体。建设生态文明，实质上就是要建设以资源环境承载力为基础、自然规律为准则、可持续发展为目标的资源节约型、环境友好型社会。生态文明要求逐步形成促进生态建设、维护生态安全的良性运转机制，实现绿色发展、循环发展、低碳发展，最终实现经济与生态协调发展，这也内在地包含了建设"两型社会"的内容和要求。

长株潭"两型社会"建设是推进生态文明建设的生动实践。2007年12月，中央批准长株潭城市群为全国"两型社会"建设综合配套改革试验区。湖南省紧紧抓住这个契机，率先在全国把"两型社会"建设作为推进生态文明建设的突破口，坚持以绿色发展、低碳发展、循环发展为导向，按照国家批复的试验区改革总体方案和城市群区域规划要求，扎实推进试验区的规划、建设、改革、管理等各项工作，高起点、高标准完成了试验区顶层设计，布局和建设了一批重大基础设施和产业项目，启动和推进了10个方面的重点改革，加大了生态环境建设力度，建立健全了组织领导和工作推进体系，初步形成了政策法规和"两型"标准体系，深入开展了"两型社会"示范创建活动，实现了重大突破，取得了重大成就，产生了重大影响。

为贯彻落实党的十九大关于创新、协调、绿色、开放、共享的发展理念，深入实施生态强省战略，不断推进建筑领域向高质量、高品质绿色发展，满足人民群众日益增长的对安全、健康、宜居住房需求，大力推进绿色建筑领域发展能有效应对资源紧张、改善人居环境、促进高质量发展、推动产业转型升级和激活新旧动能转换，是湖南省践行绿色发展理念、贯彻落实中央生态文明建设部署、完成节能减排任务、建设富饶美丽幸福新湖南迫切而重要的任务。

以绿色发展为核心，以资源节约低碳循环为目标，强化科技创新和系统集成，统筹技术研发、标准管控、智能建造、应用示范和科学运维全链条管理，抓好人才、基地、项目、资金、政策等5大创新要素。城乡建设工程技术标准基本完善并形成体系，部分工程技术标准领跑全国，部分关键技术标准具备全球竞争力；以装配式建筑为基础的智能化"湖南建造"模式初步建立；以满足居民需求为导向的高品质绿色建设供给模式初步形成；以环境优美、安居乐业的城乡统筹发展的模式初步呈现。绿色生产、绿色生活、绿色生态发展理念意识深入人心，住房城乡建设国际竞争力显著增强。

通过建立以能源消费总量控制和能耗强度控制为目标的工作体系，调动各市州建筑节能与绿色建筑工作的主动性与投入性。以建筑实际能耗为评价依据，鼓励建筑节能技术创新，促进建筑节能技术推广应用。培育建筑节能服务市场，积极发挥市场机制主体作用。大力推动建设与运行管理相融合，实现建筑全生命期绿色发展。通过有效措施，整体提升湖南省建筑节能与绿色建筑技术水平和市场规模，使湖南省建筑节能与绿色建筑工作成效进入中部地区前列。

9.2 分项目标

湖南省绿色建筑发展目标的实施按照长远规划，分步实施的策略。一方面制定湖南省绿色建筑长期发展规划，并坚定不移地贯彻执行；另一方面在确定规划目标时具有一定弹性，以便于在具体操作过程中针对面临的种种复杂性和不确定性因素，能及时通过市场检验等手段，不断完善相关的激励政策、管理机制、技术体系等，最终保障绿色建筑规划目标的顺利实施。在进一步抓好建筑节能的基础上，促进建筑节能向绿色、低碳转型，切实提高绿色建筑在新建建筑中的比重。

深入贯彻落实党的十九大关于生态文明建设的精神，按照省委省政府决策部署，遵循"适用、经济、绿色、美观"的建筑方针，增量做强，存量做优，将发展绿色建筑领域与建筑产业转型升级相结合，突出提升建筑质量与品质、节约和保护自然资源、创建绿色生活、满足居住需求、丰富人文内涵，将绿色发展理念贯穿建筑领域全产业链，推进既有建筑绿色化改造，推进绿色建筑各领域融合发展。

到 2020 年，实现市州中心城市新建民用建筑 100% 达到绿色建筑标准（2019 年达到 70%，2020 年达到 100%），市州中心城市绿色装配式建筑占新建建筑比例达到 30% 以上（2019 年达到 20%，2020 年达到 30%）。长沙、株洲、湘潭三市应各建设 1～3 个高标准的省级绿色生态城区，其他市州应各规划建设 1 个以上市级绿色生态城区。

自 2019 年 6 月起，设区城市新建民用建筑应当按照绿色建筑标准规划、设计、建设，其中，长沙、株洲、湘潭地区新建、改扩建政府投资的公益性建筑、大型公共建筑和社会投资在 2hm² 以上的大型公共建筑，以及位于生态敏感区、核心景观片区及区位优势明显、具有突出经济价值或社会价值的项目，应当按照二星级绿色建筑及以上标准进行建设，其他市州 2020 年 1 月开始实施，县级及以下城镇逐步推广绿色建筑。

加快推进装配式混凝土结构、钢结构、现代木结构建筑的应用，到 2020 年，全省、市州中心城市装配式建筑占新建建筑比例达到 30% 以上，其中：长沙市、株洲市、湘潭市三市中心城区达到 50% 以上。到 2018 年底，全省实现装配式建筑设计、生产、储运、施工、装修、验收全过程的信息化动态监控，建立装配式建筑安全质量跟踪追溯体系。大力推进装配式建筑"设计—生产—施工—管理—服务"全产业链建设，打造一批以"互联网＋"和"云计算"为基础，以 BIM（建筑信息模型）为核心的装配式建设工程设计集团和规模以上生产、施工龙头企业，促进传统建筑产业转型升级，到 2020 年，建成全省千亿级装配式建筑产业集群。

第 10 章 湖南省绿色建筑发展战略及其实施途径建议

10.1 政策方面

10.1.1 通过绿色建筑立法来确保建筑全寿命期绿色发展

1. 尽快推动绿色建筑立法

参照西方发达国家和国内先进地区做法，结合现有的相关政策法规，将湖南省实践证明切实有效的制度、措施上升为法律制度。出台《湖南省绿色建筑发展条例》，不断完善绿色建筑全寿命期的配套制度，用法律强制推动建筑工程从规划立项到后期运维、建筑拆除、垃圾回收全寿命期采用绿色技术。特别是老旧社区、棚户区等既有建筑节能改造，亟须立法强制推动。

2. 建立政策法规保障机制

建议从湖南省政府层面建立绿色建筑联动管理机制、绩效考核机制，成立绿色建筑发展领导机构，由分管副省长为组长，湖南省住房和城乡建设厅相关负责人为常务副组长，具体牵头执行，发改、财政、国土、环保、金融、税务、教育等部门分管领导为成员，该机构担负政策法规制定、任务完成进度、市州绩效考核等日常调度监管职责，加大对各市州政府、发改、国土、规划、住建等部门的考核力度，督促各部门认真履行绿色建筑发展方面的职责，保障政策法规落实到位、目标任务顺利完成、市场认知显著提升。

3. 建立资金投入激励机制

建议湖南省政府统筹发改、国土、经信、科技、环保、林业、水利等部门涉绿资金，增加财政直接投入，设立绿色建筑发展专项基金，纳入绿色建筑立法工作，制定专项基金使用、管理等可操作性配套政策。创新利用税收、金融

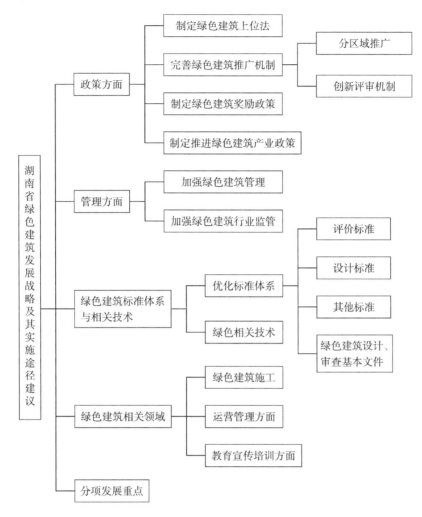

图 10-1 湖南省绿色建筑发展战略及其实施途径建议组织图

等工具，放大财政投入效应，充分调动社会资金参与的积极性，引导采用政府和社会资本合作（PPP）、特许经营等方式，投资、运营绿色建筑项目。通过立法强制与激励措施相结合，破解市场认知不足、科技创新突破难、统筹发展不平衡、政策落实不到位等一系列难题，全面推动绿色建筑发展量质齐升（图10-1）。

10.1.2 立足区位资源条件基础，优先发展浅层地热能、太阳能等可再生能源

建筑全寿命期绝大部分的资源消耗是人的生产生活造成的。可再生能源是

保障后期运营持续绿色的制胜法宝。近年来，湖南省可再生能源逐步有序发展，根据调研情况，立足区位实际，建议湖南省当前优先发展浅层地热能和太阳能。

1. 浅层地热能

湖南省浅层地热能资源丰富，是全国最适宜开发利用的地区之一，具有资源分布广、储量大、可利用效率高等特征。根据《湖南省"十三五"地热能开发利用规划》初步估算，"十三五"期间，湖南省浅层地热能可拉动约 80 亿元投资，带动勘察评价、热泵钻井等相关产业发展。到 2020 年，可以替代标煤71.4 万 t/a，减排 CO_2 178.5 万 t/a，节能减排效果明显。而现有湖南省已建成浅层地热能项目，估算每年可以节省标煤 1.4 万 t，减排 CO_2 3.8 万 t，还有很大开发利用空间。

2. 太阳能

湖南省太阳能年辐照量为 4034MJ/m^2·a，年日照小时数约为 1300 ~ 1800h。相对许多广泛利用太阳能的欧洲发达国家，湖南省太阳能资源仍很丰富，且湖南省建筑楼顶面积逐年增加，太阳能利用率面积增大，但与欧洲发达国家相比，湖南省太阳能利用程度还存在不少差距。目前，湖南省太阳能热水器保有量为 79.85hm^2，占全国总保有量的 0.7%，发展潜力很大。因此，可适当开发利用太阳能建筑应用。

3. 其他可再生能源

各地应根据自身资源条件，依托智慧城市、海绵城市、生态城市建设等，结合被动式建筑设计等技术，发掘适合自身的绿色建筑发展路线。城镇可再生能源在建筑消费领域消费比重超过 6%，重点发展太阳能光热与光伏、地源热泵和高效空气能热泵技术，推广既有燃煤、燃油锅炉供热制冷等传统能源系统改用热泵系统或与热泵系统复合应用。

10.2 管理方面

10.2.1 加强绿色建筑管理

1. 加强绿色建筑全寿命周期的闭合式管理

建立绿色建筑闭合式管理体制。将绿色建筑要求纳入土地出让、规划审批、设计审查、施工验收等工程建设全过程管理，明确各地市、各部门责任，促进绿色建筑得以落地实施，做到绿色建筑量与质的同步发展。湖南湘江新区、株洲云龙示范区是湖南省首批区域性整体推广绿色建筑的城区，绿色建筑比例100%，两个区都创新地提出了绿色建筑闭合式管理办法。如湘江新区发布了《先导区绿色建筑暂行管理办法》，在绿色建筑的立项、建设和运营的全过程中，湘江新区的各部门均发挥了监管作用，且部门间实现了联动，合力对绿色建筑各个环节进行了把控。湖南省应充分吸收本土的经验，进行差异性分析总结，在其他有条件的新区推行绿色建筑规模化发展，同时将闭合式管理体制复制到其他各地市全面执行。

2. 加快绿色建筑运行标识的引导与推进

加快绿色建筑运行标识的引导与推进。当前，全省乃至全国范围内，绿色建筑运行标识项目发展极为缓慢。对于一个建筑项目，设计建设期可能为3～5年，而项目运营期可能是30～50年。相对来说，绿色建筑绿色与否更取决于运营阶段。以绿色建筑运行标识为导向发展绿色建筑，有利于真正实现建筑绿色化。绿色建筑运行标识项目难以推动的根源在于绿色设计与绿色施工脱节，绿色施工又与绿色运营脱节。施工单位绿色建筑理念和意识不强，物业管理单位对于绿色建筑设备设施的运营维护缺乏专业知识。同时，政策上缺少对绿色建筑运行标识项目鼓励推广措施。湖南省应加大对绿色施工和绿色运营的管理，从大型公建和保障性住房入手，强制推行绿色建筑运行标识。

3. 重视绿色建筑与生态城市、智慧城市及海绵城市的对接、延伸

重视绿色建筑与生态城市、智慧城市及海绵城市的对接、延伸。在城镇化建设上，近几年国家先后提出了建设生态城市、智慧城市和海绵城市的要求。建筑是城市的基本单元，生态城市、智慧城市和海绵城市建设最终要从建筑抓起。生态城市指标体系中已将绿色建筑100%比例要求作为生态城市创建的关键指标。2015年绿色建筑大会上，仇保兴部长即提出了绿色建筑要与"互联网+"融合发展的思路。未来，绿色建筑应与智慧城市发展目标相结合，对于不同种类的绿色建筑应鼓励采用相应的智慧科技使得建筑运行和管理更便捷、更高效。海绵城市是指城市能够像海绵一样，在适应环境变化和应对自然灾害等方面具有良好的"弹性"，吸水、蓄水、渗水、净水等。绿色建筑在海绵城市建设中起到关键性作用，是海绵城市建设的主角。如果建筑是海绵，海绵城市一

半的功能就达到了。对建筑进行绿色精细化设计，通过采用屋顶花园、垂直绿化、下凹式绿地、雨水渗透管、旱溪、树池、入渗水景、雨水收集回用等绿色建筑技术措施，打造"海绵"建筑，进而可逐步实现海绵城市的建设目标。

10.2.2 加强绿色建筑行业监管

建立由湖南省住房和城乡建设厅领导，湖南省绿色建筑专业委员会对绿色建筑行业进行监管的机制。在湖南省范围内，面向设计、咨询、施工、建设单位及相关政府职能单位，不定期举办绿色建筑教育培训活动，加强行业从业人员能力建设。对从事设计、施工和房地产开发的企业，将其实施绿色建筑业绩纳入企业信用管理，并与招标投标、资质审查、市场准入等工作挂钩，规范行业市场行为。将绿色建筑推进情况和成效作为省级"优秀设计奖"及"鲁班奖"等优质工程奖评选的必备条件或优先条件。组织开展湖南省绿色建筑创新奖评选。完善相关奖惩措施，相关政府职能部门定期对实施绿色建筑行动中做出突出贡献的单位和人员予以通报表扬，同时对存在违规行为，绿色建筑相关技术措施落实不到位的相关责任单位进行违规公示。

10.3 绿色建筑标准体系及相关技术方面

10.3.1 优化标准体系

1. 评价标准

目前，湖南省绿色建筑评价标准框架体系已基本搭建完成，但一本评价标准并不能全面覆盖各种建筑类型，应针对不同类型建筑的特点，制定不同类型建筑的评价标准，这样评价标准体系才更具科学性、合理性与可操作性。

2. 设计标准

设计标准是指导设计、咨询、审查单位落实绿色建筑各项设计和技术措施的关键性依据，目前，在《湖南省绿色建筑设计导则》研究成果的基础上，已编制并发布实施了《湖南省绿色建筑设计标准》DBJ 43/T 006—2017，该标准的编制为湖南省的绿色建筑在规划、设计和建设过程中通过不同专业设计人员的角度提供详细的规定、规范和指导绿色建筑设计，有利于对绿色建筑前期设计进行把控，在设计阶段落实相关技术要求，推进湖南省建筑行业的可持续发展。

3. 其他标准

应从绿色建筑的全生命期角度全面推进绿色建筑建设，在评价标准、设计标准的基础上，对应不同阶段分别制定绿色建筑竣工验收标准、绿色施工标准、绿色建筑技术检测标准、绿色运营标准等其他标准，真正实现绿色建筑全生命期内的标准技术体系，在各个环节都能做到有标准可依。

4. 绿色建筑设计、审查基本技术文件

在中国全面推行绿色建筑的背景和趋势下，依据绿色建筑评价标准，以评审的方式对绿色建筑进行认定渐渐不能满足发展的要求，因此，2014年，住房和城乡建设部已经以湖南省长沙市为试点城市，编制绿色建筑设计、审查基本技术文件，通过制定绿色建筑设计要点、审查要点，以"以审促评"的形式对绿色建筑进行强制推广。今后，湖南省将在长沙市发展经验的基础上，综合其他地州市的具体情况，制定湖南省绿色建筑的设计、审查基本文件。目前已先期针对大型公建和保障性住房等强制执行绿色建筑标准的建筑类型开展了相关技术文件的研究编制。

10.3.2 绿色建筑相关技术

通过前两章节对湖南省绿色建筑项目中绿色建筑技术应用情况的统计、分析，已经得出湖南省绿色建筑项目中使用较多的技术类型，并且已针对几项关键技术开展了相关专项研究，但湖南省绿色建筑的适宜技术研究还没有形成完整的体系，下一步工作将借鉴江苏省等省市的发展经验，进一步补充其他技术措施的专项技术研究，形成湖南省绿色建筑技术体系应用指南，指导绿色建筑设计与施工。

同时，在绿色建筑项目建成运营后，加强对相关技术措施的检测，收集完整的运行数据，进一步检验绿色建筑的实际运行效果，探索其技术应用适宜性。

随着湖南省绿色建筑的大面积推广，湖南省将重点扶持相关绿色建筑适宜技术的产业市场，从上游的绿色建筑科技与服务业，到中游的绿色建筑制造业和建造业，再到下游的绿色建筑相关配套服务业，绿色建筑技术成果转化和推广应用的产业前景将形成良性的可持续发展之路。

考虑到湖南气候特点以及技术的使用情况，湖南地区应重点推广建筑自然

采光与通风、建筑外遮阳、建筑外围护结构保温隔热技术、屋顶绿化与垂直绿
化、雨水收集利用、太阳能光热系统、复层绿化、乡土植物等技术。

10.4 绿色建筑相关领域发展

10.4.1 绿色建筑施工

1. 湖南省绿色施工推进思路

绿色施工的推进是一个复杂的系统工程，需要工程建设相关方在意识、体
制、研究和激励等方面齐心协力，进行持续不断的技术和管理创新。绿色施工
的推进思路主要包括以下几个方面：

1）强化意识

世界环境发展委员会指出："法律、行政和经济手段并不能解决所有问题，
未能克服环境进一步衰退的主要原因之一，是全世界大部分人尚未形成与现代
工业科技社会相适应的新环境伦理观。"当前，人们对推进绿色施工的迫切性
和重要性的认识还远远不够，从而严重影响了绿色施工的推进。只有在工程建
设各参与方以及社会对自身生活环境的认识与环境保护意识达成共识时，绿色
价值标准和行为模式才能广泛形成。因此，要综合运用法律、文化、社会和经
济等手段，探索解决绿色施工推进过程中的各种问题和困难，吸引民众参与绿
色相关的各种活动，广泛进行持续宣传和教育培训，建立绿色施工示范项目，
用工程实例向行业和公众社会展示绿色施工效果，提高人们的绿色意识，让施
工企业自觉推进绿色施工，让公众自觉监督绿色施工，这是推进绿色施工工作
的重中之重。

2）健全体系

绿色施工的推进，牵涉到政府、建设方、施工方等诸多主体，又涉及组
织、监管、激励、法律制度等诸多层面，是一个庞大的系统工程。特别是要建
立健全激励机制、责任体系、监管体系、法律制度体系和管理基础体系等，使
得绿色施工的推进形成良好的氛围和动力机制，责任明确，监管到位，法律制
度和管理保障充分；这样绿色施工的推进就能落到实处，取得成效。

3）研究先行

绿色施工是一种新的施工模式，是对传统施工管理和技术提出的全面升级

要求。从宏观层面的法律政策制定、监管体系健全、责任体系完善，到微观层面的传统施工技术的绿化改造、绿色施工专项技术的创新研究，项目层面管理构架及制度机制形成等，都需要进行创造性思考，在科学把握相关概念原理、规律，并得到验证的前提下，才能实现绿色施工的科学推进；因此，形成研究型工程施工项目部和施工企业，全面进行绿色施工研究，是推进绿色施工的基础保障。

4）政策激励

由于环境问题的外部性，当前对于施工企业来说，绿色施工推进存在动力不足的问题。为了加速绿色施工的推进，必须加强政策引导，制定出台一定的激励政策，调动企业推进绿色施工的积极性。政府应探索制定有效的激励政策和措施，系统推出绿色施工的管理制度、实施细则和激励政策，制定市场、投资、监管和评价等相关方的行为准则，以激励和规范工程建设参与方行为，促使绿色施工全面推进和实施。

2. 明确绿色施工推进的相关方责任

推进绿色施工，就必须明确绿色施工的相关方责任，包括政府相关职能部门、建设方、设计方、监理方、施工方和供应方等，构建起全方位的组织管理责任体系。

1）政府部门

推进绿色施工，政府职能部门应该履行引导与监管职能。政府部门应在宏观、微观层面适时推出绿色施工发展战略，发布政府相关政策法规，建立健全激励机制，营造有利于绿色施工推进的良好氛围和环境，搭建畅通的信息交流平台，强化监管，引导绿色施工健康有序发展（图 10-2）。

2）建设单位

工程项目的建设单位通常是项目的出资方、投资者处于主导地位。建设单位通过工程建设项目而获益，自然也应承担控制工程建设带来的环境负面影响的责任。在项目策划阶段，建设单位应发挥其对项目的控制能力，慎重选择项目地址，更应主动提出按照绿色建筑、绿色施工要求，借助市场手段选择设计方、施工方和监理方等。在施工招标过程中，应提出对绿色施工的相关要求，明确要求投标方列支绿色施工费用。

必须强调的是，建设单位的重视关乎绿色施工能否真正落实。如果建设单

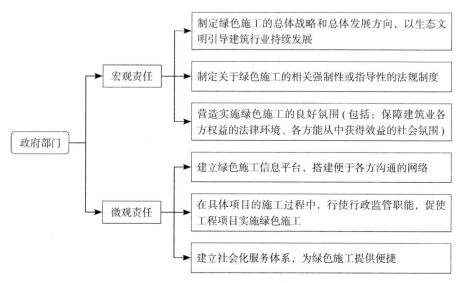

图10-2 政府部门职责

位高度重视绿色施工，其他各参与方就自然会做出积极响应，就会切实开展绿色施工；反之，绿色施工的开展就会流于形式，难以取得实效。为了保证绿色施工切实推进，建设单位应当具备绿色意识，具有绿色建筑、绿色施工的基本知识和管理能力，并通过相应的措施来保障绿色施工的认证落实。

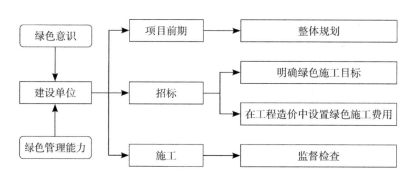

图10-3 建设单位绿色施工管理措施

3）设计单位

中国现行的设计与施工分离的建设模式，造成了设计方在设计过程中往往对施工的可行性、便捷性等考虑不足。绿色施工的推进需要设计方与施工方密切沟通交流。在设计过程中，对设计方案的可实施性、主要材料和楼宇设备的绿色性能等进行全面把握，进行施工图绿色施工设计，以便为绿色施工的开展创造良好条件。设计方在施工过程中应结合对绿色施工的要求，协同施工方进行设计优化和施工方案优化，以便提高工程项目的绿色施工整体水平。

4）施工方

施工方是绿色施工的实施主体，全面负责绿色施工的组织和实施。实行总承包管理的建设工程，总承包单位要对绿色施工负总责，专业承包单位应服从总承包单位的管理，并对所承包专业工程的绿色施工负责。施工项目部应建立以项目经理为第一责任人的绿色施工管理体系，负责绿色施工的组织实施及目标实现，制定绿色施工管理制度，进行绿色施工教育培训，定期开展自检、联检和评价工作。施工方应认真落实工程项目策划书及设计文件中对绿色施工的要求，编制绿色施工专项方案，不断提高绿色施工技术水平和管理能力。

5）监理方

监理方受建设单位的委托，按照相关法律法规、工程文件、有关合同与技术资料等，对工程项目的设计、施工等活动进行管理和监督。在工程项目实施绿色施工的过程中，监理方对工程绿色施工承担监理责任，应参与审查绿色施工的策划文件、施工图绿色设计以及绿色施工专项方案等，并在实施过程中参与或组织绿色施工实施与评价。

6）材料、设备供应方

材料、设备供应方应提供相应的材料、设备的绿色性能指标，以便在施工现场实现建筑材料和设备的绿色性能评价，绿色性能相对优良的建筑材料和设备能够得到充分利用，从而使建筑物在运行过程中尽可能节约资源、减少污染。

3. 湖南省绿色施工发展方向建议

1）绿色施工发展方向和目标

全面普及绿色施工，全面融入建筑全寿命期管理，市场配套产业发展均衡，科技创新作用显著，最终带动整个建筑行业良性循环发展，是湖南省绿色施工发展的主要目标，其发展方向为：

（1）全面推进，突出重点。全面在城乡建设行业发展绿色施工，重点推动绿色建筑创建项目、政府投资建筑、大型公共建筑以及有"鲁班奖"等创优目标建筑。

（2）基本措施与科技创新同发展。一方面要求全面普及绿色施工，规模以上建筑必须满足绿色施工基本措施要求；一方面选择有条件的建筑进行绿色施工科技创新示范，重点发展绿色施工相关新技术、新工艺、新设备、新材料。

（3）健全理论体系。以《绿色施工导则》《建筑工程绿色施工评价标准》《建筑工程绿色施工规范》为基础，结合近年来湖南省优秀施工企业摸索实践的成果，完善绿色施工管理、数据收集与分析、绿色施工技术等指导用书，形成健全的绿色施工理论体系。

（4）完善地方评价机构。根据因地制宜的原则，以《绿色施工导则》《建筑工程绿色施工评价标准》《建筑工程绿色施工规范》为基础，出台适合湖南省发展的相应绿色施工地方标准，以及相关评价与验收等管理制度，尽快完善地方评价理论体系和机构组织。

（5）齐备市场配套。垃圾的分类回收、环境的定期监控、材料的循环利用、土方外运、回填的平衡、基坑水利用等不再是单个工程的独立行为，形成齐备的市场配套，协调组织管理。

（6）相关产业形成规模。再生混凝土、建筑垃圾砖、胶合板再生等产业形成规模，能满足市场需要。

（7）全面融入建筑全寿命期。将绿色施工相关要求从建筑规划选址开始考虑，贯穿整个建筑全寿命周期。施工管理不再是建筑全寿命周期中一个相对独立的时间段，而是与建筑息息相关的重要环节。

（8）完善施工现场能耗及资源监控。用电脑代替人工读数，形成绿色施工大数据库，并对工程进行能耗及资源消耗目标管理，最终降低整个施工现场能耗及资源消耗。

（9）完善绿色建材、绿色设备等绿色施工相关产业评价机制研究。提高施工技术水平，完善绿色建材评价标识管理及技术系统、绿色设备运营管理系统等绿色施工相关产业，形成"彻底"绿色。

2）绿色施工推进政策建议

（1）切实抓好绿色施工普及工作。

（2）宣传、教育。分地区、分层次以不同方式、多种形式进行绿色施工宣传、教育，力求绿色施工深入每个相关人员心中。

（3）示范工程。抓好示范工程管理工作，多组织现场观摩活动，及时总结示范工程经验。

（4）强制实施。对绿色建筑创建项目，政府投资的国家机关、学校、医院、博物馆、科技馆、体育馆等建筑，单体建筑面积超过 2 万 m^2 的机场、车站、宾馆、饭店、商场、写字楼等大型公共建筑以及有"鲁班奖"创优要求的建筑等率先全面执行绿色施工管理。

（5）全面推进。在地方评价体系完善后，在城乡建设行业全面发展绿色施工。

3）加快绿色施工相关技术研发推广

加快绿色施工共性和关键技术研发，重点攻克绿色建材、施工节能设备、新型模板和脚手架体系、废弃物资源化、施工环境质量控制、施工污水处理等方面的技术，加强绿色施工技术标准规范研究，开展绿色施工技术的集成示范。依托大型施工企业技术中心，推进政产学研用联合。

4）完善市场配套

打破施工现场独立封闭作业的传统，形成大市场的概念。从建筑垃圾回收利用、机械设备及周转材料综合调配、土方外运及回填科学平衡、建筑材料就近运输等方面以地区为单位进行市场调配，达到节能减排的目的。

4.绿色施工实施措施建议

1）政策约束：各地方建立绿色施工相关政策，对实施绿色施工的工程范围、创建目标提出具体要求，用政策约束和引导绿色施工发展。

2）激励政策：完善绿色施工示范工程及相关技术研发、标准制定的激励政策。制定支持绿色建材发展、建筑垃圾资源化利用、建筑工业化、新型模板与脚手架体系研究等工作的政策措施。对积极使用再生建材、建筑垃圾减量和施工过程水回收利用效果显著的工程给予相应奖励。对立足本土经济、节能减排效果显著的科学研究给予经济支持。

3）标准体系：以《绿色施工导则》《建筑工程绿色施工评价标准》《建筑工程绿色施工规范》为基础，结合湖南省特征，制（修）订适合湖南省气候区、建筑类型的绿色施工标准体系。同时，总结湖南省绿色施工示范工程经验，编制绿色施工系列指导丛书，规范绿色施工管理，指导绿色施工推进。

4）市场引导：扶植再生材料加工企业、预拌砂浆生产企业、建筑工业化配套加工企业等绿色施工相关产业，形成市场规模，消除价格瓶颈，引导施工企业自觉选择绿色建材。

5）监督管理：完善地方绿色施工评价机构，形成施工全过程监管体制，从工程立项开始接受监督管理，到工程拆除重建、资源回收都有来自绿色施工方面的监控。

6）评价标识：对绿色的和不绿色的施工现场进行标识，约束和督促施工企业自觉遵守绿色施工相关规定。

7）宣传教育：采用多种形式积极宣传绿色施工法律法规、政策措施、典型案例、先进经验，加强舆论监督，营造开展绿色施工的良好氛围。

5.绿色施工运行模式建议

1）企业自觉为主，政策约束为辅

绿色施工是一个开放性体系，最终要靠各施工主体针对工程的具体特点自觉选择成熟的绿色施工技术，研发适宜的绿色施工创新技术。但在施工企业自觉进行绿色施工管理的同时，必须辅以政策约束，以规范基本要求，避免企业以追求利润为目标，忽视绿色施工。

2）市场引导与激励政策相结合

激励政策只是短期行为，最终绿色施工要靠市场引导来推进。应该采用不断扶植发展绿色施工相关产业，吸引施工企业自觉选择相关材料、设备与激励政策相结合的运行模式。

3）从建筑规划阶段介入，贯穿整个建筑全寿命期

绿色施工不是一个独立的过程，它是建筑全寿命期中重要的一环。绿色施工的节能减排跟建筑选址、建筑朝向、市政配套、建材选择、垃圾回收、运营管理、拆除重建等都有着密切关系，因此，绿色施工运行必须从建筑规划阶段就有所考虑，一直监控到建筑拆除重建，贯穿整个建筑全寿命期。

10.4.2 运营管理方面

1.绿色物业管理尚处于起步阶段，应通过试点和示范项目总结经验，推进绿色物业管理的健康发展。

2.有关部门和行业组织应根据具体情况，制定有针对性的统计、考核指标体系和评估、认证制度，制定引导物业产权人和使用人、物业管理服务机构实施绿色物业管理的补贴政策和激励措施，促进绿色物业管理的持续发展。

3.鼓励绿色物业管理的理论研究和实践探索。通过对不同类型物业能耗特点、水平和规律的把握，在政策、技术、投融资方式、市场服务模式、宣传推广等方面，因地制宜地推行绿色物业管理新模式、新方法，创新绿色物业管理

制度。

4.建立绿色物业管理技术、产品的推广、限制、淘汰公布制度和管理办法。发展和推广适合绿色物业管理的资源利用与环境保护的新设备、新技术和新工艺，推动绿色物业管理的技术进步。

5.建立合理的绿色物业管理收费机制。在绿色建筑中采用了更多的节能环保技术，需要投入更多的人力物力运营维护，这将导致绿色建筑的运营管理成本不可避免地提高。绿色建筑的运营维护费用一般要包括设施维护费、设施更新费、设施运行消耗、绿化养护费、设备清洁费、垃圾分类收集与处理费、检测费等。这些费用是绿色建筑运行所必需的保持可持续的投入，保证绿色建筑高效运营。但是绿色建筑运营阶段在节能和节水方面的经济收益是有限的，这些收益更多的是环境和生态的广义收益，不能弥补绿色建筑的增量成本。因此，对实施绿色物业管理而保证绿色建筑可持续运营的社区，适当增加物业管理收费标准或者给予财政补贴，以弥补绿色建筑运行的增量成本，是保障绿色建筑有效运行的可行方式。

6.应明确绿色建筑管理者的责任与地位。目前，在绿色建筑运营管理中存在责任管理主体不明确的问题。当绿色建筑运营过程中，设施设备或者某项技术措施出现问题时，建设者和管理者往往互相推诿责任。这是因为，对于一些在绿色建筑中采用的设备设施，如高效暖通设备、太阳能光伏系统、太阳能光热系统以及热泵系统等往往是在建设阶段，由建设方采购并投入建设的。在运行阶段，物业管理方往往会以此而推脱自己在这些设备运营维护中的责任，甚至会因为责任不清而与设备供应商之间产生矛盾纠纷。针对这种情况，应该进一步明确物业管理机构在绿色建筑运营管理中的主体责任地位。首先，完善物业管理合同制度，明确物业管理方与业主方、设备供应商、建设方之间的责任权限，特别要协调好物业管理方与设备供应商之间的关系，防止在设备设施维护中发生相互推诿的现象。其次，建议在对绿色建筑授予绿色建筑运营认证的时候，对物业管理机构给予肯定奖励，增加物业管理企业在绿色建筑运营管理的中荣誉感，以推动绿色建筑运营管理工作。

7.推广应用智能化管理系统。在绿色建筑运营管理中建立智能化的控制和信息管理系统，不仅可以掌握建筑的能耗、水耗数据，为改进设施运行效率提供数据支撑，还可以全面掌握建筑设施的实时运行状态，及时发现建筑运行中存在的问题，从而有效提高建筑运行效率。同时应用好智能控制和信息管理系统，以真实的数据不断完善绿色建筑的运营。经过智能控制和信息管理系统平台几年的运行，所积累的运营数据、成本和收益将能正确反映绿色建筑的实际效益。

10.4.3 教育宣传培训方面

1. 创新绿色建筑教育和人才培养模式

湖南省内高等院校如湖南大学、长沙理工大学、中南大学等，通过开设更多绿色建筑相关的专业和课程，加强学校与湖南省绿色建筑产学研结合创新平台以及其他科研单位合作交流，创新人才培养模式，培养出更多的优秀的绿色建筑方面的人才。

2. 着力加强建筑节能和绿色建筑社会宣传推广

进一步加强对建筑节能工作的专题宣传和深入推广，通过多种形式对各层面、各领域开展相关法律法规、政策措施、典型案例、先进经验的宣传教育，引导全社会正确认识国情，树立资源忧患意识，增强自觉节能的责任，不断提高社会各界和个人对建筑节能工作重要性的认识，并主动地参与到推进建筑节能工作中来，为全面推进湖南省科技创新、转型发展服务而努力。

加强绿色建筑专题宣传，深入开展绿色建筑推广工作。通过各种方式与渠道，如媒体、展览会、公益广告、节能宣传周、交流研讨、现场会、推广会等，针对性地宣传绿色建筑"四节一环保"理念活动，向全社会宣传建筑保温隔热和节电、节水重大意义和有关政策，普及绿色节能建筑的基本知识，提倡低碳绿色生活方式，提高节能环保意识，促进行为节能，形成社会共识，营造政府有效引导、企业自觉执行、公众积极参与的氛围，有效引导绿色建筑消费需求，形成有力的市场终端推动力。

3. 积极开展绿色建筑相关培训工作

做好绿色建筑、可再生能源、智慧城市、既有建筑节能改造培训，使得培训规模更大一些、范围更广一些、影响力更强一些。开展行业评选活动，促进企业增强诚信和品牌意识。组织开展年度"建筑节能优势企业""建设科技创新企业"评选活动。同时，相关单位应总结培训成果，编制培训教材等出版物，增强影响力。

10.4.4 发挥绿色建筑引领作用

从 2006 年以来，中国的绿色建筑领域已走过十几年的发展历程，绿色建筑得到了空前的重视和发展，为中国的生态文明建设做出了重要的贡献。在党的十八大五中全会上提出的"创新、协调、绿色、开放、共享"五大发展理念指引下，发挥绿色建筑的引领作用，全面推动工程建设行业的绿色发展时机已经成熟。

湖南省绿色建筑产学研结合创新平台牵头单位——湖南省建筑设计院有限公司（以下简称"HD"）正是利用自身的技术优势，在全省范围内率先开展了工程建设行业的绿色设计工作，取得了一系列的成果。该企业成立于 1952 年 7 月，前身为湖南省建筑设计院，是一家管理体系健全、技术实力雄厚、设施装备完善的大型国有综合性设计研究企业。60 多年来，HD 完成设计和工程总承包等各类项目 12000 余项，业务遍及国内 24 个省（直辖市）、澳门特区以及海外 42 个国家，形成了"3+1"——"3"指建筑、市政、规划（含景观）设计；"1"指工程总承包的业务格局；HD 在职职工 1600 余人，其中全国工程勘察设计大师 1 人，湖南省工程勘察设计大师 4 人，正高及高级职称 270 余人，中级职称 600 余人，全院专业技术人员占在职职工总数的 90% 以上。

HD 一直致力于引领和推动全省工程设计领域的技术研究与创新。从 2009 年起，HD 组织一批专家开展绿色设计及技术研究，并牵头成立了"湖南省绿色建筑产学研结合创新平台""湖南省可再生能源建筑应用产学研结合创新平台""湖南省建筑工业现代化技术产学研结合创新平台"，成为省内绿色建筑与建筑节能产学研结合领军企业之一；2016 年，HD 顺应国家"绿色发展"的时代潮流，正式迈入绿色设计的新阶段，在全省率先发布了企业绿色行动计划《2016—2020 年 HD 绿色设计行动方案》（以下简称"方案"），并明确提出：

1. 到 2020 年，HD 成为湖南省绿色研究、设计与咨询一体化领军团队；规划、市政板块项目绿色规划、海绵城市、绿色市政等实现绿色设计理念全覆盖；全院民用建筑项目实现 100% 绿色设计；

2. 中远期，HD 全院工程项目（含规划、市政、建筑）实现 100% 绿色设计，绿色设计成为 HD 的企业核心竞争力。

该方案的出台，标志着 HD 将绿色理念全面融入设计工作，率先成为全省乃至全国将绿色理念从民用建筑延伸到市政、规划、景观领域的设计企业，实现了绿色理念在工程建设全领域、全专业、项目全生命期的全方位覆盖。"绿色设计"列入了 HD 战略发展目标。

随后，"HD 绿色设计领导小组""HD 绿色设计专家委员会"陆续成立，为 HD 绿色设计提供重要的机制保障与技术支撑；并组建了"生态与建筑性能模拟分析研究室""建筑节能技术工程事业部""既有建筑改造更新研究中心""海绵城市设计研究中心"等跨专业、跨领域的综合性技术团队；全院开展绿色设计的专项人才已占到技术总人数的 50% 以上，HD 已成为全省绿色设计参与人数最多、覆盖领域最广、完成项目最多的设计企业。

自 2016 年以来，HD 每年主办 3 场"湖南（HD）绿色设计论坛"，邀请国内外在绿色建筑、绿色市政、绿色规划（景观）领域的知名专家，将行业最前沿的绿色设计理论、技术及成果引入湖南省开展技术交流，形成绿色设计交流高地；每年同步举办"HD 绿色设计活动周暨优秀绿色设计项目评选竞赛"，为优秀绿色设计项目的实施提供保障与支持，为绿色设计理念在全省及全行业内的普及起到了重要推动作用。HD 践行"绿色发展"理念，开展绿色设计引领，产生的经济、社会、环境效益日益突显。HD 经过多年的技术积累与工程实践，在绿色设计领域取得了全省的多个第一：

1. 全省第一个大型绿色居住区项目——"保利麓谷林语"；

2. 全省第一个大型公共建筑绿色三星级示范基地——"省院—江雅园办公楼"；

3. 全省第一条基于"海绵城市"理念的城市道路改造工程——安乡县深柳大道改造工程；

4. 全省第一座绿色城市再生水厂——长沙市洋湖再生水厂项目；

5. 全省第一条黑臭水体治理工程——湘潭市爱劳渠综合治理工程；

6. 全省第一个城市自来水厂绿色化提质改造——长沙市第一水厂提质改造工程；

7. 全省第一个城市污水处理厂绿色化提质改造——长沙市湘湖污水处理厂提质改造暨中水回用示范工程；

8. 全省第一个城市餐厨垃圾治理工程——娄底餐厨垃圾资源化利用和无害化处理项目；

9. 全省第一个农村污废水治理工程，并获专利——望城区白箬铺镇光明村农村分散式生活污水处理工程；

10. 全省第一个实施"低影响、低干预、可持续生态"城市公园设计项目——长沙市巴溪洲水上公园。

10.5　绿色建筑分项发展建议重点

1. 着力提升绿色建筑发展质量

随着近几年国家和地方绿色建筑的政策密集出台，绿色建筑已逐渐由鼓励发展转变为强制推广，绿色建筑的项目量已呈爆发式增长。然而，绿色建筑的发展质量不容乐观。在建筑节能与绿色建筑的检查中，存在绿色建筑技术未落实或落实不到位的情况，绿色建筑设施设备运营阶段闲置，甚至不能正常运行等。"十三五"期间，湖南省应将绿色建筑发展的质量作为重点监管内容。在施工阶段、竣工验收阶段加强监管，加强绿色建筑的设计变更的监管，强化竣工验收阶段对绿色建筑技术落实情况监督。组织不同星级项目的评选，重点关注项目绿色建筑技术应用的合理性、创新性和示范性，对优秀项目予以奖励。组织项目建设单位、施工单位、设计单位及相关专家等对优秀项目进行现场考察和学习。

2. 加强规划管控力度

湖南省各州市要在国土空间规划统筹引导下，将绿色建筑领域发展相关指标纳入城市总体规划、控制性详细规划、修建性详细规划和专项规划，城乡规划主管部门在出具、核定项目建设用地规划设计条件中明确绿色建筑星级要求或建设标准，在规划、方案设计审批中审查绿色建筑技术指标的实施情况，并应逐步将绿色生态城区相关标准指标纳入城镇规划管控内容。

3. 深化技术研究应用

整合和引进国内外住房城乡建设行业优势资源和科研力量，搭建科技创新联盟，加快产学研资用一体化，产出一批符合湖南省气候地域特点、具有行业影响力且具国际领先技术的科研成果和应用项目；建立工程建设标准化中长期发展规划和技术体系，制（修）订绿色建筑领域规划、设计、生产、施工、验收、检测、运维管理及相关产品标准、规程；加快制定绿色建筑领域建设工程定额和造价标准；科学编制绿色生态城区指标体系、技术导则和标准体系。

4. 切实抓好新建建筑节能工作

新建建筑节能工作经过近年来的不断努力，已经取得了很大的成果，设计阶段基本可以100%执行现行节能标准，但施工过程中的质量还有提升空间，同时在销售以及建筑产品使用过程中的节能工作还有很大差距。首先，建设主管部门应当积极组织设计、施工、监理、质监等各部门人员进行节能培训，提高建筑节能在各单位中的认识水平。其次，采用信息化手段为建筑节能落地保驾护航。目前建筑节能中较为突出的问题是施工现场的施工图、计算书以及备案表等资料不齐全或不一致，保温材料形式检测不齐全，保温材料厚度不足等，若建设全省统一的建筑节能信息化平台，设计单位的设计资料、主管部门的备案资料、施工单位的图纸、材料单位的检测报告，全部统一到一个平台，将大大提高建筑节能质量的管理水平。再次，强化建筑节能监管。新建建筑应严格执行建筑节能设计标准，鼓励有条件的地区执行更高节能标准，建立建筑能效测评与标识制度，将建筑能效测评纳入节能专项验收。各地要把浅层地热能、太阳能热水等可再生能源利用纳入建筑节能推广范畴，加速建立可再生能源建筑应用技术标准体系，稳妥推进超低能耗、近零能耗建筑。最后，提高建筑使用者的节能意识。以多种方式对建筑节能的实用性、经济性以及生态性进行宣传，提高老百姓对建筑节能的需求度。通过老百姓对建筑节能需求度的增加来倒逼建设单位提高建筑节能的质量和水平，积极发挥市场在建筑节能中的导向作用。

5. 大力推进既有建筑绿色改造

1）实施既有公共建筑绿色改造。全省机关办公建筑和大型公共建筑在装修、扩建、加层等改造及抗震加固时，应综合采取节能、节水等改造措施。具备条件的，应整体达到一星级绿色建筑标准；局部改造的，改造部分要达到绿色建筑相关指标要求。开展既有公共建筑节能改造项目示范和城市示范，积极培育节能服务市场，大力支持节能服务企业和用能单位采取合同能源管理模式实施节能项目，落实完善国家和省扶持合同能源管理的措施，对符合条件的合同能源管理项目，按规定落实财政扶持政策。

2）在既有居住建筑绿色改造方面，应重点开展门窗节能改造、建筑物遮阳改造，因地制宜开展屋面和外墙节能改造、用能设备节能改造，探索既有居住建筑节能改造的技术路线和推广机制。有条件的地区应结合旧城更新、城区环境综合整治、平改坡、房屋修缮维护、抗震加固等工作，实施整体综合改造。

6. 可再生能源建筑规模化应用

自 2009 年以来，湖南省共获批国家可再生能源建筑应用示范城市 7 个，示范县 13 个，集中连片示范区（示范镇）1 个；可再生能源建筑应用省级推广示范县 3 个，获批示范面积约 2177hm²，获批补助资金 6.06 亿元。各示范地区应加强监管，按照实施方案的目标按时按量完成示范任务。各部门应加强联动，在立项、设计、施工、竣工、运行管理各阶段制定行之有效的监管办法，确定各部门监管责任，形成闭合式管理模式，并将此部分工作作为各部门年终的考核指标。加强示范项目的质量监管，主管部门应组织专家对示范项目技术方案、设计图纸进行审查，尤其是规模较大，具有示范效应的项目应重点进行技术指导。未列入示范城市、区县的地区，应结合实际资源禀赋、特点合理制定可再生能源建筑应用示范推广方案，机关办公建筑在 2hm² 以上的大型公共建筑和规模化的住宅小区应作为可再生能源技术推广的重点。

7. 加强公共建筑监管体系建设

湖南省住房城乡建设厅应尽快建立建筑能耗统计和动态监控体系，对机关办公建筑和大型公共建筑能耗情况实施重点统计和动态监控，会同相关部门研究制定超定额加价制度、建筑合同能源管理办法，开展能源审计、能效公示等。公共建筑是节能减排中的能耗大户，而公共建筑的绿色建筑设计是否能在建设过程中得以落实，并且在运营阶段真正起到节能降耗的效果，还需要能耗监测管理作为最终的评判。第一，应该加强能耗监测管理工作，对能耗监测数据的准确性和科学性进行管理，提高数据质量。第二，能耗监测不是目的，而是降低建筑能耗的手段，要提高物业管理人员对分项计量以及在线监测系统的认识，使能耗监测系统发挥其最大的潜能。第三，应对现有建筑能耗监测数据进行统计分析，对不同建筑类型的能耗情况进行研究，为建筑能耗总量控制提供数据支持。第四，碳计量和碳交易已经在国内逐步兴起，引入碳交易机制，用市场来调节能源的使用，减少碳排放。

8. 推进建筑产业化发展

1）保持住宅部品化的产业优势，推进装饰部品化的产业发展

稳步推进适合工业化生产的预制装配式、钢结构、木结构等结构体系，采用建筑预制内外墙板、预制楼梯、叠合楼板等部品构件。加强建筑工业化配套技术集成应用研究，完善相关的设计、施工、部品生产等标准体系和工程建设管理制度。大力发展和应用太阳能与建筑一体化、结构保温装修一体化、门窗保温隔热遮阳新风一体化、成品房装修与整体厨卫一体化，以及地源热泵、采暖与新风系统、建筑智能化、水资源再生利用、建筑垃圾资源化利用等成套技术。在建筑标准化基础上，实现建筑构配件、制品和设备的工业化大生产，推动建筑产业生产，经营方式走上专业化、规模化道路，形成符合建筑产业现代化要求的设计、生产、物流、施工、安装和建设管理体系。加快转变传统开发方式，大力推进住宅产业现代化，使建筑装修一体化、住宅部品标准化、运行维护智能化的成品住房成为主要开发模式。

2）加大绿色建材评价机制建设，促进绿色建材相关产业发展

坚持因地制宜、就地取材，结合当地气候特点和资源禀赋，发展安全耐久、节能环保、施工便利的绿色建材。加快发展防火隔热性能好的建筑保温体系和材料，积极发展烧结空心制品、加气混凝土制品、多功能复合一体化墙体材料、一体化屋面、低辐射镀膜玻璃、断桥隔热门窗、遮阳系统等建材。引导发展利用高性能混凝土、高强钢，全面推广使用 400MPa 级及以上高强钢筋；大力发展预拌混凝土和预拌砂浆，严格禁止施工现场搅拌混凝土和砂浆；按国家有关规定开展绿色建材产品认证，加大推广应用力度。落实《湖南省促进绿色建材生产和应用实施方案》，建立绿色建材评价标识制度，组织开展绿色建材评价工作。湖南省住房城乡建设厅要定期发布绿色建材产品目录，将获得绿色建材评价标识的产品，列入绿色建筑材料推广目录。要会同有关部门加强建材市场监管工作，加强绿色建材产品质量监督抽查，及时公布抽查信息，引导规范市场消费。开展绿色建材下乡及绿色建材试点示范引领行动，促进绿色建材的应用。研究建立绿色建材生产使用信息系统，实现产品质量可追溯。

3）大力推动绿色施工

绿色建筑的建设应当全面推广绿色施工。新建、改扩建政府投资的公益性建筑、大型公共建筑和社会投资在 $2hm^2$ 以上的公共建筑，以及申报二星级以

上绿色建筑项目建设中应当采用绿色施工标准。在绿色施工中，应加速新技术、新工艺和新材料的普及和综合应用，严格执行绿色施工标准相关要求，切实落实绿色施工方案，将绿色施工管理纳入施工现场安全评估体系，实现与安全生产、文明施工的有效结合和良性互动。

4）严格建筑拆除管理

建筑所有权人和使用权人，要加强建筑维护管理，对符合城乡规划和工程建设标准、在正常使用寿命内的建筑，除重大和基本的公共利益需要外，不得随意拆除，维护规划的严肃性和稳定性。拆除大型公共建筑和历史文化保护建筑的，要按程序提前向社会公示征求意见，接受社会监督。

5）推动建筑工业化

加快建立建筑工业化设计、施工、部品生产等环节的标准体系，推动结构件、部品、部件的标准化，丰富标准件的种类，提高通用性和可置换性。推广适合工业化生产的预制装配式混凝土、钢结构等建筑体系，加快发展建设工程的预制和装配技术，提高建筑工业化技术集成水平，支持集设计、生产、施工于一体的工业化基地建设，开展工业化建筑示范试点。积极推行住宅全装修，鼓励新建住宅一次装修到位或菜单式装修，促进个性化装修和产业装修相统一。

6）推进建筑废弃物资源化利用

落实建筑废弃物处理责任制，按照"谁产生、谁负责"的原则进行建筑废弃物的收集、运输和处理。各地区制定废弃物集中处理和分级利用实施方案，加快建筑废弃物资源化利用技术、装备研发推广。编制建筑废弃物综合利用技术标准，开展建筑废弃物资源化利用示范，研究建立建筑废弃物再生产品标识制度。扶植建筑废弃物再生企业，引导施工企业进行建筑废弃物分类回收。

9. 创建绿色生态城区

湖南省各地城市新区建设和旧城区改造，应按照绿色、生态、低碳、环保理念进行规划设计，集中连片发展绿色建筑。省级绿色生态城区应符合以下条件：建立绿色指标体系，制定绿色生态规划；面积原则上不小于$1km^2$，区内新建民用建筑绿色建筑评价标准执行率（按建筑面积）达95%以上，地下综合管廊、区域能源供应系统、城市再生水系统、雨水收集综合利用系统等达到国家标准要求；在制度创新、示范宣传及市场机制改革等方面有典型意义。

10. 推动绿色农房建设

研究制定农村建筑节能相关规划和政策，健全农村建筑节能技术标准体系，结合地域气候特点、经济发展水平和传统文化特色，因地制宜制定工法、图集手册等，指导农村实施建筑节能建设；结合移民搬迁和农村人居环境整治工作，开展农村节能住宅试点、低层装配式农房试点。因地制宜发展农村沼气、太阳能、生物质能等新能源与可再生能源，调整农村用能结构，改善农民生活质量，实现乡村振兴目标。

附录 A　湖南省绿色建筑评价机制及流程

一、湖南省绿色建筑设计标识工作流程

（一）湖南省绿色建筑创建计划立项申报

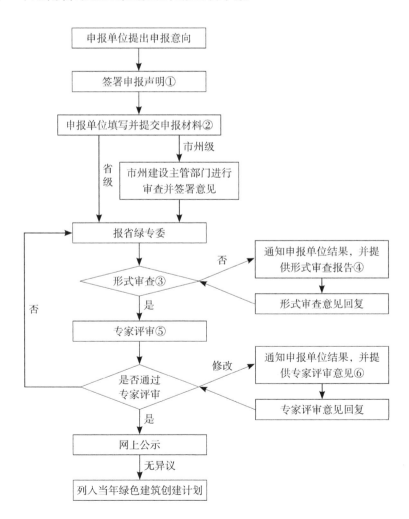

注：

① "申报声明"（"绿色建筑创建计划专业评估申报声明"的简称）为申报单位确认参与绿色建筑评价标识并遵循相关规定的承诺书。

② "申报材料"包括申报项目的立项申报表、申报报告和自评报告；申报表需加盖各申报单位公章及推荐单位公章，申报报告及自评报告需加盖申报单位技术章。

③ "形式审查"是指对申报单位资质、申报材料完整性和有效性的审查。

④ "形式审查报告"（"绿色建筑创建计划立项申报材料形式审查报告"的简称）是经湖南省绿色建筑专业委员会形式审查后提交给申报单位的审查结果报告。

⑤ "专家评审"是指湖南省绿色建筑专业委员会组织专家对申报材料的评价结果进行核实和确认。

⑥ "专家评审意见"（"绿色建筑创建计划立项专家评审意见"的简称）是经专家评审后提出的疑问及专家评审结论。

（二）湖南省绿色建筑创建计划专业评估申报

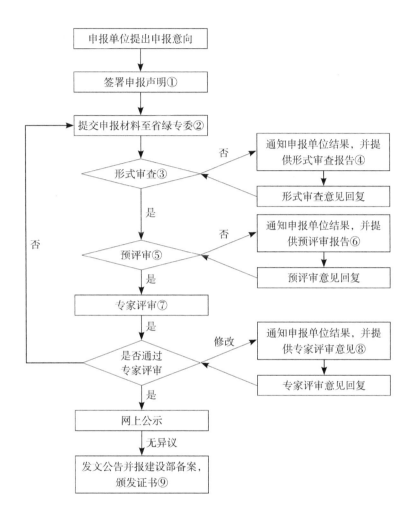

注：

① "申报声明"（"绿色建筑创建计划专业评估申报声明" 的简称）为申报单位确认参与绿色建筑评价标识并遵循相关规定的承诺书。

② "申报材料" 包括申报项目的申报表、专业评估报告、自评报告和经备案的施工图及相关设计文件、国土使用权证、建设工程用地规划许可证、施工审查备案批复、施工许可证等证明材料。

③ "形式审查" 是指对申报单位资质、申报材料完整性和有效性的审查。

④ "形式审查报告"（"绿色建筑创建计划立项申报材料形式审查报告" 的简称）是

经湖南省绿色建筑专业委员会形式审查后提交给申报单位的审查结果报告。

⑤"预评审"是指湖南省绿色建筑专业委员会成员单位中工作经验丰富、熟悉绿色建筑评价工作的专业人员根据已通过形式审查的申报材料，核实申报单位自评结果，"绿色建筑评价标识专业评价"还需对项目落实情况进行现场核实。

⑥"预评审报告"（"绿色建筑创建计划专业评估专家预评审意见"的简称）是经湖南省绿色建筑专业委员会成员单位中工作经验丰富、熟悉绿色建筑评价工作的专业人员评审后提出的预评审结论。

⑦"专家评审"是指湖南省绿色建筑专业委员会组织专家对申报材料和专业评价结果进行核实和确认。

⑧"专家评审意见"（"绿色建筑创建计划专业评估专家评审意见"的简称）是经专家评审后提出的疑问及专家评审结论。

⑨"证书"是指由住房和城乡建设部统一颁发的绿色建筑一、二星级设计评价标识证书。

二、湖南省绿色建筑运行标识申报工作流程

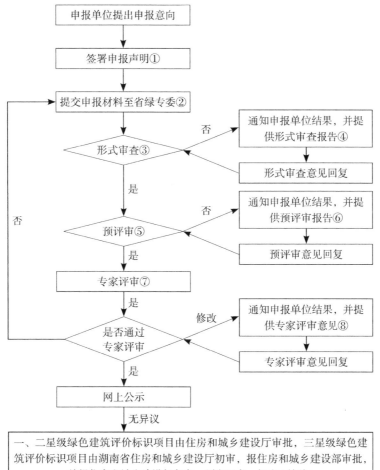

注：

① "申报声明"（"绿色建筑创建计划专业评估申报声明"的简称）为申报单位确认参与绿色建筑评价标识并遵循相关规定的承诺书。

② "申报材料"包括申报项目的申报表、项目总结报告、自评报告和经备案的竣工图及由湖南省住房和城乡建设厅委托检测评估机构出具的能效评估测试报告等证明材料。

③ "形式审查"是指对申报单位资质、申报材料完整性和有效性的审查。

④ "形式审查报告"（"绿色建筑评价标识申报材料形式审查报告"的简称）是经湖南省绿色建筑专业委员会形式审查后提交给申报单位的审查结果报告。

⑤ "预评审"是指湖南省绿色建筑专业委员会成员单位中工作经验丰富、熟悉绿色建筑评价工作的专业人员根据已通过形式审查的申报材料，核实申报单位自评结果，"绿色建筑评价标识预评审"还需对项目落实情况进行现场核实。

⑥ "专业评价意见"（"绿色建筑评价标识专家评审意见"的简称）是经湖南省绿标办成员单位中工作经验丰富、熟悉绿色建筑评价工作的专业人员评审后提出的专业评价结论。

⑦ "专家评审"是指湖南省绿色建筑专业委员会组织专家对申报材料和专业评价结果进行核实和确认。

⑧ "专家评审意见"（"绿色建筑评价标识专家评审意见"的简称）是经专家评审后提出的疑问及专家评审结论。

三、湖南省绿色建筑设计标识评价项目申报工作流程（新）

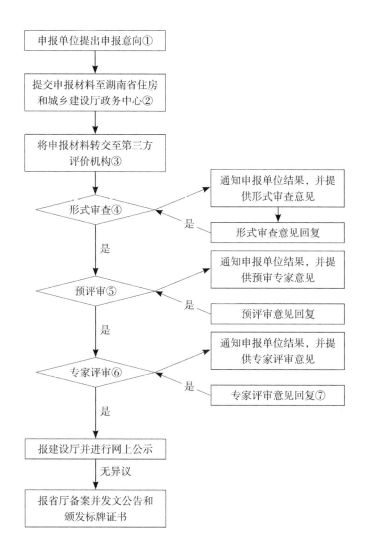

注：

①原则上应由建设单位（开发单位）提出，鼓励设计单位、施工单位等相关单位共同参与申请。

②湖南省住房和城乡建设厅政务中心自 2017 年 12 月 1 日统一受理建筑节能、绿色建筑、装配式建筑、工程建设地方标准及建设科技项目，具体详见湖南省住房和城乡建设厅《关于由厅政务中心统一受理建筑节能、绿色建筑、装配式建筑、工程建设

地方标准及建设科技项目的通知》。

③"申报材料"包括绿色建筑设计标识评价申报书、绿色建筑设计标识评价自评报告、申报声明以及其他附件材料。

④第三方评价机构为申报主体自主选择的绿色建筑标识评价机构，且评价机构符合《绿色建筑评价机构能力条件指引》（建科〔2017〕238号）要求。

⑤"形式审查"是指第三方评价机构对申报单位资质、申报材料完整性和有效性的审查。

⑥"预评审"是指第三方评价机构随机抽选预评审专家库人员，根据已通过形式审查的申报材料，核实申报单位自评结果。

⑦"专家评审"是指第三方评价机构随机抽选评审专家库人员，根据已通过预评审的申报材料，核实申报单位自评结果。

四、湘潭市绿色建筑评价标识申报工作流程

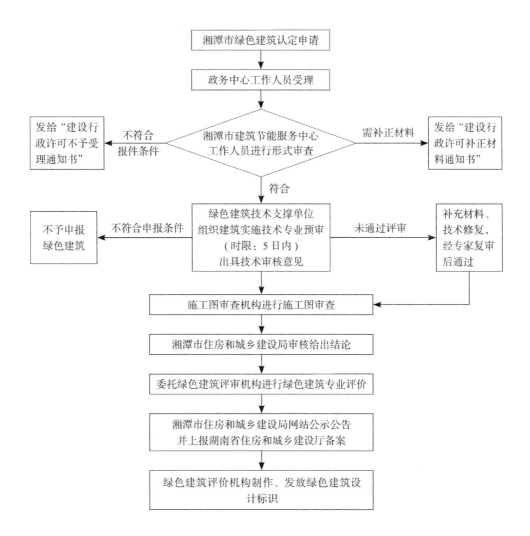

附录 B 湖南省绿色建筑相关政策法规

政策名称	编号 / 发布时间
中共湖南省委湖南省人民政府关于印发《绿色湖南建设纲要》的通知	湘发〔2012〕9 号
关于印发《绿色建筑行动实施方案》的通知	湘政发〔2013〕18 号
湖南省住房和城乡建设厅关于做好强制推行绿色建筑试点的通知	2013 年 9 月 3 日
湖南省住房和城乡建设厅关于进一步规范建筑工程施工图节能设计文件的通知	湘建科函〔2013〕398 号
关于印发《湖南省推进新型城镇化实施纲要（2014—2020 年）》的通知	湘政发〔2014〕32 号
湖南省住房和城乡建设厅办公室关于印发《湖南省既有住宅建筑节能改造技术方案》的通知	湘建办函〔2014〕53 号
关于印发《湖南省推进住宅产业化实施细则》的通知	湘政办发〔2014〕111 号
关于印发《湖南省住宅产业化基地管理办法（试行）》的通知	湘建房〔2014〕199 号
《湖南省贯彻落实〈水污染防治行动计划〉实施方案（2016—2020）》	湘政发〔2015〕53 号
湖南省国民经济和社会发展第十三个五年规划纲要	2016 年 1 月 30 日
中共湖南省委湖南省人民政府关于进一步加强和改进城市规划建设管理工作的实施意见	湘发〔2016〕15 号
关于推进海绵城市建设的实施意见	湘政办发〔2016〕20 号
关于印发《湖南省实施低碳发展五年行动方案（2016—2020 年）》的通知	湘政办发〔2016〕32 号
关于进一步加强可再生能源建筑应用和管理的通知	湘建科〔2016〕56 号
关于民用建筑保温工程禁止使用无机轻集料保温砂浆的通知	湘建科〔2016〕118 号
关于确定省级海绵城市和地下综合管廊建设试点城市的通知	湘建城函〔2016〕158 号
关于印发《湖南省促进绿色建材生产和应用实施方案》的通知	湘经信原材料〔2016〕234 号
湖南省人民政府办公厅关于加快推进装配式建筑发展的实施意见	湘政办发〔2017〕28 号

政策名称	编号/发布时间
关于印发《湖南省"十三五"节能减排综合工作方案》的通知	湘政发〔2017〕32号
关于发布湖南省工程建设地方标准《湖南省公共建筑节能设计标准》的通知	湘建科〔2017〕39号
关于印发《湖南省"十三五"节能规划》的通知	湘发改环资〔2017〕59号
湖南省住房和城乡建设厅建筑节能与绿色建筑、建设科技与标准化工作2017年工作要点	2017年5月8日
湖南省住房和城乡建设厅湖南省经济和信息化委员会关于进一步开展绿色建材推广和应用工作的通知	湘建科〔2017〕188号

附录 C 各地州市的绿色建筑相关政策法规

政策名称	编号 / 发布时间
关于印发《湘潭市绿色建筑实施办法》的通知	潭政办〔2013〕91 号
关于转发市住房与城乡规划建设局《永州市绿色建筑行动方案》的通知	永政办发〔2013〕10 号
郴州市人民政府关于加快推进我市绿色建筑发展的实施意见	郴政办发〔2013〕14 号
长沙市关于明确我市民用建筑节能设计有关技术要求的通知	长住建发〔2013〕150 号
关于印发《长沙市绿色建筑行动实施方案》的通知	长政发〔2013〕33 号
长沙大河西先导区管理委员会关于印发《梅溪湖新城绿色社区创建管理办法》的通知	长先管发〔2013〕58 号
长沙大河西先导区管理委员会关于印发《梅溪湖新城国家绿色生态示范城区财政补助资金管理办法》的通知	长先管发〔2013〕62 号
邵阳市人民政府关于推进绿色邵阳建设的实施意见	2013 年 10 月
关于印发《娄底市绿色建筑行动实施方案》的通知	娄政发〔2014〕2 号
湘潭市住房和城乡建设局关于进一步做好建筑节能和科技工作的通知	潭住建发〔2014〕27 号
关于印发《长沙市望城区绿色建筑行动实施方案》的通知	望政办发〔2014〕117 号
关于民用建筑保温工程禁止使用建筑保温浆体材料的通知	长住建发〔2014〕268 号
关于印发《怀化市绿色建筑行动实施办法（试行）》的通知	怀建发〔2014〕38 号
益阳市人民政府办公室关于印发《益阳市大气污染防治实施方案》的通知	益政办发〔2014〕27 号
关于印发《长沙市绿色建筑项目管理规定》的通知	长政发〔2015〕8 号
关于印发《长沙市既有居住建筑节能改造补助资金管理办法》的通知	长财建〔2015〕22 号
关于加强民用建筑外窗工程质量管理的通知	长住建发（2015）64 号
关于做好绿色建设、产业化住宅、全装修普通商品住宅财政补贴的通知	长住建发〔2015〕114 号
关于印发《湘潭市绿色建筑实施细则》的通知	潭住建发〔2015〕55 号

续表

政策名称	编号 / 发布时间
关于印发《常德市绿色建筑行动实施方案》的通知	常政办发〔2015〕18 号
关于印发《株洲市绿色建筑行动实施方案》的通知	株政发〔2016〕19 号
关于促进房地产市场平稳健康发展的通知	长政办函〔2016〕199 号
关于印发《岳阳市绿色建筑行动实施方案》的通知	岳政发〔2016〕6 号
关于加强全市建筑节能与绿色建筑管理工作的通知	永住建函〔2016〕258 号
湘西自治州人民政府关于进一步推进新型城镇化的实施意见	州政发〔2016〕10 号
长沙市人民政府关于印发《长沙市绿色建筑项目管理规定》的通知	湘政办发〔2016〕32 号
关于印发《长沙市建筑节能与绿色建筑专项资金管理办法》的通知	长财建〔2017〕5 号
关于进一步促进房地产市场平稳健康发展的通知	长政办函〔2017〕38 号
关于印发《长沙市民用建筑节能和绿色建筑管理办法》的通知	长政办发〔2017〕53 号
长沙市住房和城乡建设委员会关于进一步做好房地产住宅市场调控工作的通知	长住建发〔2017〕71 号
关于印发《湖南湘江新区绿色建筑管理办法》的通知	湘新管发〔2017〕2 号
益阳市住房和城乡建设局关于进一步加强绿色建筑和建筑节能管理工作的通知	益建发〔2017〕72 号

附录 D 湖南省绿色建筑相关激励政策

政策名称	编号
关于印发《湖南省绿色建筑评价标识管理办法（试行）》的通知	湘建科〔2009〕17 号
关于印发《湖南省建筑节能示范工程管理办法（试行）》的通知	湘建科〔2009〕329 号
关于认真贯彻执行《长沙市民用建筑节能管理办法》有关事项的通知	长住建发〔2011〕66 号
长沙市住房和城乡建设委员会关于明确我市民用建筑节能设计有关技术要求的通知	长住建发〔2011〕150 号
永州市人民政府办公室关于加快推广绿色建筑的意见	永政办发〔2012〕55 号
湖南省人民政府关于印发《绿色建筑行动实施方案》的通知	湘政发〔2013〕18 号
长沙市人民政府关于印发《长沙市绿色建筑行动实施方案》的通知	长政发〔2013〕33 号
长沙市住房和城乡建设委员会关于长沙市建筑节能专项验收管理工作调整的通知	长住建发〔2013〕161 号
长沙大河西先导区管理委员会关于印发《梅溪湖新城绿色社区创建管理办法》的通知	长先管发〔2013〕58 号
长沙大河西先导区管理委员会关于印发《梅溪湖新城国家绿色生态示范城区财政补助资金管理办法》的通知	长先管发〔2013〕62 号
湖南省住房和城乡建设厅关于进一步规范建筑工程施工图节能设计文件的通知	湘建科函〔2013〕398 号
湘潭市人民政府办公室关于印发《湘潭市绿色建筑实施办法》的通知	潭政办发〔2013〕91 号
郴州市人民政府关于加快推进我市绿色建筑发展的实施意见	郴政办发〔2013〕14 号
长沙市人民政府关于印发《长沙市绿色建筑行动实施方案》的通知	长政发〔2013〕33 号
湖南省人民办公厅关于印发《湖南省推进住宅产业化实施细则》的通知	湘政办发〔2014〕111 号
长沙市望城区人民政府办公室关于印发《长沙市望城区绿色建筑行动实施方案》的通知	望政办发〔2014〕117 号

续表

政策名称	编号
长沙大河西先导区关于印发《先导区建筑管理暂行办法》的通知	长先管发〔2014〕19号
长沙市住房和城乡建设委员关于民用建筑保温工程禁止使用建筑保温浆体材料的通知	长住建发〔2014〕268号
湘潭市住房和城乡建设局关于进一步做好建筑节能和科技工作的通知	潭住建发〔2014〕27号
关于印发《怀化绿色建筑行动实施办法（试行）》的通知	怀建发〔2014〕38号
关于印发《娄底市绿色建筑行动实施方案》的通知	娄政发〔2014〕2号
关于做好绿色建筑、产业化住宅、全装修普通商品住宅财政补贴的通知	长住建发〔2015〕114号
长沙市人民政府关于印发《长沙市绿色建筑项目规定》的通知	长政发〔2015〕8号
常德市绿色建筑行动实施方案	常政办发〔2015〕18号
湘潭市绿色建筑实施细则的通知	潭住建发〔2015〕55号
关于印发《株洲市绿色建筑行动实施方案》的通知	株政发〔2016〕19号
关于印发《长沙市民用建筑节能和绿色建筑管理办法》的通知	长政办发〔2017〕53号
关于进一步开展绿色建材推广和应用工作的通知	湘建科〔2017〕188号

附录 E 湖南省绿色建筑案例篇

一、湖南省绿色建筑已获设计评价评价标识项目

年份	序号	项目名称	标准	建设单位	设计单位	技术支撑单位	星级	居建/公建/工业	创建面积 /hm²
2011	1	长沙开福万达广场地块A区住宅	《湖南省绿色建筑评价标准》DBJ 43/T 004—2010	长沙开福万达广场投资有限公司			一星级	居建	28.35
	2	长沙绿地中央广场·新里卢浮公馆（1、3、8、9、10号楼）	《湖南省绿色建筑评价标准》DBJ 43/T 004—2010	绿地地产集团长沙置业有限公司			一星级	居建	23.62
	3	长沙绿地中央广场·商业（4号楼）	《湖南省绿色建筑评价标准》DBJ 43/T 004—2010	绿地地产集团长沙置业有限公司			三星级	公建	0.25
	4	长沙绿地中央广场·幼儿园（11号楼）	《湖南省绿色建筑评价标准》DBJ 43/T 004—2010	绿地地产集团长沙置业有限公司			三星级	公建	0.26
	5	长沙市保利·麓谷林语A、B区	《湖南省绿色建筑评价标准》DBJ 43/T 004—2010	湖南保利房利房地产开发有限公司		长沙绿建节能科技有限公司	一星级	居建	34.20

续表

年份	序号	项目名称	标准	建设单位	设计单位	技术支撑单位	星级	居建/公建/工业	创建面积/hm²
2011	6	长沙绿地中央广场·拉菲晶座（公寓式酒店7号楼）	《湖南省绿色建筑评价标准》DBJ 43/T 004—2010	绿地地产集团长沙置业有限公司			二星级	公建	4.54
	7	长沙绿地中央广场·紫峰（写字楼5、6号楼）	《湖南省绿色建筑评价标准》DBJ 43/T 004—2010	绿地地产集团长沙置业有限公司			二星级	公建	11.54
	8	长沙开福万达广场B区商业综合体	《湖南省绿色建筑评价标准》DBJ 43/T 004—2010	长沙开福万达广场投资有限公司			一星级	公建	22.02
2012	9	长沙市绿地公馆二期一批项目	《湖南省绿色建筑评价标准》DBJ 43/T 004—2010	湖南绿地天成置业有限公司			二星级	居建	9.46
	10	长沙开福万达广场B区万达文华酒店	《湖南省绿色建筑评价标准》DBJ 43/T 004—2010	长沙开福万达广场投资有限公司			一星级	公建	6.39
	11	长沙市岳麓区实验小学	《湖南省绿色建筑评价标准》DBJ 43/T 004—2010	金茂投资（长沙）有限公司		长沙绿建节能科技有限公司	二星级	公建	1.52
2013	12	长沙梅溪湖中学	《湖南省绿色建筑评价标准》DBJ 43/T 004—2010	长沙梅溪湖实业有限公司		长沙绿建节能科技有限公司	二星级	公建	8.65
	13	株洲云龙示范区云龙发展中心项目	《湖南省绿色建筑评价标准》DBJ 43/T 004—2010	株洲市云龙发展投资控股股份集团有限公司			三星级	公建	14.80
	14	长沙公共资源交易中心	《湖南省绿色建筑评价标准》DBJ 43/T 004—2010	湖南天福项目管理有限公司	长沙中盛建筑勘察设计有限公司		二星级	公建	3.56

年份	序号	项目名称	标准	建设单位	设计单位	技术支撑单位	星级	居建/公建/工业	创建面积/hm²
2013	15	长沙梅溪湖国际新城研发中心一期项目（1~9号楼）	《湖南省绿色建筑评价标准》DBJ 43/T 004—2010	长沙梅溪湖国际研发中心置业有限公司	同济大学建筑设计研究院（集团）有限公司	长沙绿建节能科技有限公司	一星级	公建	2.57
	16	金茂梅溪湖住宅一期高层1~13号楼	《湖南省绿色建筑评价标准》DBJ 43/T 004—2010	长沙方兴盛荣置业有限公司	天华建筑设计有限公司	长沙绿建节能科技有限公司	一星级	居建	15.18
	17	邵阳金鹏嘉苑二期10~12号楼	《湖南省绿色建筑评价标准》DBJ 43/T 004—2010	湖南富佰建设开发有限公司	邵阳市第二建筑设计院	长沙绿建节能科技有限公司	一星级	居建	7.92
	18	长沙开福万达广场C区写字楼（含裙楼）	《湖南省绿色建筑评价标准》DBJ 43/T 004—2010	长沙开福万达广场投资有限公司	湖南省建筑设计院/依柯尔绿色建筑研究中心（北京）有限公司		一星级	公建	20.00
	19	北辰三角洲A1区写字楼	《湖南省绿色建筑评价标准》DBJ 43/T 004—2010	长沙市北辰房地产开发有限公司	北京市建筑设计研究院	北京江森自控有限公司能源部	二星级	公建	7.04
2014	20	长沙华雅国际财富	《湖南省绿色建筑评价标准》DBJ 43/T 004—2010	长沙华雅房地产开发有限公司	长沙市规划设计院有限责任公司	长沙绿建节能科技有限公司	一星级	公建	6.39
	21	长沙中信·凯旋蓝岸花园（1~17、29~31号栋）	《湖南省绿色建筑评价标准》DBJ 43/T 004—2010	湖南省中信置业开发有限公司	中机国际工程设计研究院有限责任公司	长沙绿建节能科技有限公司	一星级	公建	10.54

续表

年份	序号	项目名称	标准	建设单位	设计单位	技术支撑单位	星级	居建/公建/工业	创建面积/hm²
	22	万国城 MOMA（长沙）项目三期1～3、5～13、15、18、19号楼	《湖南省绿色建筑评价标准》DBJ 43/T 004—2010	当代置业（湖南）有限公司			二星级	居建	26.93
	23	长沙中信·凯旋蓝岸花园（19、21、24号栋）	《湖南省绿色建筑评价标准》DBJ 43/T 004—2010	湖南省中信置业开发有限公司	中机国际工程设计研究院有限责任公司	长沙绿建节能科技有限公司	一星级	居建	3.48
	24	长沙市轨道交通运营控制中心	《湖南省绿色建筑评价标准》DBJ 43/T 004—2010	长沙市轨道交通集团有限公司	湖南省建筑设计院有限公司	深圳市建筑科学研究院股份有限公司	三星级	公建	6.50
2014	25	长沙梅溪湖消防站	《湖南省绿色建筑评价标准》DBJ 43/T 004—2010	长沙梅溪湖实业有限公司	湖南城市学院规划建筑设计研究院湖南城市学院	长沙绿建节能科技有限公司	二星级	公建	0.41
	26	保利·国际广场A1、A2、A4、A6～A8	《湖南省绿色建筑评价标准》DBJ 43/T 004—2010	湖南保利房地产开发有限公司	深圳筑波工程设计有限公司	长沙绿建节能科技有限公司	一星级	居建	36.17
	27	长沙金茂梅溪湖住宅二期14～24、27～32号楼及公寓楼项目	《湖南省绿色建筑评价标准》DBJ 43/T 004—2010	长沙方兴盛荣置业有限公司	天华建筑设计有限公司	长沙绿建节能科技有限公司	一星级	居建	32.59
	28	长沙湘水郡	《湖南省绿色建筑评价标准》DBJ 43/T 004—2010	湖南湘水投控房地产有限公司	中机国际工程设计研究院有限公司/湖南省建筑设计院有限公司	浙江沃华环境科技有限公司	二星级	居建	15.30

年份	序号	项目名称	标准	建设单位	设计单位	技术支撑单位	星级	居建/公建/工业	创建面积/hm²
2014	29	株洲磐龙生态社区C、D区（1～18、21～33、24A、25A号楼）	《湖南省绿色建筑评价标准》DBJ 43/T 004—2010	株洲市云龙发展投资控股集团置业有限公司	株洲市建筑设计院有限公司		二星级	居建	25.00
	30	中建梅溪湖壹号住宅小区1～10号楼	《湖南省绿色建筑评价标准》DBJ 43/T 004—2010	长沙中建梅溪房地产开发有限公司	长沙市规划设计院有限责任公司	长沙绿建节能科技有限公司	一星级	居建	14.15
	31	上海大众汽车有限公司长沙工厂	《湖南省绿色建筑评价标准》DBJ 43/T 004—2010	上海大众汽车有限公司	上海市机电设计研究院有限公司		三星级	工业	78.19
	32	长沙万科紫台一期A区6、12～14号楼	《湖南省绿色建筑评价标准》DBJ 43/T 004—2010	湖南万科和顺置业有限公司	深圳大学建筑设计研究院	深圳万都时代绿色建筑技术有限公司	三星级	居建	32.65
	33	天健·芙蓉盛世（公建H栋）	《湖南省绿色建筑评价标准》DBJ 43/T 004—2010	长沙市天健房地产开发有限公司	化工部长沙设计研究院	长沙绿建节能科技有限公司	一星级	公建	3.79
	34	天健·芙蓉盛世（住宅A～G栋）	《湖南省绿色建筑评价标准》DBJ 43/T 004—2010	长沙市天健房地产开发有限公司	化工部长沙设计研究院	长沙绿建节能科技有限公司	一星级	居建	12.10
	35	长沙五矿·万境财智中心	《湖南省绿色建筑评价标准》DBJ 43/T 004—2010	五矿·地产湖南开发有限公司	中冶南方工程技术有限公司	长沙绿建节能科技有限公司	三星级	公建	8.58
	36	保利·国际广场A3、A5、B1	《湖南省绿色建筑评价标准》DBJ 43/T 004—2010	湖南保利房地产开发有限公司	深圳筑波工程设计有限公司	长沙绿建节能科技有限公司	二星级	居建	21.61

续表

年份	序号	项目名称	标准	建设单位	设计单位	技术支撑单位	星级	居建/公建/工业	创建面积/hm²
	37	长沙高新区公租房一期（麓城印象）	《湖南省绿色建筑评价标准》DBJ 43/T 004—2010	长沙高新区公共租赁住房开发有限公司	长沙图龙设计有限公司	长沙市城市建设科学研究院	一星级	居建	7.70
	38	长沙金茂梅溪湖住宅二期 25、26号栋	《湖南省绿色建筑评价标准》DBJ 43/T 004—2010	长沙方兴盛置业有限公司	上海天华建筑设计有限公司	长沙绿建节能科技有限公司	三星级	居建	2.25
	39	湘潭市昭山两型产业发展中心	《湖南省绿色建筑评价标准》DBJ 43/T 004—2010	湖南昭山经济建设投资有限公司	湘潭市建筑设计院	深圳市建筑科学研究院股份有限公司	三星级	公建	5.32
	40	赤岭路小学一期项目	《湖南省绿色建筑评价标准》DBJ 43/T 004—2010	通用地产长沙有限公司	湖南中规设计院有限公司	湖南大学建筑学院	一星级	公建	1.13
2014	41	中信凯旋城配套小学及幼儿园	《湖南省绿色建筑评价标准》DBJ 43/T 004—2010	湖南省中信城市广场投资有限公司	湖南方圆建筑工程设计有限公司	长沙绿建节能科技有限公司	一星级	公建	1.21
	42	长沙恒伟西雅韵住宅 1~6号楼	《湖南省绿色建筑评价标准》DBJ 43/T 004—2010	长沙恒宏房地产开发有限公司	长沙市规划设计院有限责任公司	北京达实德润能源科技有限公司	三星级	居建	7.70
	43	长沙梅溪湖国际新城研发中心一期 11号楼	《湖南省绿色建筑评价标准》DBJ 43/T 004—2010	长沙梅溪湖国际研发中心置业有限公司		长沙绿建节能科技有限公司	三星级	公建	1.18
	44	湖南师范大学附属中学梅溪湖实验中学项目	《湖南省绿色建筑评价标准》DBJ 43/T 004—2010	金茂投资（长沙）有限公司	中机国际工程设计研究院有限责任公司	长沙市城市建设科学研究院	二星级	公建	5.18

年份	序号	项目名称	标准	建设单位	设计单位	技术支撑单位	星级	居建/公建/工业建/工业	创建面积/hm²
2014	45	郴州万花冲1号、2、3、5、6号楼	《湖南省绿色建筑评价标准》DBJ 43/T 004—2010	郴州市鼎顺房地产开发有限公司	北京世纪千府国际工程设计有限公司	中国建筑上海设计研究院有限公司	一星级	居建	4.98
	46	长沙上源湘江华庭住宅小区	《湖南省绿色建筑评价标准》DBJ 43/T 004—2010	长沙上源置业有限公司	湖南省建筑科学研究院	长沙云天节能科技有限公司	一星级	居建	5.48
	47	湖南·省建院·江雅园办公楼	《湖南省绿色建筑评价标准》DBJ 43/T 004—2010	湖南华誉房地产开发有限公司	湖南省建筑设计院有限公司	湖南省建筑设计院有限公司	三星级	公建	3.16
	48	长沙当代滨江MOMA项目1~3、5~8号楼	《湖南省绿色建筑评价标准》DBJ 43/T 004—2010	湖南当代绿建置业有限公司	深圳市华阳国际工程设计有限公司	新动力（北京）建筑科技有限公司	二星级	居建	12.47
	49	长沙市保利·麓谷林语I区综合体1、2A、3号标	《湖南省绿色建筑评价标准》DBJ 43/T 004—2010	湖南保利房地产开发有限公司	湖南省建筑设计院有限公司	长沙市城市建设科学研究院	一星级	公建	11.71
2015	50	湖南铁路科技职业技术学院	《湖南省绿色建筑评价标准》DBJ 43/T 004—2010	湖南铁路科技职业技术学院	化工部长沙设计研究院	长沙绿建节能科技有限公司	一星级	公建	23.97
	51	株洲印象华都1号公寓楼	《湖南省绿色建筑评价标准》DBJ 43/T 004—2010	湖南领地置业发展有限公司	吉好地建筑设计武汉有限公司	长沙绿建节能科技有限公司	一星级	公建	2.24
	52	湖南有色金属职业技术学院	《湖南省绿色建筑评价标准》DBJ 43/T 004—2010	湖南有色金属职业技术学院	中冶长天国际工程有限责任公司	长沙绿建节能科技有限公司	一星级	公建	15.87
	53	湖南省商业技术学院	《湖南省绿色建筑评价标准》DBJ 43/T 004—2010	湖南省商业技术学院	吉好地建筑设计（武汉）有限公司	长沙绿建节能科技有限公司	一星级	公建	8.13

续表

年份	序号	项目名称	标准	建设单位	设计单位	技术支撑单位	星级	居建/公建/工业	创建面积/hm²
2015	54	湖南化工职业技术学院新校区建设工程——食堂、1～3号宿舍	《湖南省绿色建筑评价标准》DBJ 43/T 004—2010	湖南化工职业技术学院	深圳市建筑研究总院有限公司	深圳市建筑研究院股份有限公司	一星级	公建	4.42
	55	湖南化工职业技术学院新校区建设工程——化工应化系、公教经管系	《湖南省绿色建筑评价标准》DBJ 43/T 004—2010	湖南化工职业技术学院	深圳市建筑研究总院有限公司	深圳市建筑研究院股份有限公司	一星级	公建	5.19
	56	湖南化工职业技术学院新校区建设工程——图书馆	《湖南省绿色建筑评价标准》DBJ 43/T 004—2010	湖南化工职业技术学院	深圳市建筑研究总院有限公司	深圳市建筑研究院股份有限公司	二星级	公建	1.28
	57	湖南化工职业技术学院新校区建设工程——行政楼	《湖南省绿色建筑评价标准》DBJ 43/T 004—2010	湖南化工职业技术学院	深圳市建筑研究总院有限公司	深圳市建筑研究院股份有限公司	二星级	公建	0.53
	58	株洲新华联丽景湾国际酒店	《湖南省绿色建筑评价标准》DBJ 43/T 004—2010	株洲新华联房地产开发有限公司	北京市新厦建筑设计有限责任公司	长沙绿建节能科技有限公司	二星级	公建	7.20
	59	长沙博才小学	《湖南省绿色建筑评价标准》DBJ 43/T 004—2010	金茂投资（长沙）有限公司	中机国际工程设计研究院有限责任公司	长沙市城市建设科学研究院	二星级	公建	2.44
	60	长沙周南梅溪湖实验中学	《湖南省绿色建筑评价标准》DBJ 43/T 004—2010	金茂投资（长沙）有限公司	中机国际工程设计研究院有限责任公司	长沙市城市建设科学研究院	二星级	公建	4.32

续表

年份	序号	项目名称	标准	建设单位	设计单位	技术支撑单位	星级	居建/公建/工业	创建面积/hm²
	61	长沙和泓·梅溪四季住宅小区1~8号楼	《湖南省绿色建筑评价标准》DBJ 43/T 004—2010	湖南和泓房地产开发有限公司	湖南省建筑设计院有限公司	长沙绿建节能科技有限公司	一星级	居建	11.67
	62	长沙中铁·梅溪青秀B32地块1~8号楼	《湖南省绿色建筑评价标准》DBJ 43/T 004—2010	中铁房地产集团长沙置业有限公司	中铁第五勘察设计院集团有限公司	长沙绿建节能科技有限公司	一星级	居建	16.00
	63	长沙通用时代·国际社区二期	《湖南省绿色建筑评价标准》DBJ 43/T 004—2010	通用地产长沙有限公司	湖南省建筑设计院有限公司	湖南大学建筑学院	一星级	居建	3.90
	64	株洲市职教学府港湾住宅小区（1~10号楼）	《湖南省绿色建筑评价标准》DBJ 43/T 004—2010	株洲市云龙房地产开发有限责任公司	吉好地建筑设计（武汉）有限公司	长沙绿建节能科技有限公司	一星级	居建	12.66
2015	65	当代万国城MOMA（长沙）项目三期17、20~23号楼	《湖南省绿色建筑评价标准》DBJ 43/T 004—2010	当代置业（湖南）有限公司	长沙市规划设计院有限责任公司		二星级	居建	16.25
	66	长沙新城·国际花都三期商业中心项目	《湖南省绿色建筑评价标准》DBJ 43/T 004—2010	长沙新城万博置业有限公司	湖南方圆建筑工程设计有限公司	湖南方圆建筑工程设计有限公司	一星级	公建	5.81
	67	长沙长房·南屏锦源小学项目	《湖南省绿色建筑评价标准》DBJ 43/T 004—2010	湖南国广置业有限公司	湖南方圆建筑工程设计有限公司	长沙绿建节能科技有限公司	一星级	公建	1.13
	68	长沙绿地中心	《湖南省绿色建筑评价标准》DBJ 43/T 004—2010	湖南绿地金融城置业有限公司	湖南省建筑设计院有限公司	长沙绿建节能科技有限公司	一星级	公建	25.95
	69	长沙县星沙商务写字楼及市民服务中心	《湖南省绿色建筑评价标准》DBJ 43/T 004—2010	长沙县星城建设投资有限公司	吉好地建筑设计武汉有限公司	长沙绿建节能科技有限公司	二星级	公建	8.01

续表

年份	序号	项目名称	标准	建设单位	设计单位	技术支撑单位	星级	居建/公建/工业	创建面积/hm²
	70	长沙桃花岭数字服务中心	《湖南省绿色建筑评价标准》DBJ 43/T 004—2010	梅溪湖投资（长沙）有限公司	北京中外建建筑设计有限公司	长沙绿色节能科技有限公司	二星级	公建	0.84
	71	长沙东方明珠三期A组团3～6号楼	《湖南省绿色建筑评价标准》DBJ 43/T 004—2010	湖南武高科房地产开发有限公司	深圳市同济人建筑设计有限公司	长沙绿色建节能科技有限公司	一星级	居建	10.61
	72	长沙梅溪湖金茂悦一期住宅1～10号楼	《湖南省绿色建筑评价标准》DBJ 43/T 004—2010	长沙梅溪湖金悦置业有限公司	湖南省建筑科学研究院	长沙绿色建节能科技有限公司	一星级	居建	19.06
	73	湘潭中建健康产业示范城展示馆	《湖南省绿色建筑评价标准》DBJ 43/T 004—2010	湖南中建仰天湖投资有限公司	悉地国际设计顾问（深圳）有限公司	长沙绿色建节能科技有限公司	三星级	公建	1.20
	74	长沙铜官窑遗址博物馆	《湖南省绿色建筑评价标准》DBJ 43/T 004—2010	湖南长沙铜官窑建设开发有限公司	中机国际工程设计研究院有限责任公司		三星级	公建	1.14
2015	75	长沙金科·世界城26号综合楼	《湖南省绿色建筑评价标准》DBJ 43/T 004—2010	湖南靓兴房地产开发有限公司	长沙市规划设计院有限责任公司	天成兴邦能源科技（北京）有限公司	一星级	公建	1.97
	76	长沙金科·世界城住宅（含配套）项目	《湖南省绿色建筑评价标准》DBJ 43/T 004—2010	湖南靓兴房地产开发有限公司	长沙市规划设计院有限责任公司	天成兴邦能源科技（北京）有限公司	一星级	居建	33.02
	77	长沙大河西综合交通枢纽工程	《湖南省绿色建筑评价标准》DBJ 43/T 004—2010	长沙综合交通枢纽建设投资有限公司	中国市政工程西北设计研究院有限公司	长沙市城市建设科学研究院	二星级	公建	31.85

年份	序号	项目名称	标准	建设单位	设计单位	技术支撑单位	星级	居建/公建/工业	创建面积/hm²
2015	78	长沙洋湖湿地公园湿地科普展示馆	《湖南省绿色建筑评价标准》DBJ 43/T 004—2010	长沙先导洋湖建设投资有限公司	湖南省建筑设计院有限公司	湖南湖大瑞格能源科技有限公司	二星级	公建	0.599
	79	长沙洋湖湿地公园次游客服务中心	《湖南省绿色建筑评价标准》DBJ 43/T 004—2010	长沙先导洋湖建设投资有限公司	北京华清安地建筑设计事务所有限公司	湖南湖大瑞格能源科技有限公司	二星级	公建	0.099
	80	长沙绿地·海外滩S5地块1～25号楼	《湖南省绿色建筑评价标准》DBJ 43/T 004—2010	长沙上城置业有限公司	湖南省建筑设计院有限公司	长沙绿建节能科技有限公司	一星级	居建	33.52
	81	长沙万科金MALL坊	《湖南省绿色建筑评价标准》DBJ 43/T 004—2010	湖南利顺置业有限公司	深圳大学建筑设计研究院	深圳万都时代绿色建筑技术有限公司	一星级	公建	5.37
	82	长沙永祺西京三期商业广场	《湖南省绿色建筑评价标准》DBJ 43/T 004—2010	长沙永祺房地产开发有限公司	湖南省建筑设计院有限公司	长沙绿建节能科技有限公司	一星级	公建	14.68
	83	长沙长房·时代城20号栋北塔（时代国际）	《湖南省绿色建筑评价标准》DBJ 43/T 004—2010	长沙成银银山房地产开发有限公司	长沙市建筑设计院有限公司	长沙绿建节能科技有限公司	一星级	公建	5.07
	84	长沙融科·东南海A区NH-1栋写字楼	《湖南省绿色建筑评价标准》DBJ 43/T 004—2010	长沙融科智地房地产开发有限公司	湖南方圆建筑工程设计有限公司	长沙绿建节能科技有限公司	一星级	公建	3.95
	85	湖南长沙华晨·世纪广场二期购物中心B项目	《湖南省绿色建筑评价标准》DBJ 43/T 004—2010	湖南鑫盛房地产开发有限公司	长沙市规划设计院有限责任公司		一星级	公建	9.33
	86	长沙市银红家居生活广场	《湖南省绿色建筑评价标准》DBJ 43/T 004—2010	长沙市银红家居有限公司			一星级	公建	21.22

续表

年份	序号	项目名称	标准	建设单位	设计单位	技术支撑单位	星级	居建/公建/工业	创建面积/hm²
2015	87	湘潭万达广场 B 地块 A 区（1～4 号楼）、B 区（5～7 号楼）住宅	《湖南省绿色建筑评价标准》DBJ 43/T 004—2010	湘潭万达广场投资有限公司	中冶南方工程技术有限公司	依柯尔绿色建筑研究中心（北京）有限公司	一星级	居建	30.75
	88	长沙博才实验小学	《湖南省绿色建筑评价标准》DBJ 43/T 004—2010	金茂投资（长沙）有限公司	中机国际工程设计研究院有限责任公司	长沙市城市建设科学研究院	二星级	公建	1.97
	89	长沙华润置地广场一期写字楼工程	《湖南省绿色建筑评价标准》DBJ 43/T 004—2010	华润置地（湖南）有限公司	湖南大学设计研究院有限公司	湖南大学设计研究院有限公司	一星级	公建	4.45
	90	长沙天珑酒店改造中铁五局集团有限公司办公大楼项目	《湖南省绿色建筑评价标准》DBJ 43/T 004—2010	中铁五局长沙机关大楼建设指挥部	长沙市规划设计院有限责任公司	长沙市城市建设科学研究院	一星级	公建	2.77
	91	长沙振业城实验中学	《湖南省绿色建筑评价标准》DBJ 43/T 004—2010	湖南振业房地产开发有限公司	深圳市华阳国际工程设计有限公司	长沙绿建节能科技有限公司	一星级	公建	2.17
	92	长沙振业城一期高层 1～4 号楼	《湖南省绿色建筑评价标准》DBJ 43/T 004—2010	湖南振业房地产开发有限公司	深圳市华阳国际工程设计有限公司	长沙绿建节能科技有限公司	一星级	居建	7.11

年份	序号	项目名称	标准	建设单位	设计单位	技术支撑单位	星级	居建/公建/工业	创建面积/hm²
2015	93	长沙中建梅溪湖壹号二期 2B 地块 G12 ~ G16 栋、2C 地块 G21 ~ G26 栋	《湖南省绿色建筑评价标准》DBJ 43/T 004—2010	长沙中建梅溪房地产开发有限公司	深圳市华阳国际工程设计有限公司/长沙市规划设计院有限责任公司	长沙绿建节能科技有限公司	一星级	居建	17.23
	94	长沙北大资源·时光住宅小区 4 ~ 9 号楼	《湖南省绿色建筑评价标准》DBJ 43/T 004—2010	长沙恒隆房地产开发有限公司	中机国际工程设计研究院有限责任公司	长沙绿建节能科技有限公司	一星级	居建	8.26
	95	湘潭万达广场大商业	《湖南省绿色建筑评价标准》DBJ 43/T 004—2010	湘潭万达广场投资有限公司	中国中轻国际工程有限公司	依柯尔绿色建筑研究中心（北京）有限公司	一星级	公建	16.64
	96	郴州市美美世界城市商业广场综合体	《湖南省绿色建筑评价标准》DBJ 43/T 004—2010	郴州市美世界房地产开发有限公司	中南建筑设计院股份有限公司	依柯尔绿色建筑研究中心（北京）有限公司	二星级	公建	28.43
	97	长沙金茂梅溪湖国际广场二期 13 号栋	《湖南省绿色建筑评价标准》DBJ 43/T 004—2010	长沙金茂梅溪湖国际广场置业有限公司	北京市建筑设计研究院有限公司	北京清华同衡规划设计研究院有限公司	三星级	公建	14.45
	98	长沙当代星沙 MOMA 一期 2、6 号楼住宅楼	《湖南省绿色建筑评价标准》DBJ 43/T 004—2010	湖南当代摩码置业有限公司			二星级	居建	5.32

续表

年份	序号	项目名称	标准	建设单位	设计单位	技术支撑单位	星级	居建/公建/工业	创建面积/hm²
	99	长沙金科·东方大院(五期)高层住宅5-1、5-2、5-3	《湖南省绿色建筑评价标准》DBJ 43/T 004—2010	湖南金科房地产开发有限公司		长沙绿建节能科技有限公司	一星级	居建	5.46
	100	石门县亨通苑小区商业部分	《湖南省绿色建筑评价标准》DBJ 43/T 004—2010	常德天城置业有限公司	北京森磊源建筑规划设计有限公司	湖南绿碳建筑科技有限公司	二星级	公建	1.18
	101	长沙北辰新河三角洲项目B1E1区1~3、5号楼	《湖南省绿色建筑评价标准》DBJ 43/T 004—2010	长沙北辰房地产开发有限公司	中国建筑技术集团有限公司		一星级	公建	17.76
2015	102	石门县亨通苑小区住宅部分	《湖南省绿色建筑评价标准》DBJ 43/T 004—2010	常德天城置业有限公司	北京森磊源建筑规划设计有限公司	湖南绿碳建筑科技有限公司	二星级	居建	2.38
	103	长沙万科梅溪郡一期项目(3~16号住宅楼)	《湖南省绿色建筑评价标准》DBJ 43/T 004—2010	长沙市万科房地产开发有限公司	广东华玺建筑设计有限公司	深圳市建筑科学研究院股份有限公司	一星级	居建	13.84
	104	长沙金茂梅溪湖国际广场1~8、17~21号住宅	《湖南省绿色建筑评价标准》DBJ 43/T 004—2010	长沙金茂梅溪湖国际广场置业有限公司	中机国际工程设计研究院有限责任公司/北京市建筑设计研究院有限公司	长沙绿建节能科技有限公司	二星级	居建	38.4

年份	序号	项目名称	标准	建设单位	设计单位	技术支撑单位	星级	居建/公建/工业	创建面积/hm²
2015	105	长沙龙湖湘风著一期 G1～G11号楼	《湖南省绿色建筑评价标准》DBJ 43/T 004—2010	长沙龙湖房地产开发有限公司	深圳市华阳国际工程设计有限公司	长沙绿建节能科技有限公司	一星级	居建	32.27
	106	中冶·天润菁园住宅小区	《湖南省绿色建筑评价标准》DBJ 43/T 004—2010	长沙中冶麓合置业有限公司	中冶长天国际工程有限责任公司	湖南省建筑科学研究院	一星级	居建	19.65
	107	北大资源·时光住宅小区1～3号楼	《湖南省绿色建筑评价标准》DBJ 43/T 004—2010	长沙恒隆房地产开发有限公司	中机国际工程设计研究院有限责任公司	长沙绿建节能科技有限公司	一星级	公建	2.46
	108	协信·星澜汇（1～8号栋住宅）	《湖南省绿色建筑评价标准》DBJ 43/T 004—2010	长沙远宏房地产开发有限公司	湖南省建筑设计院有限公司	湖南湖大瑞格能源科技有限公司	一星级	居建	16.14
	109	协信·星澜汇（1～2号栋办公楼及1～9号商业）	《湖南省绿色建筑评价标准》DBJ 43/T 004—2010	长沙远宏房地产开发有限公司	湖南省建筑设计院有限公司	湖南湖大瑞格能源科技有限公司	一星级	公建	8.65
	110	娄底高铁南站枢纽一体化项目（公交综合体、长途综合体、站前广场地下空间）	《湖南省绿色建筑评价标准》DBJ 43/T 004—2010	娄底市万宝新区开发投资有限公司	悉地（北京）国际建筑设计顾问有限公司	贵州绿建科技发展有限责任公司	一星级	公建	20.9
	111	中建梅溪湖壹三期3B地块 G1～G5栋	《湖南省绿色建筑评价标准》DBJ 43/T 004—2010	长沙中建梅溪房地产开发有限公司	长沙市规划设计院有限责任公司	湖南绿碳建筑科技有限公司	一星级	居建	8.08
	112	中建梅溪湖壹号幼儿园	《湖南省绿色建筑评价标准》DBJ 43/T 004—2010	长沙中建梅溪房地产开发有限公司	长沙市规划设计院有限责任公司	湖南绿碳建筑科技有限公司	一星级	公建	0.41

续表

年份	序号	项目名称	标准	建设单位	设计单位	技术支撑单位	星级	居建/公建/工业	创建面积/hm²
2015	113	勤诚达·新界 H 区住宅	《湖南省绿色建筑评价标准》DBJ 43/T 004—2010	湖南勤诚达地产有限公司	广州市白云建筑设计院有限公司	长沙市城市建设科学研究院	一星级	居建	10.89
	114	长沙市 COCO 蜜城（住宅 1～7 号栋）	《湖南省绿色建筑评价标准》DBJ 43/T 004—2010	长沙蓝光和骏置业有限公司	湖南省建筑科学研究院	中航规划建设长沙设计研究院有限公司	一星级	居建	11.37
	115	长沙市 COCO 蜜城（公建 9 号栋）	《湖南省绿色建筑评价标准》DBJ 43/T 004—2010	长沙蓝光和骏置业有限公司	湖南省建筑科学研究院	中航规划建设长沙设计研究院有限公司	一星级	公建	2.37
	116	浩翔"武广·美域"商业及 4 号栋公寓式办公楼	《湖南省绿色建筑评价标准》DBJ 43/T 004—2010	湖南省浩翔置业有限公司	湖南方圆建筑工程设计有限公司	长沙市城市建设科学研究院	一星级	公建	3.1
	117	正荣财富中心一期	《湖南省绿色建筑评价标准》DBJ 43/T 004—2010	正荣（长沙）置业有限公司	长沙市规划设计院有限责任公司	长沙市城市建设科学研究院	一星级	居建	24.32
	118	长沙市教育学院新建培训宿舍楼	《湖南省绿色建筑评价标准》DBJ 43/T 004—2010	长沙市教育学院	中机国际工程设计研究院有限公司	湖南湖大瑞格能源科技有限公司	一星级	公建	0.9
	119	长沙北辰新河三角洲 B2E2 区 3 号、5～8 号楼	《湖南省绿色建筑评价标准》DBJ 43/T 004—2010	长沙北辰房地产开发有限公司	中铁第五勘察设计院集团有限公司	长沙绿建节能有限公司	一星级	居建	24.45
	120	长沙佳兆业·云顶梅溪湖一期 F34 地块	《湖南省绿色建筑评价标准》DBJ 43/T 004—2010	湖南鼎诚达房地产开发有限公司	中机国际工程设计研究院有限责任公司	长沙绿建节能有限公司	一星级	居建	8.47

年份	序号	项目名称	标准	建设单位	设计单位	技术支撑单位	星级	居建/公建/工业	创建面积/hm²
2015	121	紫鑫·徜湖湾小区 1～6 栋住宅	《湖南省绿色建筑评价标准》DBJ 43/T 004—2010	湖南紫鑫天翼置业有限公司	湖南省邮政科研规划设计院有限公司	长沙绿建节能科技有限公司	一星级	居建	15.93
	122	友谊大厦	《湖南省绿色建筑评价标准》DBJ 43/T 004—2010	湖南友泽房地产开发有限公司	湖南省建筑设计院有限公司	长沙绿建节能科技有限公司	一星级	公建	4.31
	123	新城新世界地块一、三期东组团	《湖南省绿色建筑评价标准》DBJ 43/T 004—2010	湖南成功新世纪投资有限公司	中南建筑设计院股份有限公司	湖南省建筑设计院有限公司	一星级	公建	4.19
	124	长沙(国家)广告产业中心一期	《湖南省绿色建筑评价标准》DBJ 43/T 004—2010	湖南天信文创发展有限公司	同济大学建筑设计研究院(集团)有限公司	长沙市城市设计科学研究院	一星级	公建	20.68
	125	高岭国际商贸城一期 1 号交易中心	《湖南省绿色建筑评价标准》DBJ 43/T 004—2010	长沙春江商贸物流城开发有限公司	广东华南建筑设计院有限公司	湖南省建筑设计院有限公司	一星级	公建	12.79
	126	大同瑞致小学	《湖南省绿色建筑评价标准》DBJ 43/T 004—2010	长沙中住兆嘉房地产开发有限公司	中机国际工程设计研究院有限责任公司		一星级	公建	1.98
	127	长沙中天·柄溪里 1～15 栋	《湖南省绿色建筑评价标准》DBJ 43/T 004—2010	湖南尚天房地产有限公司、湖南绿碳建筑科技有限公司			一星级	居建	15.05
	128	长沙格力暖通制冷设备一期工程厂房	《湖南省绿色建筑评价标准》DBJ 43/T 004—2010	长沙格力暖通制冷设备有限公司			三星级	工业	35.51

续表

年份	序号	项目名称	标准	建设单位	设计单位	技术支撑单位	星级	居建/公建/工业	创建面积/hm²
2015	129	长沙市湘江时代A栋办公楼	《湖南省绿色建筑评价标准》DBJ 43/T 004—2010	长沙佰图房地产开发有限公司、杭州市城建设计研究院有限公司	长沙市规划设计院有限责任公司	深圳市建筑科学研究院股份有限公司	三星级	公建	8.6
2016	130	保利·西海岸一期住宅A1～A8栋、B1～B6栋	《湖南省绿色建筑评价标准》DBJ 43/T 004—2010	保利（长沙）西海岸置业有限公司	湖南省建筑设计院有限公司	长沙绿建节能科技有限公司	一星级	居建	46.36
	131	保利香槟国际小区一期住宅	《湖南省绿色建筑评价标准》DBJ 43/T 004—2010	长沙天骄房地产开发有限公司	广州宝贤华瀚建筑工程设计有限公司	长沙绿建节能科技有限公司	一星级	居建	33.68
	132	中建·信和城住宅项目（2～12号栋）	《湖南省绿色建筑评价标准》DBJ 43/T 004—2010	中建信利地产有限公司	中机国际工程设计研究院有限责任公司	中机国际工程设计研究院有限责任公司	一星级	居建	21.08
	133	梅岭国际一期1～5号住宅	《湖南省绿色建筑评价标准》DBJ 43/T 004—2010	湖南高端房地产开发有限公司	中船第九设计研究院工程有限公司	长沙绿建节能科技有限公司；中国建筑科学研究院上海分院	一星级	居建	9.88
	134	湘江时代项目C、D栋	《湖南省绿色建筑评价标准》DBJ 43/T 004—2010	长沙佰图房地产开发有限公司	长沙市规划设计院有限责任公司	长沙绿建节能科技有限公司	一星级	居建	5.02
	135	鑫龙家园·鑫龙小镇1～6号楼	《湖南省绿色建筑评价标准》DBJ 43/T 004—2010	东安县旭烨房地产开发有限公司	湖南省建苑投资有限公司	长沙绿建节能科技有限公司	一星级	居建	5.32

年份	序号	项目名称	标准	建设单位	设计单位	技术支撑单位	星级	居建/公建/工业	创建面积/hm²
2016	136	长沙万科金域滨江一期1～3号楼	《湖南省绿色建筑评价标准》DBJ 43/T 004—2010	长沙君捷置业投资有限公司	筑博设计股份有限公司	深圳万都时代绿色建筑技术有限公司	一星级	居建	10.5
	137	五矿龙湾国际社区四期高层	《湖南省绿色建筑评价标准》DBJ 43/T 004—2010	五矿建设（湖南）嘉和日盛房地产开发有限公司	湖南格瑞工程建设有限公司	湖南省建筑科学研究院	一星级	居建	33.77
	138	北辰新河三角洲E6区住宅1～7号楼	《湖南省绿色建筑评价标准》DBJ 43/T 004—2010	长沙北辰房地产开发有限公司	中航规划建设长沙设计院有限公司	长沙绿建有限公司科技有限公司	一星级	居建	25.33
	139	长沙广泰锦苑项目2号栋	《湖南省绿色建筑评价标准》DBJ 43/T 004—2010	长沙广泰置业有限公司	湖南省建筑设计院有限公司	湖大瑞格绿能源科技有限公司	一星级	公建	2.38
	140	保利·西海岸一期商业 A9～A12栋、B7～B9栋	《湖南省绿色建筑评价标准》DBJ 43/T 004—2010	保利（长沙）西海岸置业有限公司	湖南省建筑设计院有限公司	长沙绿建有限公司科技有限公司	一星级	公建	1.62
	141	保利香槟国际小区一期商业	《湖南省绿色建筑评价标准》DBJ 43/T 004—2010	长沙天骄房地产开发有限公司	广州宝贤华瀚建筑工程设计有限公司	长沙绿建节能科技有限公司	一星级	公建	2.65
	142	北辰新河三角洲B2E2区2号酒店	《湖南省绿色建筑评价标准》DBJ 43/T 004—2010	长沙北辰房地产开发有限公司	中铁第五勘察设计院集团有限公司	长沙绿建节能科技有限公司	二星级	公建	2.42
	143	湘江时代项目B栋	《湖南省绿色建筑评价标准》DBJ 43/T 004—2010	长沙恒图房地产开发有限公司	长沙市规划设计院有限责任公司	长沙绿建节能科技有限公司	一星级	公建	1.33

续表

年份	序号	项目名称	标准	建设单位	设计单位	技术支撑单位	星级	居建/公建/工业	创建面积/hm²
2016	144	世茂铂翠湾项目 D-9-1 地块二期 3～7 号住宅	《湖南省绿色建筑评价标准》DBJ 43/T 004—2010	长沙世茂房地产有限公司	湖南省建筑设计院有限公司	长沙绿建节能科技有限公司	一星级	居建	18.18
	145	绿地·香树花城(一期)住宅 1～13 栋、32 栋	《湖南省绿色建筑评价标准》DBJ 43/T 004—2010	长沙绿地星城置业有限公司	上海天功建筑设计有限公司	长沙绿建节能科技有限公司	一星级	居建	21.94
	146	中建梅溪湖中心 G7G8 地块一期(住宅、商业、幼儿园)	《湖南省绿色建筑评价标准》DBJ 43/T 004—2010	湖南中建信和梅溪湖置业有限公司	中国建筑西南设计研究院有限公司	长沙市城市建设科学研究院	一星级	居建	28.18
	147	好莱城一期住宅项目(1～10 号楼)	《湖南省绿色建筑评价标准》DBJ 43/T 004—2010	湖南省源城置业有限公司	中国建筑上海设计院有限公司	长沙市城市建设科学研究院	一星级	居建	27.97
	148	合能长沙洋湖院 G-08、G-09 地块项目 3～12 号楼	《湖南省绿色建筑评价标准》DBJ 43/T 004—2010	湖南合能房地产开发有限公司	深圳市华阳国际工程设计有限公司	长沙绿建节能科技有限公司	一星级	居建	9.05
	149	长沙佳兆业·云顶梅溪湖二期(F31 地块)6～9 号、11～12 号住宅	《湖南省绿色建筑评价标准》DBJ 43/T 004—2010	湖南鼎诚达房地产开发有限公司	中机国际工程设计研究院有限责任公司	长沙绿建节能科技有限公司	一星级	居建	11.68
	150	湖南·省建院·江雅园(住宅)	《湖南省绿色建筑评价标准》DBJ 43/T 004—2010	湖南华誉房地产开发有限公司	湖南省建筑设计院有限公司	湖南省建筑设计院有限公司	一星级	居建	4.36

年份	序号	项目名称	标准	建设单位	设计单位	技术支撑单位	星级	居建/公建/工业	创建面积/hm²
2016	151	中海博才实验小学	《湖南省绿色建筑评价标准》DBJ 43/T 004—2010	长沙中海兴业房地产有限公司	中机国际工程设计研究院有限责任公司	中机国际工程设计研究院有限责任公司	一星级	公建	0.85
	152	长沙梅溪湖金茂悦一、二期商业	《湖南省绿色建筑评价标准》DBJ 43/T 004—2010	长沙梅溪湖金悦置业有限公司	湖南省建筑科学研究院	长沙绿建节能科技有限公司	一星级	公建	9.39
	153	大汉希尔顿国际1号2号、3号、6号塔楼及裙楼	《湖南省绿色建筑评价标准》DBJ 43/T 004—2010	株洲市大汉房地产开发有限公司	深圳市建筑设计研究总院有限公司	长沙绿建节能科技有限公司	二星级	公建	22.1
	154	中盈广场	《湖南省绿色建筑评价标准》DBJ 43/T 004—2010	湖南中盈万嘉置业有限公司	中机国际工程设计研究院有限责任公司	中机国际工程设计研究院有限责任公司	二星级	公建	10.35
	155	长沙金茂梅溪湖国际广场项目10号售楼处	《湖南省绿色建筑评价标准》DBJ 43/T 004—2010	长沙金茂梅溪湖国际广场置业有限公司	中机国际工程设计研究院有限责任公司	长沙绿建节能科技有限公司	一星级	公建	0.21
	156	长沙市麓云路项目配套服务建筑	《湖南省绿色建筑评价标准》DBJ 43/T 004—2010	梅溪湖投资（长沙）有限公司	雅克设计有限公司	湖南绿碳建筑科技有限公司	一星级	公建	0.87
	157	合能长沙洋湖院 G-08、G-09 地块项目1～2、13号楼	《湖南省绿色建筑评价标准》DBJ 43/T 004—2010	湖南合能房地产开发有限公司	深圳市华阳国际工程设计有限公司	长沙绿建节能科技有限公司	一星级	公建	4.95
	158	长沙佳兆业·云顶梅溪湖二期（F31地块）10号幼儿园	《湖南省绿色建筑评价标准》DBJ 43/T 004—2010	湖南鼎诚达房地产开发有限公司	中机国际工程设计研究院有限责任公司	长沙绿建节能科技有限公司	一星级	公建	0.25

续表

年份	序号	项目名称	标准	建设单位	设计单位	技术支撑单位	星级	居建/公建/工业	创建面积/hm²
2016	159	世茂·铂翠湾 D-8-2 地块希尔顿酒店	《湖南省绿色建筑评价标准》DBJ 43/T 004—2010	长沙世茂房地产有限公司	华东建筑设计研究总院	长沙绿建节能科技有限公司	一星级	公建	14.58
	160	建发·美地 1～6 号高层住宅	《湖南省绿色建筑评价标准》DBJ 43/T 004—2010	长沙兆盛房地产有限公司、厦门合立道工程设计集团股份有限公司、湖南绿碳建筑科技有限公司			一星级	居建	18.23
	161	长燃·新奥佳园住宅小区	《湖南省绿色建筑评价标准》DBJ 43/T 004—2010	湖南长燃置业有限公司、长沙市规划设计院有限责任公司、长沙市城市建设科学研究院			一星级	居建	22.75
	162	长沙市湘府世纪住宅小区一期 2～15 号楼	《湖南省绿色建筑评价标准》DBJ 43/T 004—2010	长沙世纪衡景房地产有限公司、中航规划建设长沙设计研究院有限公司、中国建筑技术集团有限公司			一星级	居建	18.9

年份	序号	项目名称	标准	建设单位	设计单位	技术支撑单位	星级	居建/公建/工业	创建面积/hm²
2016	163	长沙·金科中心项目9、10、16、17号楼	《湖南省绿色建筑评价标准》DBJ 43/T 004—2010	长沙金科房地产开发有限公司，中机国际工程设计研究院有限责任公司，长沙绿建节能科技有限公司			一星级	居建	10.1
	164	长沙旭辉国际广场（住宅）	《湖南省绿色建筑评价标准》DBJ 43/T 004—2010	湖南物华投资发展有限公司	长沙华艺工程设计有限公司	深圳万都时代绿色建筑技术有限公司	二星级	居建	13.03
	165	万科白鹭郡一期二期（1~3号、5~12号、13~16号住宅）	《湖南省绿色建筑评价标准》DBJ 43/T 004—2010	长沙市万科房地产开发有限公司	深圳市华阳国际工程设计有限公司	长沙市城市建设科学研究院	一星级	居建	22.58
	166	长沙雨花区污水处理厂工程（一期工程）综合楼	《湖南省绿色建筑评价标准》DBJ 43/T 004—2010	长沙水业集团有限公司，湖南格瑞工程建设有限责任公司，长沙市城市建设科学研究院			一星级	公建	0.32
	167	华远·金外滩6号楼（五期）	《湖南省绿色建筑评价标准》DBJ 43/T 004—2010	长沙橘韵投资有限公司，中国电子工程设计院，中节能唯绿（北京）建筑节能科技有限公司			一星级	公建	9.94

续表

年份	序号	项目名称	标准	建设单位	设计单位	技术支撑单位	星级	居建/公建/工业	创建面积/hm²
	168	兴旺·双铁兴苑 1 号综合楼	《湖南省绿色建筑评价标准》DBJ 43/T 004—2010	长沙兴旺房地产开发有限公司、长沙市建筑设计院有限责任公司、湖南省绿碳建筑科技有限公司			一星级	公建	6.74
	169	湖南涉外经济学院综合教学楼	《湖南省绿色建筑评价标准》DBJ 43/T 004—2010	湖南涉外经济学院、湖南省建筑科学研究院			一星级	公建	2.51
2016	170	高岭国际商贸城一期 4 号交易中心	《湖南省绿色建筑评价标准》DBJ 43/T 004—2010	长沙香江商贸物流城开发有限公司、湖南省建筑设计院有限公司			一星级	公建	12.99
	171	长沙·金科中心项目 3、3A、5 号楼	《湖南省绿色建筑评价标准》DBJ 43/T 004—2010	长沙金科房地产开发有限公司、中机国际工程设计研究院有限责任公司、长沙绿建节能科技有限公司			一星级	公建	11.28

年份	序号	项目名称	标准	建设单位	设计单位	技术支撑单位	星级	居建/公建/工业	创建面积/hm²
2016	172	长沙职教基地单身教师公寓	《湖南省绿色建筑评价标准》DBJ 43/T 004—2010	长沙市教育后勤业管理处、湖南方圆建筑工程设计有限公司、长沙云天节能科技有限公司			一星级	公建	2.76
	173	长沙职教基地后勤区	《湖南省绿色建筑评价标准》DBJ 43/T 004—2010	长沙市教育后勤业管理处、湖南天杰建筑设计有限公司、长沙云天节能科技有限公司			一星级	公建	8.88
	174	万科白鹭郡一期二期（4号幼儿园）	《湖南省绿色建筑评价标准》DBJ 43/T 004—2010	长沙市万科房地产开发有限公司	深圳市华阳国际工程设计有限公司	长沙市城市建设科学研究院	一星级	公建	0.24
	175	万科白鹭郡一期二期（商业1～6号、17号公寓式办公）	《湖南省绿色建筑评价标准》DBJ 43/T 004—2010	长沙市万科房地产开发有限公司	深圳市华阳国际工程设计有限公司	长沙市城市建设科学研究院	一星级	公建	2.94
	176	橄榄城7号栋公寓式办公楼	《湖南省绿色建筑评价标准》DBJ 43/T 004—2010	湖南润源房地产开发有限公司	湖南方圆建筑工程设计有限公司	长沙绿建节能科技有限公司	一星级	公建	2.59
	177	常德市芙蓉观邸写字楼项目	《湖南省绿色建筑评价标准》DBJ 43/T 004—2010	常德市天源住房建设有限公司	北京世纪千府国际工程设计有限公司	湖南大学建筑学院	一星级	公建	2.02

续表

年份	序号	项目名称	标准	建设单位	设计单位	技术支撑单位	星级	居建/公建/工业建	创建面积/hm²
	178	兰亭湾畔二期（A-8号、A-8号a、A-8号b、D-1号、D-3号栋、幼儿园、长沙麓山兰亭实验小学）	《湖南省绿色建筑评价标准》DBJ 43/T 004—2010	长沙市靳江水利投资置业有限公司	中机国际工程设计研究院有限责任公司	中机国际工程设计研究院有限责任公司	一星级	公建	12.67
	179	常德万达广场购物中心	《湖南省绿色建筑评价标准》DBJ 43/T 004—2010	常德万达置业有限公司	北京国科天创建筑设计研究院有限责任公司	中国建筑科学研究院	一星级	公建	13.00
	180	运达中央广场商业综合体	《湖南省绿色建筑评价标准》DBJ 43/T 004—2010	湖南运达房地产开发有限公司	湖南省建筑设计院有限公司	长沙绿建节能科技有限公司	一星级	公建	22.04
2016	181	兰亭湾畔二期（A-1号栋~A-7号栋住宅）	《湖南省绿色建筑评价标准》DBJ 43/T 004—2010	长沙市靳江水利投资置业有限公司	中机国际工程设计研究院有限责任公司	中机国际工程设计研究院有限责任公司	一星级	居建	22.16
	182	中铁·缤纷祥城一期（B-2-2地块）项目	《湖南省绿色建筑评价标准》DBJ 43/T 004—2010	湖南百鑫达投资置业有限公司	深圳市华纳国际建筑设计有限公司	湖南省建筑设计院有限公司	一星级	居建	12.27
	183	长沙卓越蔚蓝城邦（1~3号、5~12号栋）	《湖南省绿色建筑评价标准》DBJ 43/T 004—2010	长沙市卓越城投资有限公司	中机国际工程设计研究院有限责任公司	中机国际工程设计研究院有限责任公司	一星级	居建	23.98
	184	六都国际3.1期（4号、5号）	《湖南省绿色建筑评价标准》DBJ 43/T 004—2010	湖南湘电房地产开发有限公司	湖南省建筑设计院有限公司	湖南湖大瑞格能源科技有限公司	一星级	居建	5.34

年份	序号	项目名称	标准	建设单位	设计单位	技术支撑单位	星级	居建/公建/工业	创建面积/hm²
2016	185	梅溪湖 K-15 地块消防住宅小区	《湖南省绿色建筑评价标准》DBJ 43/T 004—2010	湖南汇聚房地产开发有限公司	湖南榭马建设有限公司	湖南大学设计研究院有限公司	一星级	居建	10.36
	186	长沙市北辰新河三角洲项目 E4 区 1 号、2 号、3 号、5 号、6 号、7 号住宅	《湖南省绿色建筑评价标准》DBJ 43/T 004—2010	长沙北辰房地产开发有限公司	中国建筑设计研究院	中国建筑技术集团有限公司	一星级	居建	21.5
	187	卓越浅水湾 J19 地块住宅及 8 号商业、5 号栋幼儿园	《湖南省绿色建筑评价标准》DBJ 43/T 004—2010	长沙市祥华房地产开发有限公司，湖南省建筑设计院有限公司	湖南省建筑设计院有限公司	湖南省建筑设计院有限公司	一星级	居建	22.58
	188	长沙海伦春天项目二期（20～23 号、25～27 号、29 号、31 号、33 号、35 号住宅）	《湖南省绿色建筑评价标准》DBJ 43/T 004—2010	湖南景上财信置业发展有限公司，广东建筑艺术设计院有限公司，中机国际工程设计研究院有限责任公司	广东建筑艺术设计院有限公司	中机国际工程设计研究院有限责任公司	一星级	居建	11.15
	189	文正书院	《湖南省绿色建筑评价标准》DBJ 43/T 004—2010	湖南湘江新区投资集团有限公司，长沙市城市建设科学研究院，湖南省建筑设计院有限公司	湖南省建筑设计院有限公司	长沙市城市建设科学研究院	二星级	公建	0.99

续表

年份	序号	项目名称	标准	建设单位	设计单位	技术支撑单位	星级	居建/公建/工业	创建面积/hm²
2016	190	云箭·科研综合楼	《湖南省绿色建筑评价标准》DBJ 43/T 004—2010	中国兵器装备集团湖南云箭集团有限公司、长沙绿建节能科技有限公司、湖南省建筑设计院有限公司	湖南省建筑设计院有限公司	长沙绿建节能科技有限公司	二星级	公建	2.59
	191	长沙金茂梅溪湖国际广场 12 号集中商业	《湖南省绿色建筑评价标准》DBJ 43/T 004—2010	长沙金茂梅溪湖国际广场置业有限公司	北京市建筑设计研究院有限公司	长沙绿建节能科技有限公司	二星级	公建	11.98
	192	长沙金茂梅溪湖国际广场 15 号北塔楼	《湖南省绿色建筑评价标准》DBJ 43/T 004—2010	长沙金茂梅溪湖国际广场置业有限公司	北京市建筑设计研究院有限公司	长沙绿建节能科技有限公司	二星级	公建	10.37
	193	江山帝景雅典五期（B地块工程）B1、B2 栋	《湖南省绿色建筑评价标准》DBJ 43/T 004—2010	长沙华艺工程设计有限公司	长沙华艺工程设计有限公司	湖南绿碳建筑科技有限公司	一星级	居建	13.28
	194	远大麓谷小镇住宅小区	《湖南省绿色建筑评价标准》DBJ 43/T 004—2010	湖南金尚湖置业有限公司	中辽国际工程设计有限公司	湖南省建筑科学研究院	一星级	居建	28.55
	195	德思勤城市广场一期（B地块）J1~J8 栋	《湖南省绿色建筑评价标准》DBJ 43/T 004—2010	湖南德思勤投资有限公司	深圳华森建筑与工程设计顾问有限公司	长沙市城市建设科学研究院	一星级	公建	13.87
	196	荣盛·花语馨苑二期工程 2 号商业	《湖南省绿色建筑评价标准》DBJ 43/T 004—2010	湖南荣盛房地产开发有限公司	湖南方圆建筑工程设计有限公司	长沙绿建节能科技有限公司	一星级	公建	3.83

年份	序号	项目名称	标准	建设单位	设计单位	技术支撑单位	星级	居建/公建/工业	创建面积/hm²
2016	197	长沙龙湖湘风原第一期幼儿园	《湖南省绿色建筑评价标准》DBJ 43/T 004—2010	长沙龙湖房地产开发有限公司	深圳市华阳国际工程设计有限公司	长沙绿建节能科技有限公司	一星级	公建	0.2
	198	楷林国际大厦A、B、C、D栋	《湖南省绿色建筑评价标准》DBJ 43/T 004—2010	楷林（长沙）置业有限公司	湖南省建筑设计院有限公司	长沙绿建节能科技有限公司	二星级	公建	28.18
	199	荣盛·岳麓峰景项目1～8号、14～18号、22～24号住宅	《湖南省绿色建筑评价标准》DBJ 43/T 004—2010	长沙荣湘房地产开发有限公司	北京中建建筑设计院有限公司、长沙市规划设计院有限责任公司	长沙绿建节能科技有限公司	一星级	居建	39.04
	200	时代奥特莱斯——长沙项目	《湖南省绿色建筑评价标准》DBJ 43/T 004—2010	长沙时代奥特莱斯商业有限公司	湖南省建筑设计院有限公司	湖南省建筑设计院有限公司	一星级	公建	7.33
	201	远通苑综合楼	《湖南省绿色建筑评价标准》DBJ 43/T 004—2010	湖南远通置业有限公司	湖南犇马建设工程有限公司	深圳市深绿建筑设计有限公司	一星级	公建	2.5
	202	长沙市望城·才子城项目（B、C地块）商业及幼儿园部分	《湖南省绿色建筑评价标准》DBJ 43/T 004—2010	长沙才业房地产开发有限公司	湖南建设集团有限公司建筑规划设计院	湖南建设集团有限公司建筑规划设计院	一星级	公建	4.08
	203	长沙市芙蓉区合平小学	《湖南省绿色建筑评价标准》DBJ 43/T 004—2010	长沙市芙蓉区教育局	湖南格瑞工程建设有限公司	长沙云天节能科技有限公司	一星级	公建	2.09
	204	长沙旭辉国际广场C1～C4号栋、C7～C8号栋	《湖南省绿色建筑评价标准》DBJ 43/T 004—2010	湖南物华投资发展有限公司	长沙华艺工程设计有限公司	深圳万都时代绿色建筑技术有限公司	一星级	公建	19.36

续表

年份	序号	项目名称	标准	建设单位	设计单位	技术支撑单位	星级	居建/公建/工业	创建面积/hm²
2016	205	长沙市芙蓉区第十六中学新校区	《湖南省绿色建筑评价标准》DBJ 43/T 004—2010	长沙市芙蓉区教育局	湖南格瑞端工程建设有限公司	长沙云天节能科技有限公司	一星级	公建	6.11
	206	红星·紫金国际项目	《湖南省绿色建筑评价标准》DBJ 43/T 004—2010	红星实业集团有限公司	湖南省机械工业设计研究院	湖南省建筑科学研究院	一星级	公建	7.91
	207	长沙市芙蓉区交警巡警业务用房项目	《湖南省绿色建筑评价标准》DBJ 43/T 004—2010	长沙芙蓉新城置业有限公司	湖南大学设计研究院有限公司	湖南大学建筑学院	一星级	公建	2.3
	208	长沙市芙蓉区东风小学	《湖南省绿色建筑评价标准》DBJ 43/T 004—2010	长沙市芙蓉区教育局	湖南恒创建筑设计有限责任公司	长沙云天节能科技有限公司	一星级	公建	1.46
	209	绿地·香树花城（一期）商业 34～38 号楼	《湖南省绿色建筑评价标准》DBJ 43/T 004—2010	长沙绿地星城置业有限公司	上海天功建筑设计有限公司	长沙绿建节能科技有限公司	一星级	公建	0.53
	210	长沙市实验二小项目	《湖南省绿色建筑评价标准》DBJ 43/T 004—2010	长沙市实验小学	湖南格瑞端工程建设有限责任公司	长沙云天节能科技有限公司	一星级	公建	3.18
	211	常德万达广场首开区 A 区住宅项目 A1-1～5 号栋、A2-1～3 号栋	《湖南省绿色建筑评价标准》DBJ 43/T 004—2010	常德万达广场投资有限公司	中国电子工程设计院	上海凌园建筑节能科技有限公司	一星级	居建	16.15
	212	旷远·楚天画境 1～3、5～13、15 号楼	《湖南省绿色建筑评价标准》DBJ 43/T 004—2010	旷远集团（长沙）房地产开发有限公司	厦门合立道工程设计集团股份有限公司	长沙绿建节能科技有限公司	一星级	居建	13.86
	213	和泓·梅溪四季住宅小区二期（2-1～2-10 号住宅）	《湖南省绿色建筑评价标准》DBJ 43/T 004—2010	湖南和泓房地产开发有限公司	湖南省建筑设计院有限公司	湖南省建筑设计院有限公司	一星级	居建	19.34

239

年份	序号	项目名称	标准	建设单位	设计单位	技术支撑单位	星级	居建/公建/工业	创建面积/hm²
2016	214	合能·梅溪湖公馆项目1~11号楼	《湖南省绿色建筑评价标准》DBJ 43/T 004—2010	湖南永进合能房地产开发有限公司	中机国际工程设计研究院有限责任公司	长沙绿建节能科技有限公司	一星级	居建	29.8
	215	中海·梅溪湖壹号三期3C地块	《湖南省绿色建筑评价标准》DBJ 43/T 004—2010	长沙中海梅溪房地产开发有限公司	中机国际工程设计研究院有限责任公司	湖南绿碳建筑科技有限公司	一星级	居建	7.24
	216	锦湘国际星城金丽苑9~13号高层住宅	《湖南省绿色建筑评价标准》DBJ 43/T 004—2010	湖南美联置业有限公司	长沙华艺工程设计有限公司	湖南绿碳建筑科技有限公司	一星级	居建	9.52
	217	旷远·楚天画境S3号楼	《湖南省绿色建筑评价标准》DBJ 43/T 004—2010	旷远集团（长沙）房地产开发有限公司	厦门合立道工程设计集团股份有限公司	长沙绿建节能科技有限公司	一星级	公建	0.68
	218	和泓·梅溪四季住宅小区三期（B26地块）（1~4号栋商业+幼儿园）	《湖南省绿色建筑评价标准》DBJ 43/T 004—2010	湖南和泓地产开发有限公司	湖南省建筑设计院有限公司	湖南省建设工程有限公司	一星级	公建	2.62
	219	合能·梅溪湖公馆项目12~15号楼	《湖南省绿色建筑评价标准》DBJ 43/T 004—2010	湖南永进合能房地产开发有限公司	中机国际工程设计研究院有限责任公司	长沙绿建节能科技有限公司	一星级	公建	1.17
	220	红星井湾子国际家居MALL（梅溪湖店）项目	《湖南省绿色建筑评价标准》DBJ 43/T 004—2010	红星实业集团有限公司	湖南省机械工业设计研究院	湖南省建筑科学研究院	一星级	公建	15.11

续表

年份	序号	项目名称	标准	建设单位	设计单位	技术支撑单位	星级	居建/公建/工业	创建面积/hm²
2016	221	步步高·新天地（梅溪湖）项目 ABD 区	《湖南省绿色建筑评价标准》DBJ 43/T 004—2010	步步高置业责任有限公司步步高商业连锁股份有限公司	湖南方圆建筑工程设计有限公司	北京江森自控有限公司	一星级	公建	59.05
	222	中冶长天科研设计中心	《湖南省绿色建筑评价标准》DBJ 43/T 004—2010	中冶长天国际工程有限责任公司	中冶长天国际工程有限责任公司	湖南省建筑科学研究院	一星级	公建	9.26
	223	运成大厦	《湖南省绿色建筑评价标准》DBJ 43/T 004—2010	湖南运成置业有限公司	湖南佰创建筑设计有限责任公司	长沙绿建节能科技有限公司	一星级	公建	5.65
	224	益阳万达广场	《湖南省绿色建筑评价标准》DBJ 43/T 004—2010	益阳万达广场投资有限公司	北京国天创建筑设计院有限责任公司	湖南绿碳建筑科技有限公司	一星级	公建	13.01
	225	湖南第一师范学院青年教师周转宿舍	《湖南省绿色建筑评价标准》DBJ 43/T 004—2010	湖南第一师范学院	湖南省建筑设计院有限公司	湖南省建筑设计院有限公司	一星级	公建	1.61
	226	华泰·尚都	《湖南省绿色建筑评价标准》DBJ 43/T 004—2010	湖南华泰房地产有限公司	湖南方圆建筑工程设计有限公司	长沙绿建节能科技有限公司	一星级	公建	6.86
	227	中南大学湘雅三医院科教大楼	《湖南省绿色建筑评价标准》DBJ 43/T 004—2010	中南大学湘雅三医院	湖南省建筑设计院有限公司	湖南省机械工业设计研究院	一星级	公建	1.43
	228	郴州市城投大厦项目	《湖南省绿色建筑评价标准》DBJ 43/T 004—2010	郴州市城市建设投资发展集团有限公司	湖南省轻工纺织设计院	湖南省建筑设计院有限公司	一星级	公建	12.24

続表

年份	序号	项目名称	标准	建设单位	设计单位	技术支撑单位	星级	居建/公建/工业	创建面积/hm²
2016	229	旅游服务中心（一期）项目	《湖南省绿色建筑评价标准》DBJ 43/T 004—2010	湖南湘江新区投资集团有限公司	湖南省建筑设计院有限公司	长沙绿建节能科技有限公司	二星级	公建	4.67
	230	红星·烧街区项目	《湖南省绿色建筑评价标准》DBJ 43/T 004—2010	红星实业集团有限公司	珠海泰基建筑设计工程有限公司	湖南省建筑科学研究院	一星级	公建	4.98
	231	长沙明发商业广场项目（南侧住宅1～6号楼）	《湖南省绿色建筑评价标准》DBJ 43/T 004—2010	长沙明发城市建设有限公司	厦门中建东北设计院有限公司	长沙市城市建设科学研究院	一星级	居建	18.1
	232	长沙市静园办案点建设项目一期	《湖南省绿色建筑评价标准》DBJ 43/T 004—2010	长沙市工务局	长沙市规划设计院有限责任公司	长沙市城市建设科学研究院	一星级	公建	1.21
	233	万和城项目1号楼	《湖南省绿色建筑评价标准》DBJ 43/T 004—2010	长沙中江置业有限公司 长沙市蔬菜食品集团有限公司	长沙市规划设计院有限责任公司	长沙绿建节能科技有限公司	一星级	公建	4.93
	234	潇湘奥园B-2地块9号栋办公楼	《湖南省绿色建筑评价标准》DBJ 43/T 004—2010	长沙礼盛房地产开发有限公司	深圳市城建工程设计有限公司 湖南省建筑科学研究院	湖南省建筑科学研究院	一星级	公建	3.38
	235	潇湘奥园B-3地块住宅部分（13号、15号、23号、25号楼）	《湖南省绿色建筑评价标准》DBJ 43/T 004—2010	长沙礼盛房地产开发有限公司，湖南省建筑科学研究院	深圳市城建工程设计有限公司 湖南省建筑科学研究院	湖南省建筑科学研究院	一星级	居建	9.22
	236	明德天心中学	《湖南省绿色建筑评价标准》DBJ 43/T 004—2010	长沙市天心区教育局	湖南格瑞德工程建设有限公司	长沙市城市建设科学研究院	一星级	公建	4.63

续表

年份	序号	项目名称	标准	建设单位	设计单位	技术支撑单位	星级	居建/公建/工业	创建面积/hm²
2016	237	长沙市雅礼实验中学左家塘校区提质改造项目	《湖南省绿色建筑评价标准》DBJ 43/T 004—2010	长沙市雅礼实验中学	湖南格瑞工程建设有限公司	湖南湖大瑞格能源科技有限公司	一星级	公建	0.92
	238	开利星空汽车城汽车综合展厅、商务楼	《湖南省绿色建筑评价标准》DBJ 43/T 004—2010	长沙嘉禄汽车销售有限公司	湖南省机械工业设计研究院	湖南林氏规划建筑设计有限公司	一星级	公建	6.26
	239	德思勤城市广场 B 地块 B3～B6 号栋	《湖南省绿色建筑评价标准》DBJ 43/T 004—2010	湖南德思勤投资有限公司	深圳华森建筑与工程设计顾问有限公司	湖南大学设计研究院有限公司	一星级	公建	26.6
	240	长沙市青少年宫建设项目	《湖南省绿色建筑评价标准》DBJ 43/T 004—2010	长沙市市政设施建设管理局	中南建筑设计院股份有限公司	长沙市城市建设科学研究院	一星级	公建	5.53
	241	中悦·领秀豪庭 2～4 号、6～12 号住宅及配套商业	《湖南省绿色建筑评价标准》DBJ 43/T 004—2010	湖南中悦置业有限公司	湖南悍马建设工程有限公司	湖南绿碳建筑科技有限公司	一星级	居建	19.97
	242	长沙县职教中心实习实训基地建设项目一期	《湖南省绿色建筑评价标准》DBJ 43/T 004—2010	长沙县职业中专学校	湖南格瑞工程建设有限公司	深圳市深绿建筑设计有限公司	一星级	公建	7.3
	243	雷锋汽车运输大楼绿色建筑项目	《湖南省绿色建筑评价标准》DBJ 43/T 004—2010	湖南望城县雷锋汽车运输有限公司	长沙市建筑设计院有限责任公司	湖南省建筑科学研究院	一星级	公建	5.36
	244	长沙金科中心项目 13、13A、15 号楼	《湖南省绿色建筑评价标准》DBJ 43/T 004—2010	长沙金科房地产开发有限公司	中机国际工程设计研究院有限责任公司	长沙绿建节能科技有限公司	一星级	居建	5.54

年份	序号	项目名称	标准	建设单位	设计单位	技术支撑单位	星级	居建/公建/工业	创建面积/hm²
2016	245	新华都中央公园 A1 地块 1、2、5、6、11、12、15、16 号住宅楼	《湖南省绿色建筑评价标准》DBJ 43/T 004—2010	长沙中泛置业有限公司	深圳市华阳国际工程设计有限公司	长沙绿建节能科技有限公司	一星级	居建	24.96
	246	开福区板塘村保障住房二期建设项目 7 号楼	《湖南省绿色建筑评价标准》DBJ 43/T 004—2010	长沙市城北投资有限公司	湖南省建筑材料研究设计有限公司	长沙绿建节能科技有限公司	一星级	公建	0.48
	247	开福区板塘村保障住房二期建设项目 3～6 号楼	《湖南省绿色建筑评价标准》DBJ 43/T 004—2010	长沙市城北投资有限公司	湖南省建筑材料研究设计有限公司	长沙绿建节能科技有限公司	一星级	居建	6.9
	248	创远·湘江壹号三期 Ⅲ 55、Ⅲ 56、Ⅲ 57 栋	《湖南省绿色建筑评价标准》DBJ 43/T 314—2015	长沙创远置业有限公司	湖南诚土建筑规划设计有限公司	湖南绿碳建筑科技有限公司	一星级	居建	11.17
	249	"青苹果园"(一期)住宅小区建设项目(1～6 号、14～20 号栋住宅)	《湖南省绿色建筑评价标准》DBJ 43/T 004—2010	长沙青苹果数据城投资有限责任公司	中机国际工程设计研究院有限责任公司	中机国际工程设计研究院有限责任公司	一星级	居建	13.39
2017	250	万科金域国际一期(1、2、3、5、6 栋)	《湖南省绿色建筑评价标准》DBJ 43/T 004—2010	湖南百汇有限公司	深圳市华阳国际工程设计股份有限公司长沙分公司	长沙市城市建设科学研究院	一星级	居建	20.75
	251	新源石油公司总部及东凤商用车服务中心(公租房)	《湖南省绿色建筑评价标准》DBJ 43/T 004—2010	湖南省新源石油胶股份有限公司	湖南方圆建筑工程设计有限公司	湖南绿碳建筑科技有限公司	一星级	居建	2.17

续表

年份	序号	项目名称	标准	建设单位	设计单位	技术支撑单位	星级	居建/公建/工业	创建面积/hm²
	252	"星湖湾"高层住宅小区（二期）	《湖南省绿色建筑评价标准》DBJ 43/T 004—2010	湖南京宁置业有限公司	中机国际工程设计研究院有限公司	中机国际工程设计研究院有限责任公司	一星级	居建	19.2
	253	浏阳恒大华府三期1～13栋住宅	《湖南省绿色建筑评价标准》DBJ 43/T 004—2010	浏阳金碧置业有限公司	湖南诚土建筑规划设计有限公司	长沙绿建节能科技有限公司	一星级	居建	14.86
	254	晟通·梅溪湖国际总部中心一期北地块	《湖南省绿色建筑评价标准》DBJ 43/T 004—2010	湖南晟通置业有限公司	深圳市物业国际建筑设计有限公司	湖南大学设计研究有限公司	一星级	居建	27.46
	255	长沙世茂广场项目	《湖南省绿色建筑评价标准》DBJ 43/T 004—2010	长沙世贸投资有限公司	湖南省建筑设计院有限公司	长沙绿建节能科技有限公司	一星级	公建	22.67
2017	256	万博汇名邸三期A号项目	《湖南省绿色建筑评价标准》DBJ 43/T 004—2010	长沙盛和房地产开发有限公司	湖南省建筑设计院有限公司	长沙绿建节能科技有限公司	一星级	公建	13.15
	257	长沙县妇幼保健院整体搬迁建设项目（医疗保健综合楼）	《湖南省绿色建筑评价标准》DBJ 43/T 004—2010	长沙县妇幼保健院	中机国际工程设计研究院有限责任公司	中机国际工程设计研究院有限责任公司	二星级	公建	5.56
	258	天街国际广场二期工程10号栋	《湖南省绿色建筑评价标准》DBJ 43/T 004—2010	湖南汇城置业有限公司	中机国际工程设计研究院有限责任公司	长沙绿建节能科技有限公司	一星级	公建	4.85
	259	长沙佳兆业·云顶梅溪湖二期F32地块	《湖南省绿色建筑评价标准》DBJ 43/T 004—2010	湖南鼎城达房地产开发有限公司	中机国际工程设计研究院有限公司	长沙绿建节能科技有限公司	一星级	公建	2.31

年份	序号	项目名称	标准	建设单位	设计单位	技术支撑单位	星级	居建/公建/工业	创建面积/hm²
2017	260	长沙广发银行大厦	《湖南省绿色建筑评价标准》DBJ 43/T 004—2010	湖南银健建设江业有限公司	北京市建筑设计院深圳院	湖南大学设计研究院有限公司	一星级	公建	10.97
	261	长沙金茂梅溪湖国际广场9号社区商业	《湖南省绿色建筑评价标准》DBJ 43/T 004—2010	长沙金茂梅溪湖国际广场置业有限公司	北京市建筑设计院有限公司	长沙绿建节能科技有限公司	一星级	公建	0.41
	262	长沙金茂梅溪湖国际广场16号社区商业	《湖南省绿色建筑评价标准》DBJ 43/T 004—2010	长沙金茂梅溪湖国际广场置业有限公司	北京市建筑设计院有限公司	长沙绿建节能科技有限公司	一星级	公建	0.3
	263	泰贞国际金融中心	《湖南省绿色建筑评价标准》DBJ 43/T 004—2010	湖南现代投资置业发展有限公司	珠海泰基建筑设计工程有限公司长沙分公司	湖南省机械工业设计研究院	一星级	公建	10.28
	264	保利香槟国际购物中心	《湖南省绿色建筑评价标准》DBJ 43/T 004—2010	长沙天骄房地产开发有限公司	中机国际工程设计研究院有限公司	长沙绿建节能科技有限公司	一星级	公建	12.49
	265	长沙恒大国际广场一期1～5号住宅	《湖南省绿色建筑评价标准》DBJ 43/T 004—2010	长沙天玺置业有限公司	深圳市建筑设计研究总院有限公司	长沙绿建节能科技有限公司	一星级	居建	8.26
	266	长沙恒大国际广场一期3a栋商业	《湖南省绿色建筑评价标准》DBJ 43/T 004—2010	长沙天玺置业有限公司	深圳市建筑设计研究总院有限公司	长沙绿建节能科技有限公司	一星级	公建	0.11

续表

年份	序号	项目名称	标准	建设单位	设计单位	技术支撑单位	星级	居建/公建/工业	创建面积/hm²
2017	267	长房·梅溪香山（1～7号住宅）项目	《湖南省绿色建筑评价标准》DBJ 43/T 004—2010	湖南长房海林投资置业有限公司	清华大学建筑设计研究院有限公司	湖南省机械工业设计研究院	一星级	居建	7.36
	268	长房·梅溪香山（8-2号）项目	《湖南省绿色建筑评价标准》DBJ 43/T 004—2010	湖南长房海林投资置业有限公司	清华大学建筑设计研究院有限公司	湖南省机械工业设计研究院	一星级	公建	0.13
	269	和顺·洋湖壹号（住宅1～7号楼）	《湖南省绿色建筑评价标准》DBJ 43/T 004—2010	长沙兴和顺置业有限公司	中机国际工程设计研究院有限责任公司	长沙市城市建设科学研究院	一星级	居建	12.36
	270	和顺·洋湖壹号（商业1～8号楼、综合体1号）	《湖南省绿色建筑评价标准》DBJ 43/T 004—2010	长沙兴和顺置业有限公司	中机国际工程设计研究院有限责任公司	长沙市城市建设科学研究院	一星级	公建	3.91
	271	中国铁建·洋湖院项目（一期）1～4号楼	《湖南省绿色建筑评价标准》DBJ 43/T 314—2015	中铁城建集团房地产开发有限公司	中国建筑设计院有限公司	湖南绿碳建筑科技有限公司	一星级	居建	8.89
	272	中国铁建·洋湖院项目（一期）5号楼	《湖南省绿色建筑评价标准》DBJ 43/T 314—2015	中铁城建集团房地产开发有限公司	中国建筑设计院有限公司	湖南绿碳建筑科技有限公司	二星级	公建	2.49
	273	达美溪湖湾 G01 地块 A-1～A-3 号栋	《湖南省绿色建筑评价标准》DBJ 43/T 004—2010	湖南新达美梅溪房地产开发有限公司	深圳和华国际工程与设计有限公司	湖南绿碳建筑科技有限公司	二星级	居建	12.17
	274	达美溪湖湾 G01 地块 A-4 号栋	《湖南省绿色建筑评价标准》DBJ 43/T 004—2010	湖南新达美梅溪房地产开发有限公司	深圳和华国际工程与设计有限公司	湖南绿碳建筑科技有限公司	二星级	公建	3.82

年份	序号	项目名称	标准	建设单位	设计单位	技术支撑单位	星级	居建/公建/工业	创建面积/hm²
2017	275	嘉熙中心项目A号楼（原办公楼）	《湖南省绿色建筑评价标准》DBJ 43/T 004—2010	湖南省嘉熙国际房地产开发有限公司	湖南竖造建筑设计事务所有限公司	深圳市建筑科学研究院股份有限公司	二星级	公建	8.95
	276	中建总部国际一期	《湖南省绿色建筑评价标准》DBJ 43/T 004—2010	中建信和地产有限公司	中国建筑西南设计研究院有限公司	长沙市城市建设科学研究院	一星级	公建	9.16
	277	长沙市亘晟门窗整体移址建设项目1号综合楼	《湖南省绿色建筑评价标准》DBJ 43/T 004—2010	长沙市亘晟门窗有限公司	湖南悍马建设工程有限公司	长沙市城市建设科学研究院	一星级	公建	0.47
	278	长沙磁浮工程车辆段附属楼项目	《湖南省绿色建筑评价标准》DBJ 43/T 004—2010	湖南磁浮交通发展股份有限公司	中铁第四勘察设计院集团有限公司	长沙市城市建设科学研究院	一星级	公建	1.04
	279	长沙市火车南站站前东广场	《湖南省绿色建筑评价标准》DBJ 43/T 004—2010	长沙市武广新城开发建设有限责任公司	长沙市规划设计院有限责任公司	长沙市城市建设科学研究院	一星级	公建	16.93
	280	郡原美村三期（J区）A标段（1-1～1-9号楼、2-1～2-13号楼、2-22号楼、2-23号楼）	《湖南省绿色建筑评价标准》DBJ 43/T 004—2010	湖南中镭置业有限公司	深圳市博万建筑设计事务所	长沙市城市建设科学研究院	一星级	居建	22.7
	281	麓山丰联项目	《湖南省绿色建筑评价标准》DBJ 43/T 004—2010	湖南丰联置业有限公司	湖南悍马建设工程有限公司	长沙云天节能科技有限公司	一星级	居建	4.36

续表

年份	序号	项目名称	标准	建设单位	设计单位	技术支撑单位	星级	居建/公建/工业	创建面积/hm²
2017	282	长沙恒大御景天下城一期	《湖南省绿色建筑评价标准》DBJ 43/T 004—2010	长沙湘江名苑房地产有限公司	湖南城市学院规划建筑设计研究院	长沙市城市建设科学研究院	一星级	居建	23.3
	283	长沙职业技术学院新校区（一期）	《湖南省绿色建筑评价标准》DBJ 43/T 004—2010	长沙职业技术学院	湖南恒创建筑设计有限责任公司	长沙云天节能科技有限公司	一星级	公建	12.9
	284	长沙职业技术学院特殊教育大楼	《湖南省绿色建筑评价标准》DBJ 43/T 004—2010	长沙职业技术学院	湖南省农林工业勘察设计研究总院	长沙云天节能科技有限公司	一星级	公建	3.2
	285	长沙市第二十中学整体提质改造及校园周边环境整治项目	《湖南省绿色建筑评价标准》DBJ 43/T 004—2010	长沙市麓山滨江实验学校	湖南天杰建筑设计有限公司	长沙云天节能科技有限公司	一星级	公建	3.1
	286	长沙市双新小学	《湖南省绿色建筑评价标准》DBJ 43/T 004—2010	长沙市芙蓉区教育局	湖南省建筑科学研究院	长沙云天节能科技有限公司	一星级	公建	1.97
	287	荷叶村保障性住房项目（1～4号楼）	《湖南省绿色建筑评价标准》DBJ 43/T 004—2010	长沙市城北投资有限公司	湖南省建筑科学研究院	湖南湖大瑞格能源科技有限公司	一星级	居建	9.2
	288	长沙市芙蓉区大同小学原址扩地重建项目	《湖南省绿色建筑评价标准》DBJ 43/T 004—2010	长沙市芙蓉区教育局	北京世纪千府国际工程设计有限公司	长沙云天节能科技有限公司	一星级	公建	0.69
	289	衡阳万达广场	《湖南省绿色建筑评价标准》DBJ 43/T 004—2010	衡阳万达广场置业有限公司	中国建筑上海设计研究院有限公司	依柯尔绿色建筑研究中心（北京）有限公司	一星级	公建	12

续表

年份	序号	项目名称	标准	建设单位	设计单位	技术支撑单位	星级	居建/公建/工业	创建面积/hm²
2017	290	滨江新城岳南九年一贯制学校	《湖南省绿色建筑评价标准》DBJ 43/T 004—2010	长沙市滨江新城建设开发有限责任公司	中航规划建设长沙设计研究院有限公司	湖南湖大瑞格能源科技有限公司	一星级	公建	4.48
	291	芙蓉同发二期	《湖南省绿色建筑评价标准》DBJ 43/T 004—2010	湖南省同发置业有限公司	上海光华勘测设计院有限公司	湖南湖大瑞格能源科技有限公司	一星级	公建	3.45
	292	华怀假日1号栋	《湖南省绿色建筑评价标准》DBJ 43/T 004—2010	湖南华茗置业有限公司	湖南省建筑科学研究院	湖南省建筑科学研究院	一星级	公建	2.62
	293	怀化恒大帝景首二期综合楼、影城、独立商业	《湖南省绿色建筑评价标准》DBJ 43/T 314—2015	怀化市骏达房地产开发有限公司	深圳市建筑设计研究总院有限公司	长沙绿建节能科技有限公司	一星级	公建	2.4
	294	长沙景嘉微电子股份有限公司科研生产基地建设项目	《湖南省绿色建筑评价标准》DBJ 43/T 314—2015	长沙景嘉微电子股份有限公司	中航长沙设计研究院有限公司	长沙绿建节能科技有限公司	二星级	公建	5.8
	295	梅溪鑫苑名家项目（10号楼集中商业、11～16号楼商业、公寓武酒店及幼儿园）	《湖南省绿色建筑评价标准》DBJ 43/T 004—2010	长沙鑫苑万卓置业有限公司	湖南省建筑设计院有限公司	湖南省建筑设计院有限公司	二星级	公建	7.62
	296	怀化市妇幼保健院（怀化市儿童医院）新院建设项目（门急诊楼、住院楼一）	《湖南省绿色建筑评价标准》DBJ 43/T 314—2015	怀化市妇幼保健院	中机国际工程设计研究院有限责任公司	中机国际工程设计研究院有限责任公司	二星级	公建	4.8

250

续表

年份	序号	项目名称	标准	建设单位	设计单位	技术支撑单位	星级	居建/公建/工业	创建面积/hm²
2017	297	长沙国际会展中心	《湖南省绿色建筑评价标准》DBJ 43/T 004—2010	湖南长沙会展中心投资有限责任公司	同济大学建筑设计研究院（集团）有限公司	长沙市城市建设科学研究院	二星级	公建	44.51
	298	博长山水香颐（14号栋）	《湖南省绿色建筑评价标准》DBJ 43/T 004—2010	湖南博长房地产开发有限公司	湖南省宏之建筑设计有限公司	中机国际工程设计研究院有限责任公司	一星级	公建	4.19
	299	新城新世界地块一、三期西组团项目	《湖南省绿色建筑评价标准》DBJ 43/T 004—2010	湖南成功新世纪投资有限公司	长沙市规划设计院有限公司	湖南省建筑设计院有限公司	一星级	公建	12.49
	300	长房·半岛蓝湾D1号幼儿园	《湖南省绿色建筑评价标准》DBJ 43/T 004—2010	湖南国广置业有限公司	湖南方圆建筑工程设计有限公司	长沙绿建节能科技有限公司	一星级	公建	0.31
	301	东方红·麓合星辰公寓式酒店（综合楼）	《湖南省绿色建筑评价标准》DBJ 43/T 004—2010	湖南东方红房地产开发有限公司	中国轻工业长沙工程有限公司	湖南省建筑科学研究院	一星级	公建	3.38
	302	湖南永通大河西精品汽车城公寓综合楼	《湖南省绿色建筑评价标准》DBJ 43/T 004—2010	湖南汽车城永通有限公司	长沙市中荣工程设计有限公司	湖南省建筑科学研究院	一星级	公建	5.38
	303	岳阳恒大绿洲住宅小区综合楼、商业及恒大影城	《湖南省绿色建筑评价标准》DBJ 43/T 314—2015	岳阳金投置业有限公司	中机国际工程设计研究院有限责任公司	长沙绿建节能科技有限公司	一星级	公建	1.17
	304	紫鑫·御湖湾7~10号楼	《湖南省绿色建筑评价标准》DBJ 43/T 004—2010	湖南紫鑫天翼置业有限公司	湖南省邮政科研规划设计院有限公司	长沙绿建节能科技有限公司	一星级	公建	11.2

年份	序号	项目名称	标准	建设单位	设计单位	技术支撑单位	星级	居建/公建/工业	创建面积/hm²
2017	305	雅礼梅溪湖实验中学	《湖南省绿色建筑评价标准》DBJ 43/T 314—2015	金茂投资（长沙）有限公司	上海水石建筑规划设计有限公司	长沙绿建节能科技有限公司	二星级	公建	4.11
	306	常德恒大华附 B、C、D 栋商业	《湖南省绿色建筑评价标准》DBJ 43/T 314—2015	常德鑫泽置业有限公司	深圳市建筑设计研究总院有限公司	长沙绿建节能科技有限公司	一星级	公建	1.07
	307	博长山水香颐（1～13号栋）	《湖南省绿色建筑评价标准》DBJ 43/T 004—2010	湖南博长房地产开发有限公司	湖南省宏艺建筑设计有限公司	中机国际工程设计研究院有限责任公司	一星级	居建	23.89
	308	长沙梅溪湖 J24 地块项目——多层住宅（18～23 号栋）	《湖南省绿色建筑评价标准》DBJ 43/T 004—2010	湖南达业房地产有限公司	深圳市华阳国际工程设计有限公司	香港特立美环保及能源管理有限公司	一星级	居建	2.82
	309	尖山印象公租房	《湖南省绿色建筑评价标准》DBJ 43/T 004—2010	长沙高新区公共租赁住房开发有限公司	湖南远大工程设计有限公司	长沙云天节能科技有限公司	二星级	居建	16.95
	310	怀化恒大帝景首二期 1～7号、9号、28号、31、32号楼	《湖南省绿色建筑评价标准》DBJ 43/T 314—2015	怀化市骏达房地产开发有限公司	深圳市建筑设计研究总院有限公司	长沙绿建节能科技有限公司	一星级	居建	12.2
	311	梅溪鑫苑名家项目（1～9号栋住宅）	《湖南省绿色建筑评价标准》DBJ 43/T 004—2010	长沙鑫苑万卓置业有限公司	湖南省建筑设计院有限公司	湖南省建筑设计院有限公司	一星级	居建	25.1
	312	长沙梅溪湖金茂悦三期	《湖南省绿色建筑评价标准》DBJ 43/T 004—2010	长沙梅溪湖金悦置业有限公司	中机国际工程设计研究院有限责任公司	长沙绿建节能科技有限公司	一星级	居建	18.08

续表

年份	序号	项目名称	标准	建设单位	设计单位	技术支撑单位	星级	居建/公建/工业	创建面积/hm²
	313	油铺街福善园棚改安置房源建设项目	《湖南省绿色建筑评价标准》DBJ 43/T 004—2010	长沙市北城棚户区改造投资有限公司	长沙市华银建筑设计有限责任公司	湖南湖大瑞格能源科技有限公司	一星级	居建	5.12
	314	岳阳恒大绿洲住宅小区3、4、9、10、14、15、19、20号楼	《湖南省绿色建筑评价标准》DBJ 43/T 314—2015	岳阳金投置业有限公司	中机国际工程设计研究院有限责任公司	长沙绿建节能科技有限公司	一星级	居建	15.55
	315	长房·东云台一居住部分	《湖南省绿色建筑评价标准》DBJ 43/T 004—2010	长沙东方城房地产开发有限公司	湖南方圆建筑工程设计有限公司	湖南方圆建筑工程设计有限公司	一星级	居建	13.06
2017	316	常德恒大华府34、35、46、49、54、55栋住宅	《湖南省绿色建筑评价标准》DBJ 43/T 314—2015	常德鑫泽置业有限公司	深圳市建筑设计研究总院有限公司	长沙绿建节能科技有限公司	一星级	居建	14.28
	317	中国铁建·国际城二期二组团	《湖南省绿色建筑评价标准》DBJ 43/T 004—2010	湖南中盛嘉业房地产开发有限公司	华通设计顾问工程有限公司	湖南绿碳建筑科技有限公司	一星级	居建	21.82
	318	城际新苑（万科环球村）二期2、4地块	《湖南省绿色建筑评价标准》DBJ 43/T 004—2010	湖南湘诚壹佰置地有限公司	广东华玺建筑设计有限公司	长沙市城市建设科学研究院	一星级	居建	10.4
	319	兴隆丽景小区（住宅部分）	《湖南省绿色建筑评价标准》DBJ 43/T 004—2010	长沙福兴隆房地产开发有限公司	湖南省建筑科学研究院	湖南省建筑科学研究院	一星级	居建	15.89
	320	学府华庭1～10号住宅	《湖南省绿色建筑评价标准》DBJ 43/T 004—2010	株洲市云龙房地产开发有限责任公司	株洲市建筑设计院有限公司	湖南绿碳建筑科技有限公司	一星级	居建	14.5

年份	序号	项目名称	标准	建设单位	设计单位	技术支撑单位	星级	居建/公建/工业	创建面积/hm²
	321	中国水电·湘熙水郡二期工程项目（1号楼、11号楼、12号楼、26号楼）	《湖南省绿色建筑评价标准》DBJ 43/T 004—2010	中国水电建设集团房地产（长沙）有限公司	中机国际工程设计研究院有限责任公司	湖南博弘节能科技有限公司	一星级	居建	9.62
	322	高升时代广场项目（1～3号栋住宅）	《湖南省绿色建筑评价标准》DBJ 43/T 004—2010	湖南冠铭房地产开发有限公司	长沙市建筑设计院有限责任公司	湖南湖大瑞格能源科技有限公司	一星级	居建	7.66
	323	高升时代广场项目（4～6号栋公建）	《湖南省绿色建筑评价标准》DBJ 43/T 004—2010	湖南冠铭房地产开发有限公司	长沙市建筑设计院有限责任公司	湖南湖大瑞格能源科技有限公司	一星级	公建	14.06
2017	324	兆坤·星悦荟	《湖南省绿色建筑评价标准》DBJ 43/T 314—2015	湖南兆坤投资集团有限公司	湖南方圆建工工程设计有限公司	湖南林氏规划建筑设计有限公司	一星级	公建	3.15
	325	高岭国际商贸城一期2号交易中心	《湖南省绿色建筑评价标准》DBJ 43/T 004—2010	长沙香江商物流城开发有限公司	湖南省建筑设计院有限公司	湖南省建筑设计院有限公司	一星级	公建	23.07
	326	湘潭中心大厦	《湖南省绿色建筑评价标准》DBJ 43/T 314—2015	湘潭可可置业开发有限公司	中机国际工程设计研究院有限责任公司	中机国际工程设计研究院有限责任公司	一星级	公建	21.53
	327	星光名座7号、8号和10号栋	《湖南省绿色建筑评价标准》DBJ 43/T 004—2010	长沙翡翠金轮置业有限公司	湖南方圆建筑工程设计有限公司	湖南方圆建筑工程设计有限公司	一星级	公建	8.9

续表

年份	序号	项目名称	标准	建设单位	设计单位	技术支撑单位	星级	居建/公建/工业	创建面积/hm²
2017	328	中建梅溪湖中心一期 G-06、G-10 地块商业	《湖南省绿色建筑评价标准》DBJ 43/T 004—2010	湖南中建信和梅溪湖置业有限公司	中国建筑西南设计研究院有限公司	长沙市城市建设科学研究院	二星级	公建	5.8
	329	长沙钱隆金融中心	《湖南省绿色建筑评价标准》DBJ 43/T 314—2015	湖南隆祥房地产开发有限公司	北京中外建建筑设计有限公司	湖南绿碳建筑科技有限公司	二星级	公建	16.55
	330	中国铁建·山语城三期二组团	《湖南省绿色建筑评价标准》DBJ 43/T 004—2010	中铁房地产集团长沙置业有限公司	湘潭市建筑设计院	长沙绿建节能科技有限公司	一星级	居建	10.23
	331	合能·洋湖公馆二期居建1、5～9号栋	《湖南省绿色建筑评价标准》DBJ 43/T 004—2010	长沙瑞西合能房地产开发有限公司	中机国际工程设计研究院有限责任公司	长沙绿建节能科技有限公司	一星级	居建	7.21
	332	合能·洋湖公馆二期公建2～4号栋	《湖南省绿色建筑评价标准》DBJ 43/T 004—2010	长沙瑞西合能房地产开发有限公司	中机国际工程设计研究院有限责任公司	长沙绿建节能科技有限公司	一星级	公建	3.28
	333	长沙江河·东澜湾1号办公楼	《湖南省绿色建筑评价标准》DBJ 43/T 004—2010	长沙市江河水利置业投资发展有限公司	湖南方圆建筑工程设计有限公司	湖南方圆建筑工程设计有限公司	一星级	公建	2.49
	334	中交·雅苑2号公寓式办公楼	《湖南省绿色建筑评价标准》DBJ 43/T 004—2010	中交达华(湖南)房地产开发有限公司	深圳市华纳国际建筑设计有限公司长沙公司	长沙绿建节能科技有限公司	一星级	公建	2.557
	335	怀化长郡学校	《湖南省绿色建筑评价标准》DBJ 43/T 004—2010	怀化长郡学校有限公司	长沙市规划设计院有限责任公司	湖南绿碳建筑科技有限公司	一星级	公建	7.73

年份	序号	项目名称	标准	建设单位	设计单位	技术支撑单位	星级	居建/公建/工业	创建面积/hm²
	336	川塘小学建设项目	《湖南省绿色建筑评价标准》DBJ 43/T 004—2010	梅溪湖投资（长沙）有限公司	湖南方圆建筑工程设计有限公司	湖南方圆建筑工程设计有限公司	二星级	公建	2.7
	337	东方红小学建设项目	《湖南省绿色建筑评价标准》DBJ 43/T 004—2010	梅溪湖投资（长沙）有限公司	湖南方圆建筑工程设计有限公司	湖南方圆建筑工程设计有限公司	二星级	公建	2.98
	338	长沙金茂梅溪湖国际广场幼儿园	《湖南省绿色建筑评价标准》DBJ 43/T 004—2010	长沙金茂梅溪湖国际广场幼儿园	中机国际工程设计研究院有限责任公司	长沙绿建节能科技有限公司	二星级	公建	0.26
	339	梅溪湖派出所项目	《湖南省绿色建筑评价标准》DBJ 43/T 004—2010	梅溪湖投资（长沙）有限公司	湖南方圆建筑工程设计有限公司	湖南方圆建筑工程设计有限公司	二星级	公建	0.656
	340	骑川小学建设项目	《湖南省绿色建筑评价标准》DBJ 43/T 004—2010	梅溪湖投资（长沙）有限公司	湖南方圆建筑工程设计有限公司	湖南方圆建筑工程设计有限公司	二星级	公建	2.43
	341	长沙天顶小学	《湖南省绿色建筑评价标准》DBJ 43/T 314—2015	金茂投资（长沙）有限公司	上海华东发展城建设计（集团）有限公司	长沙绿建节能科技有限公司	二星级	公建	1.73
2017	342	万博汇名邸三期B、C、D号项目	《湖南省绿色建筑评价标准》DBJ 43/T 004—2010	长沙盛和房地产开发有限公司	湖南省建筑设计院有限公司	长沙绿建节能科技有限公司	二星级	公建	1.59
	343	长沙隆平水稻博物馆及配套建筑工程——博物馆主体建筑		长沙市芙蓉城市建设投资有限责任公司	中机国际工程设计研究院有限责任公司		三星级	公建	1.48

二、湖南省绿色施工示范工程一览表

序号	申报年份	立项编号	工程名称	施工单位	验收时间
1	2011	JN201111	万博汇名邸一期工程	湖南建工集团有限公司	2012 年 8 月
2	2011	JN201125	湖南省郴州市国际会展中心	湖南建工集团有限公司	2014 年 11 月
3	2012	LSSG201201	万科城二期、三期	浙江国泰建设集团有限公司	
4	2012	LSSG201202	神农大剧院	中建五局第三建设有限公司	2016 年 1 月
5	2012	LSSG201203	保利国际广场	中建五局第三建设有限公司	2016 年 1 月
6	2012	LSSG201204	常德市天济广场酒店 1 号楼、2 号楼、地下室	湖南天鹰建设有限公司	2015 年 5 月 21 日
7	2012	LSSG201205	天心金桂园 1 ~ 8 号栋及地下室	湖南高岭建设集团股份有限公司	
8	2012	LSSG201206	攸县发展中心工程	湖南省第四工程有限公司	2014 年 5 月
9	2012	LSSG201207	坪田标准厂房 C 区、B 区 1、2、3 号栋	湖南高岭建设集团股份有限公司	
10	2012	LSSG201208	湖南省第三工程有限公司综合办公楼	湖南省第三工程有限公司	2014 年 5 月
11	2012	LSSG201209	怀电新苑二期住宅小区	湖南省第四工程有限公司	2016 年 1 月
12	2012	LSSG201210	益阳桂苑·金山国际广场工程	湖南建工集团有限公司	
13	2012	LSSG201211	株洲云龙发展中心工程	湖南建工集团有限公司	2014 年 7 月
14	2012	LSSG201212	万博汇名邸 5 ~ 10 号栋及地下室建安工程	湖南建工集团有限公司	
15	2012	LSSG201213	西子湖畔国际公寓	湖南长大建设集团股份有限公司	2015 年 6 月
16	2013	LSSG201301	望雷大道（枫林三路—龙延路道路工程）	湖南建工集团有限公司	2014 年 7 月

序号	申报年份	立项编号	工程名称	施工单位	验收时间
17	2013	LSSG201302	湖南省省直机关集中办公区办公楼工程	湖南建工集团有限公司	
18	2013	LSSG201303	精卫综合楼建设工程	湖南建工集团有限公司	2017年9月
19	2013	LSSG201304	湘潭市公安局业务技术用房建设项目	湖南建工集团有限公司	
20	2013	LSSG201305	湖南省农村信用社联合社科研与金融业务用房项目	湖南建工集团有限公司	
21	2014	LSJZ-S201401	丰台区鄂公庄车辆段五期U2交通设施兼客居住、公建（配建公共租赁住房）项目	中国建筑第五工程局有限公司	
22	2014	LSJZ-S201402	邵阳市行政中心	湖南长大建设集团股份有限公司	
23	2014	LSJZ-S201403	桃江大汉龙城14号栋酒店工程	湖南长大建设集团股份有限公司	
24	2014	LSJZ-S201404	长沙德泽苑综合楼	湖南省第三工程有限公司	
25	2014	LSJZ-S201405	湖南省博物馆改扩建（二期）工程	湖南建工集团有限公司	2017年9月
26	2014	LSJZ-S201406	湖南省电力公司调度通信楼（第1标段）	湖南建工集团有限公司	
27	2014	LSJZ-S201407	鹅羊山住宅二期A2标段建安工程	湖南省第五工程有限公司	2016年1月
28	2014	LSJZ-S201408	怀化市妇幼保健院（怀化市儿童医院）新院建设项目	湖南省第五工程有限公司	2016年1月
29	2014	LSJZ-S201409	湖南中医药高等专科学校附属第一医院中医药大楼工程	湖南省第五工程有限公司	2016年1月
30	2014	LSJZ-S201410	信息产业园创业基地12号软件研发楼南区地下室	湖南省东方红建设集团有限公司	
31	2014	LSJZ-S201411	东方红·麓谷星辰1～5号栋及地下室工程	湖南省东方红建设集团有限公司	
32	2014	LSJZ-S201412	圭塘河直住宅小区项目建安工程第二标段（北区）	湖南省东方红建设集团有限公司	

续表

序号	申报年份	立项编号	工程名称	施工单位	验收时间
33	2014	LSJZ-S201413	湘乡市公安局业务技术用房及配套用房绿色施工示范工程	湖南省第三工程有限公司	
34	2014	LSJZ-S201414	顺天国际金融中心工程	湖南顺天建设集团有限公司	2014 年 5 月
35	2014	LSJZ-SG201521	西宁曹家堡机场二期工程航站楼工程	湖南建工集团有限公司	2014 年 6 月
36	2014	LSJZ-SG201522	凤凰岛国际养生度假酒店式公寓 1 号、2 号楼工程	湖南省第六工程有限公司	2014 年 6 月
37	2014	LSJZ-SG201523	好莱城（1、2、3、4 栋及地下室）	湖南省沙坪建筑有限公司	2014 年 6 月
38	2013	LSSG201306	中机国际技术研发中心及其配套工程	五矿二十三冶建设集团	2016 年 3 月
39	2015	LSJZ-SG201501	旅游服务中心一期建安工程	湖南建工集团有限公司	2017 年 1 月
40	2015	LSJZ-SG201502	邵阳市中心医院东院一期工程	湖南省第三工程有限公司	
41	2015	LSJZ-SG201503	湘潭市第三人民医院住院综合大楼	湖南省第三工程有限公司	
42	2015	LSJZ-SG201504	娄底市中心医院新综合楼建设工程	湖南建工集团有限公司	2017 年 1 月
43	2015	LSJZ-SG201505	湖南艺术职业学院搬迁扩建工程（一期）	湖南省第六工程有限公司	2017 年 1 月
44	2015	LSJZ-SG201506	兰州军区兰州总医院医技综合楼	湖南省第六工程有限公司	2016 年 1 月
45	2015	LSJZ-SG201507	长沙梅溪湖国际新城城市岛工程	湖南建工集团有限公司	2017 年 1 月
46	2015	LSJZ-SG201508	万博汇名邸三期裙房、塔楼及地下室工程	湖南建工集团有限公司	2017 年 9 月
47	2015	LSJZ-SG201509	麓山名园二期 13 号栋～ 16 号栋及地下室建安工程	五矿二十三冶建设集团有限公司	2016 年 6 月
48	2015	LSJZ-SG201510	金桥国际商贸城一期 2 区四标项目	五矿二十三冶建设集团有限公司	2016 年 6 月

序号	申报年份	立项编号	工程名称	施工单位	验收时间
49	2015	LSJZ-SG201511	五矿·万境水岸（泰安）项目一期 A-04 号地块及会所建安工程 A-1 号、A-2 号楼	五矿二十三冶建设集团有限公司	2017 年 4 月
50	2015	LSJZ-SG201512	建北安置区（城发雅园）住宅小区工程	五矿二十三冶建设集团有限公司	
51	2015	LSJZ-SG201513	五矿·浦江水岸工程	五矿二十三冶建设集团有限公司	
52	2015	LSJZ-SG201514	洋湖片区蓝天保障性住房二期建安工程	中国水利水电第八工程局有限公司	2017 年 1 月
53	2015	LSJZ-SG201515	八方小区二期 B 区建安工程二标段工程	湖南长大建设集团股份有限公司	2017 年 1 月
54	2015	LSJZ-SG201516	和泓·梅溪四季（二期）（二区）（1 号、2 号、9 号、10 号栋，商业及部分地下室工程）	湖南长大建设集团股份有限公司	2017 年 1 月
55	2015	LSJZ-SG201517	中建信和城住宅（1 号楼）	中国建筑第五工程有限公司	
56	2015	LSJZ-SG201518	圣地亚哥一期（6 号、7 号、8 号、9 号栋）工程	湖南省第二工程有限公司	2016 年 1 月
57	2015	LSJZ-SG201519	湘潭万达广场项目	中国建筑第二工程局有限公司	
58	2015	LSJZ-SG201520	湖南城陵矶综合保税区主卡口（通关服务中心）	五矿二十三冶建设集团有限公司	
59	2015	LSJZ-SG201517	中建信和城住宅（2 ~ 12 号楼）	中国建筑第五工程有限公司	
60	2016	LSJZ-S201601	五矿·龙湾国际社区四期高层 A 区建安工程	五矿二十三冶建设集团有限公司	
61	2016	LSJZ-S201602	泰安国家级高创中心孵化器项目	五矿二十三冶建设集团有限公司	
62	2016	LSJZ-S201603	株洲山水印象一期工程（5 号楼、7 ~ 8 号楼、10 ~ 13 号楼、15 ~ 18 号楼）	五矿二十三冶建设集团第二工程有限公司	2017 年 1 月
63	2016	LSJZ-S201604	长沙格力暖通制冷设备一期工程三标段	五矿二十三冶建设集团第二工程有限公司	2017 年 1 月

续表

序号	申报年份	立项编号	工程名称	施工单位	验收时间
64	2016	LSJZ-S201605	株洲学府华庭住宅小区工程	五矿二十三冶建设集团第二工程有限公司	2017 年 1 月
65	2016	LSJZ-S201606	株洲中信·庐山 1 号	五矿二十三冶建设集团第二工程有限公司	
66	2016	LSJZ-S201607	上海浦东发展银行股份有限公司长沙分行办公大楼	湖南省第五工程有限公司	2017 年 1 月
67	2016	LSJZ-S201608	中国铁建国际花园	中铁城建集团有限公司	2016 年 12 月
68	2016	LSJZ-S201609	呼和浩特国家公路运输枢纽板桥汽车客运东板枢纽站工程	中铁城建集团有限公司	2017 年 1 月
69	2016	LSJZ-S201610	天津诗景广场	中铁城建集团有限公司	2017 年 1 月
70	2016	LSJZ-S201611	铁四院总部设计大楼工程	中铁城建集团有限公司	2017 年 1 月
71	2016	LSJZ-S201612	长善皖污水处理厂改扩建工程二期土建及安装工程	湖南建工集团有限公司	2017 年 12 月
72	2016	LSJZ-S201613	芙蓉生态新城二号安置小区建安工程八标段	湖南省第三工程有限公司	2017 年 12 月
73	2016	LSJZ-S201614	湘西州文化体育会展中心 PPP 项目	中铁城建集团有限公司	
74	2016	LSJZ-S201615	湘西武陵山文化产业园区 I 标——非物质文化遗产展览综合大楼	湖南建工集团有限公司	
75	2016	LSJZ-S201616	湘潭市第六人民医院康复大楼建设项目	湖南省第三工程有限公司	
76	2016	LSJZ-S201617	洋湖·昊天项目工程	湖南长大建设集团股份有限公司	
77	2016		福天兴业综合楼	湖南青竹湖城乡建设有限公司	
78	2016		建发美地 1、2 号栋及地下室建安工程	中国建筑第二工程局有限公司	2017 年 12 月
79	2016		建发美地 3 ~ 6 号栋及地下室建安工程	中国建筑第二工程局有限公司	2017 年 12 月

序号	申报年份	立项编号	工程名称	施工单位	验收时间
80	2016		湖南广播电视台节目生产基地及配套设施建设项目	湖南省第六工程有限公司	
81	2016		中国水利水电第八工程局有限公司科研综合楼	中国水利水电第八工程局有限公司	2016年5月
82	2016		湘西土家族苗族自治州人民医院医疗综合楼及附属工程	湖南省第四工程有限公司	2017年11月
83	2016		衡阳市中心医院老年养护院（老年保健中心）工程	湖南省第四工程有限公司	
84	2016		张家界荷花机场新航站楼	湖南省第六工程有限公司	
85	2016	第二批	湖南省城建职业技术学院土木教学大楼	湖南省第一工程有限公司	
86	2016	第二批	凤凰古城旅游保护建设施工设计、采购、施工（EPC）总承包项目	湖南省第一工程有限公司凤凰县晨凤投资有限责任公司	
87	2016	第二批	益阳市中心医院医技综合大楼建设工程	湖南省第五工程有限公司	
88	2016	第二批	中天广场工程	湖南省第五工程有限公司	
89	2016	第二批	张家界南门口特色街安置房A区建设项目（一标段）	湖南省建工集团有限公司	
90	2016	第二批	邵阳县第一中学新校区建设项目	湖南省建工集团有限公司	
91	2016	第二批	长沙市梅溪湖文化艺术中心	北京城建集团有限公司	
92	2016	第二批	宁乡"市民之家"PPP项目	湖南省建工集团有限公司	2017年1月
93	2016	第二批	长沙市渔业路延长线（车站路—东二环）	中建五局土木工程有限公司	
94	2016		湘潭保税商品展示交易中心	湖南省第三工程有限公司	2017年1月
95	2016		中南林业科技大学综合实验大楼项目	湖南省第六工程有限公司	2017年3月
96	2017		长沙市第四医院滨水新城院区建设项目（第二标段）	湖南顺天建设集团有限公司	

续表

序号	申报年份	立项编号	工程名称	施工单位	验收时间
97	2017		洋湖片区蓝天保障房三期工程	中国水利水电第八工程局有限公司	
98	2017		北大资源株洲天池项目一期工程	二十三冶二公司	
99	2017		华晨国际商业中心	二十三冶二公司	
100	2017		经世龙城四期工程	二十三冶二公司	
101	2017		湘江公馆工程	二十三冶二公司	
102	2017		长沙市轨道交通4号线一期工程土建施工"投资+总承包"建设项目第一标段	中国建筑第五工程局有限公司	
103	2017		湖南省人民医院全科医生临床培养基地和健康管理中心	中国建筑第五工程局有限公司	
104	2017		湘熙水郡项目三期建安工程	中国水利水电第八工程局有限公司	
105	2017		郴州卷烟厂易地技术改造项目	中建五局第三建设有限公司	
106	2017		贵阳市白云区麦架河流域水环境综合整治项目(标段一)(EPC)总承包	中建五局第三建设有限公司	
107	2017		长沙梅溪湖·金茂湾首期工程	中建五局第三建设有限公司	
108	2017		中建·嘉和城	中建五局第三建设有限公司	
109	2017		湖南中烟工业有限责任公司常德卷烟厂"十二五"易地技术改造项目	中建五局第三建设有限公司	
110	2017		长沙市望城区"一路一园"建设工程	中建五局第三建设有限公司	
111	2017		株洲铁东路核心段新建工程PPP项目	中建五局土木工程有限公司	

续表

序号	申报年份	立项编号	工程名称	施工单位	验收时间
112	2017		长沙市轨道交通 5 号线一期工程土建二标二工区项目	中国建筑第五工程局有限公司	
113	2017		大理市中心城区综合管廊 PPP 项目	中国建筑第五工程局有限公司	
114	2017		南宁城建集团总部地块项目工程	中国建筑第五工程局有限公司	
115	2017		漳州台商投资区角江路（324 国道至角海路）提升改造工程及漳州台商投资区角江路（324 国道至角海路）污水管道提升改造工程	中国建筑第五工程局有限公司	
116	2017		国家高速公路网 G4216 成都至丽江高速公路华坪至丽江高速公路第 21 合同段	中国建筑第五工程局有限公司	
117	2017		长沙市轨道交通 4 号线一期工程土建施工"投资＋总承包"建设项目第一标段	中国建筑第五工程局有限公司	
118	2017		1251 项目	湖南建工集团有限公司	
119	2017		永州市"两中心"项目二期（文化艺术中心）EPC 项目	湖南建工集团有限公司	
120	2017		洞庭湖博物馆工程	湖南建工集团有限公司	
121	2017		武冈市展辉中央新城项目二期建设工程	湖南建工集团有限公司	
122	2017		长沙绿色安全食品交易中心一期工程	湖南建工集团有限公司	
123	2017		湖南省郴州市北湖机场大道道路工程	湖南建工集团有限公司	
124	2017		永州市"两中心"项目一期（政务服务中心）项目	湖南省第一工程有限公司	
125	2017		龙山县体育中心项目设计、采购、施工一体化总承包（EPC）	湖南省第一工程有限公司	
126	2017		枫华府第住宅小区 D01 栋（汇智广场）	湖南省第二工程有限公司	

续表

序号	申报年份	立项编号	工程名称	施工单位	验收时间
127	2017		岳麓区大学城片安置小区	湖南省第三工程有限公司	
128	2017		湘潭天易示范区文体公园	湖南省第三工程有限公司	
129	2017		湘潭市妇幼健康服务大楼	湖南省第三工程有限公司	
130	2017		湘潭市东湖农居点（二期）工程	湖南省第四工程有限公司	
131	2017		中南大学新校区体育馆含游泳馆	湖南省第四工程有限公司	
132	2017		新桂广场・新桂国际	湖南省第五工程有限公司	
133	2017		太平洋人寿南方基地建设项目	湖南省第五工程有限公司	
134	2017		株洲三个中心工程	湖南省第五工程有限公司	
135	2017		澧县中夏・新城颐苑南片一期工程	湖南省第六工程有限公司	
136	2017		芙蓉生态新城二号安置小区三标段	湖南省第六工程有限公司	
137	2017		永州湘江西岸将军岭棚户区改造安置小区	湖南省第六工程有限公司	
138	2017		张家界市人民医院整体搬迁一期工程	湖南省第六工程有限公司	
139	2017		湘潭市公安局警务技能训练基地	湖南省第六工程有限公司	
140	2017		长沙高端地下装备制造项目	中铁城建集团有限公司	
141	2017		中铁城建・洋湖院子一期工程	中铁城建集团有限公司	
142	2017		岳麓科技产业创业园创新园（检验检测专业园）工程	中铁城建集团有限公司	
143	2017		西城・西进时代中心三地块	中铁城建集团有限公司	
144	2017		中车・国际广场一期工程	中铁城建集团有限公司	

续表

序号	申报年份	立项编号	工程名称	施工单位	验收时间
145	2017		遵义卷烟厂易地技术改造项目——联合工房（含架空管廊A、B段）土建及安装工程	中铁城建集团有限公司	
146	2017		内蒙古冰上运动训练中心建设项目—大道速滑馆	中铁城建集团有限公司	
147	2017		北大资源株洲天池项目二期建安工程	中铁城建集团有限公司	
148	2017		弘德·西街二期12～16号栋及东区地下室	湖南省沙坪建设有限公司	
149	2017		长沙市轨道交通5号线一期工程土建一标（时代阳光站）	中铁六局集团有限公司	
150	2017		长沙市轨道交通5号线一期工程土建一标（芙蓉区政府站）	中铁六局集团有限公司	
151	2017		长沙市轨道交通5号线一期工程土建一标（劳动东路站）	中铁北京工程局集团有限公司	

三、2017 年湖南省建筑节能技术、工艺、材料、设备推广应用目录（第一批绿色建筑材料产品目录）

编号	企业名称	绿色建材名称及型号	材料类别	备注
HN-LC17001	中建西部建设湖南有限公司芙蓉北路分公司	预拌混凝土 C20-C70	预拌混凝土	三星级（已获得国家标识）
HN-LC17002	长沙长乐建材有限公司	蒸压加气混凝土砌块	砌体材料	三星级（已获得国家标识）
HN-LC17003	长沙经济技术开发区经洋高新建材有限公司	烧结路面砖、烧结多孔砖、烧结装饰砖	砌体材料	二星级（已获得国家标识）
HN-LC17004	长沙佰昌建材有限公司	预拌混凝土 C30/C35/C40/C45/C50	预拌混凝土	二星级（已获得国家标识）
HN-LC17005	湖南牛力混凝土有限公司黄兴分公司	预拌混凝土 C25/C30/C35/C40/C50/C60	预拌混凝土	三星级（待批）
HN-LC17006	湖南牛力混凝土有限公司大托铺分公司	预拌混凝土 C25/C30/C35/C40/C50	预拌混凝土	三星级（待批）
HN-LC17007	湖南锦程高新混凝土有限公司	预拌混凝土 C25/C30/C35/C40/C45	预拌混凝土	二星级（待批）
HN-LC17008	湖南人健干粉砂浆有限公司	普通砌筑砂浆、普通抹灰砂浆、干混地面砂浆、干混防水砂浆、蒸压加气混凝土专用砂浆	预拌砂浆	二星级（已获得国家标识）
HN-LC17009	常德天厦建材有限公司	页岩烧结多孔砖	砌体材料	二星级（待批）
HN-LC17010	湖南省科辉墙材有限公司	粉煤灰加气砌块	砌体材料	二星级（待批）
HN-LC17011	常德隆祥建材科技有限公司	砌筑砂浆、抹灰砂浆、地面砂浆、陶瓷墙地砖胶黏剂	预拌砂浆	二星级（待批）

四、湖南省绿色片区

序号	绿色建筑片区名称	项目概况
1	长沙市滨江商务新城	滨江新城东临湘江、南邻岳麓山、北靠谷山，月亮岛等自然风景区，西距市委市政府仅1500m，区域内本身有北津城遗址公园、湘江风光带等景观。滨江新城规划总用地686.22hm²，规划总人口约15万人
2	长沙市洋湖生态新城	洋湖生态新城以靳江河为界，位于洋湖垸片区东南部。新城范围涉及岳麓街道办事处的靳江村、坪塘镇的蓝天村、连山村和洋湖村共4个行政村的用地。总用地面积为1190.17hm²，城市建设用地为1132.54hm²，规划总居住人口为16.5万人
3	长沙梅溪湖国际新城	梅溪湖新城位于长沙大河西先导区的梅溪湖片区，距市政府6km，位于二、三环之间，交通便利。梅溪湖片区总规划面积约14.8km²，梅溪湖新城正是处于梅溪湖片区的核心位置，占地面积为7.6km²（约11452亩）
4	武广片区绿色生态新城	长沙市武广片区位于湖南省长沙市主城区东部，随着城市的发展，片区将成为长沙"东移南拓"的关键节点，在"一轴两带多中心"的城市空间结构中，片区所在的黄榔组团和岳麓组团两大城市副中心将成为主城区的左膀右臂，促进城市经济社会新一轮跨越式发展
5	常德市绿色生态北部新城	常德北部新城位于常德市江北城区东北部，规划片区北面和东面与占天湖和柳叶湖相邻，西面和南面与名石长铁路相接，整个用地被石长铁路、占天湖、柳叶湖和城市道路围合，相对完整独立，与周边城市组团联系便利，总用地面积2724.13hm²
6	株洲云龙生态新城	株洲云龙生态新城占地总面积178.7km²，是湖南省两型社会建设的重要示范区域，位于株洲的上风上水位置，距株洲市中心15分钟车程，距离长沙黄花机场仅30分钟路程，交通便利，与株洲市区及长沙东部的空间、交通联系紧密；同时云龙新城毗邻长株潭区域绿心，区内绿化覆盖率高，自然风景优美，水资源丰富，具有发展生态绿色新城的优质自然生态基地

五、可再生能源综合示范城市

序号	示范市县	项目荣誉	批准年度	任务面积 / 万 m²	中央补助资金 / 万元	完成比例	验收时间	备注
1	株洲市	国家可再生能源建筑应用示范城市	2009	250	6000	99.60%	2018 年 1 月 9 日	
2	衡东县	国家可再生能源建筑应用示范县	2009	25	1000	100.70%	2018 年 3 月 1 日	
3	石门县	国家可再生能源建筑应用示范县	2010	30	1200	123.17%	2016 年 11 月	
4	长沙市	国家可再生能源建筑应用示范城市	2010	350	8000	110%	2016 年 11 月	
5	津市市	国家可再生能源建筑应用示范县	2010	26	1100	109.13%	2018 年 1 月 17 日	应进一步规范资金管理，针对超额拨付补助项目，补充或完善对应的资金管理办法文件
6	炎陵县	国家可再生能源建筑应用示范县	2010	30	1800	95%	2018 年 1 月 10 日	
7	怀化市	国家可再生能源建筑应用示范城市	2010	200	5000	63.75%	2018 年 3 月 30 日	目前有 57 个项目尚未完工
8	常德市	国家可再生能源建筑应用示范城市	2011	250	6000	100%	2016 年 1 月	
9	湘乡市	国家可再生能源建筑应用示范县	2011	45.18	1800	217%	2016 年 11 月	
10	汨罗市	国家可再生能源建筑应用示范县	2011	33	1400	124%	2017 年 1 月	
11	澧县	国家可再生能源建筑应用示范县	2011	29.5	1700	109%	2018 年 1 月 16 日	
12	湘潭市	国家可再生能源建筑应用示范城市	2011	200	5000	62.90%	2018 年 2 月 7 日	已开工在建示范面积为 75.79 万 m²
13	韶山市	国家可再生能源建筑应用示范县	2011	91.84	1800	101.30%	2018 年 2 月 8 日	

序号	示范市县	项目荣誉	批准年度	任务面积/万 m²	中央补助资金/万元	完成比例	验收时间	备注
14	灰汤镇	国家可再生能源建筑应用示范镇	2011	16.18	800	100%	2018 年 2 月 9 日	
15	临澧县	国家可再生能源建筑应用示范县	2012	25	1000	107.00%	2016 年 11 月	
16	安乡县	国家可再生能源建筑应用示范县	2012	25	1000	101.20%	2018 年 1 月 18 日	
17	浏阳市	国家可再生能源建筑应用示范县	2012	25	1000	102%	2018 年 2 月 2 日	
18	东安县	国家可再生能源建筑应用示范县	2012	25	1000	102.40%	2018 年 3 月 6 日	
19	宁乡县	国家可再生能源建筑应用示范县	2012	25	1000	103.50%	2018 年 3 月 9 日	
20	岳阳市	国家可再生能源建筑应用示范城市	2012	200	5000	91%	2018 年 3 月 15 日	
21	娄底市	国家可再生能源建筑应用示范城市	2012	200	5000	34.60%	2018 年 3 月 27 日	目前有 21 个项目尚未完工
22	茶陵县	湖南省可再生能源建筑应用省级推广示范县	2013	25	1000	98.20%	2018 年 1 月 11 日	
23	长沙县	湖南省可再生能源建筑应用省级推广示范县	2013	25.5	1020	119.70%	2018 年 2 月 1 日	
24	吉首市	湖南省可再生能源建筑应用省级推广示范县	2013	25	1000	72.00%	2018 年 3 月 26 日	

参考文献

[1] 湖南省统计局 . 湖南省统计年鉴 2017[R]. 北京：中国统计出版社，2018.

[2] 绿色建筑评价标准：GB/T 50378—2014[S]. 北京：中国建筑工业出版社，2014.

[3] 湖南省住房与城乡建设厅 . 湖南省绿色建筑评价技术细则 [EB/OL].（2012-03-26）[2014-04-09]. http://zjt.hunan.gov.cn/zjt/xxgk/tzgg/201204/t20120425_3126560.html.

[4] 湖南省住房与城乡建设厅 . 湖南省绿色建筑设计导则 [EB/OL].（2012-12-04）[2016-07-06]. http://zjt.hunan.gov.cn/zjt/xxgk/tzgg/201404/t20140409_3125141.html.

[5] 湖南绿色建筑产学研结合创新平台 . 湖南省绿色建筑适用技术体系研究 [R]. 长沙：湖南省住房与城乡建设厅，2012.

[6] 林文诗，程志军，任霏霏 . 英国绿色建筑政策法规及评价体系 [J]. 建设科技，2011（06）：58-60.

[7] 陈妍，岳欣 . 美国绿色建筑政策体系对我国绿色建筑的启示 [J]. 环境与可持续发展，2010，35（04）：43-45.

[8] 卢求 . 德国 DGNB：世界第二代绿色建筑评估体系 [J]. 世界建筑，2010（01）：105-107.

[9] 马欣伯，李宏军，宋凌，等 . 日本绿色建筑政策法规及评价体系 [J]. 建设科技，2011（06）：61-63.

[10] Nellie Cheng，万育玲 . 加拿大绿色建筑：标准·组织·技术 [J]. 建设科技，2006（07）：54-55+57.

[11] 郭韬，张蔚，刘燕辉 . 新加坡绿色建筑政策法规及评价体系 [J]. 建设科技，2011（06）：67-69.

[12] 滕珊珊，吴晓 . 新加坡绿色建筑市场发展探析 [J]. 建筑学报，2012（10）：17-21.

[13] 谭志勇，刘志明，肖阁，等 . 新加坡绿色建筑标志及其评估标准 [J]. 施工技术，2011，40（07）：20-23.

[14] 民用建筑热工设计规范：GB 50176—2016[S]. 北京：中国建筑工业出版社，2016.

[15] 中国城市科学研究会 . 中国绿色建筑 2018[M]. 北京：中国建筑工业出版社，2018.

[16] 上海市绿色建筑协会 . 上海市绿色建筑发展报告 2016[R]. 上海市住房和城乡建设管理委员会，2017.